高等职业教育测绘地理信息类规划教材

# 地理信息系统技术应用

主　编　王璇洁　张艳华　杨东霞
副主编　李建辉　冯雪力
主　审　杜玉柱

 武汉大学出版社

图书在版编目(CIP)数据

地理信息系统技术应用 / 王璇洁,张艳华,杨东霞主编. -- 武汉：武汉大学出版社, 2025.5. -- 高等职业教育测绘地理信息类规划教材. ISBN 978-7-307-24865-6

Ⅰ.P208.2

中国国家版本馆 CIP 数据核字第 2025S56Y83 号

责任编辑：史永霞　　　责任校对：鄢春梅

出版发行：武汉大学出版社　　（430072　武昌　珞珈山）
（电子邮箱：cbs22@whu.edu.cn　网址：www.wdp.com.cn）
印刷：武汉图物印刷有限公司
开本：787×1092　1/16　印张：17　字数：430 千字　插页：1
版次：2025 年 5 月第 1 版　　2025 年 5 月第 1 次印刷
ISBN 978-7-307-24865-6　　定价：49.00 元

版权所有，不得翻印；凡购我社的图书，如有质量问题，请与当地图书销售部门联系调换。

# 前　言

测绘地理信息在国土空间规划、资源开发利用、生态环境保护、重大工程建设、应急管理等多个领域发挥着不可替代的作用。目前，地理信息技术已广泛应用于农业、林业、军事、交通、城市管理等数十个行业领域，形成了庞大的应用体系。

近年来，我国地理信息产业规模持续扩大，人才需求快速增长。为深入贯彻落实党的二十大精神，本教材以《国家职业教育改革实施方案》《"十四五"职业教育规划教材建设实施方案》为指导，依据中共中央办公厅、国务院办公厅印发的《关于推动现代职业教育高质量发展的意见》等文件精神，坚持立德树人、德技并修，将思想政治教育与地理信息技术技能培养有机结合。本教材通过产教融合、实践导向的教学模式，推进"岗课赛证"综合育人，强化理实一体化教学，着力于学生的地理信息专业知识和实践技能培养。

"地理信息系统技术应用"是测绘地理信息技术专业的核心课程，也是工程测量技术、国土资源管理、摄影测量与遥感技术等专业的重要课程（必修或选修）。本课程以职业岗位需求为导向，围绕测绘地理信息领域的工作任务，系统融合地理信息数据采集、处理、分析与可视化等技术，突出理论与实践的一体化教学，旨在培养学生的地理信息技术应用能力。

本教材以 GIS 数据采集员、GIS 数据处理员、GIS 数据建库员、GIS 数据分析员、GIS 产品输出员和三维 GIS 应用人员等 6 个典型工作岗位为参照，划分为 10 个项目：地理信息系统基本认识、空间数据管理、空间数据采集、空间数据处理、空间数据拓扑处理、空间数据查询与分析、空间数据网络分析、地图制作与输出、三维可视化应用以及超图软件综合案例应用分析。每个项目均设置了明确的教学目标和思政目标，强化课程思政与专业技能的融合。项目 10 重点结合超图软件综合应用案例分析，详细解析地理信息数据的制图、处理、分析与可视化流程，致力于培养具有较强实践能力和创新意识的地理信息技术应用型人才。

本教材由山西水利职业技术学院王璇洁、张艳华及北京超图软件股份有限公司杨东霞担任主编，黄河水利职业技术学院李建辉、内蒙古建筑职业技术学院冯雪力担任副主编。初稿完成后，由山西水利职业技术学院杜玉柱审阅。具体分工如下：

项目 1 由张艳华（山西水利职业技术学院）编写，项目 2 由宋卓敏（山西水利职业技术学院）编写，项目 3 由张亚超（山西省国土资源学校）编写，项目 4 由樊盼（山西水利职业技术学院）编写，项目 5 由曹杨（运城市规划和自然资源局）编写，项目 6 由关红（宁夏葡萄酒与防沙治沙职业技术学院）编写，项目 7 由冯雪力（内蒙古建筑职业技术学院）编写，项目 8 由王璇洁（山西水利职业技术学院）编写，项目 9 由王晓（吕梁职业技术学院）编写，项目 10 由杨东霞（北京超图软件股份有限公司）、朱丽琴（北京超图软件股份有限公司)、刘嘉（北京超图软件股份有限公司）编写。

在编写过程中，我们广泛参阅并引用了国内外相关文献资料，特别是北京超图软件股份有限公司提供的资料，并得到了许多教师的帮助，在此表示衷心感谢。

本教材提供丰富的数字资源，学习者可通过智慧树教育平台在线访问（https://coursehome.zhihuishu.com/courseHome/1000075383#teachTeam），助力理论学习和实践技能提升。

由于编者水平有限和编写时间仓促，书中难免存在不足之处。为了在未来的教学和科研中不断修订和完善本教材，恳请广大读者对书中的错误和不当之处批评指正。

编　者

2025 年 4 月

# 目　录

**项目 1　地理信息系统基本认识** ················································································ (1)
　任务 1.1　地理信息系统技术应用岗位职责 ································································ (2)
　任务 1.2　地理信息系统平台选择 ············································································ (15)

**项目 2　空间数据管理** ···························································································· (24)
　任务 2.1　空间数据组织与管理 ··············································································· (25)
　任务 2.2　空间数据库建立 ····················································································· (41)

**项目 3　空间数据采集** ···························································································· (53)
　任务 3.1　空间数据采集 ························································································ (54)
　任务 3.2　属性数据采集 ························································································ (70)
　任务 3.3　数据格式转换 ························································································ (79)

**项目 4　空间数据处理** ···························································································· (85)
　任务 4.1　空间数据编辑 ························································································ (86)
　任务 4.2　空间数据投影变换 ·················································································· (97)
　任务 4.3　空间数据误差校正 ·················································································· (108)

**项目 5　空间数据拓扑处理** ····················································································· (117)
　任务 5.1　拓扑检查 ······························································································ (118)
　任务 5.2　拓扑处理 ······························································································ (122)
　任务 5.3　图形裁剪与合并 ····················································································· (129)

**项目 6　空间数据查询与分析** ·················································································· (135)
　任务 6.1　空间数据查询 ························································································ (136)
　任务 6.2　矢量数据空间分析 ·················································································· (142)
　任务 6.3　栅格数据空间分析 ·················································································· (153)

**项目 7　空间数据网络分析** ····················································································· (165)
　任务 7.1　网络模型创建 ························································································ (166)
　任务 7.2　路网分析 ······························································································ (171)

**项目 8　地图制作与输出** ························································································ (190)
　任务 8.1　普通地图制作 ························································································ (191)
　任务 8.2　专题地图制作 ························································································ (207)
　任务 8.3　高级制图 ······························································································ (212)

**项目 9　三维可视化应用** ·············································· (222)
　　任务 9.1　三维数据组织与管理 ··································· (223)
　　任务 9.2　三维可视化场景搭建 ··································· (229)
　　任务 9.3　三维场景分析 ············································ (235)
**项目 10　超图软件综合应用案例分析** ······················· (245)
　　任务 10.1　校园地图制图 ·········································· (246)
　　任务 10.2　交通应用模块 ·········································· (253)
　　任务 10.3　三维建模应用 ·········································· (259)
**参考文献** ·································································· (265)

# 项目 1　　地理信息系统基本认识

## 📖 教学目标

本项目是学习"地理信息系统技术应用"课程的前期知识准备阶段。在学习地理信息系统的基本概念、组成和功能等知识的基础上，分析地理信息系统岗位所需的职业能力，结合高职高专测绘类专业学生的就业方向，明确测绘地理信息技术专业学生在从事地理信息数据生产时必须具备的知识、技能和素质。同时，还需了解测绘行业常用的 GIS 平台，以便根据实际应用需求选择合适的 GIS 平台。

## 📖 思政目标

本项目主要通过介绍"地理信息系统技术应用"在测绘行业中的相关工作岗位，拓宽学生的知识面和视野，培养他们的思考能力；同时，通过介绍国内外 GIS 平台，展示我国经过多年自强不息的努力研发，部分国产 GIS 平台，如 SuperMap 在 GIS 领域取得的举世瞩目的成就，从而激发学生对中国制造的自豪感，增强他们为发展我国科学技术而奋斗的使命感和家国情怀。

## 📖 项目概述

测绘专业学生的实习岗位主要与地理信息系统技术应用相关，因此学生需要了解该行业提供的相关岗位，以便选择合适的实习机会。

在本项目中，某测绘公司所在城市的公安局交通指挥中心的交通指挥一体化系统需要进行国产化改造升级。原有系统基于开源 GIS 平台开发，现计划对其进行升级改造。升级后的系统需全面适应国产化环境，既要兼容原有系统的数据，也要支持新的三维模型数据。选择一个优秀的 GIS 平台，可以为交通指挥一体化系统提供简单、高效且实用的 GIS 功能，同时避免重复建设和后续修改的麻烦。

# 任务1.1 地理信息系统技术应用岗位职责

## 1.1.1 任务描述

当今信息技术发展迅速，信息产业得到了空前的发展，信息资源呈现爆炸式增长。多尺度、多类型、多时态的地理信息是人类研究和解决土地、环境、人口、灾害、规划和建设等重大问题时所必需的重要资源。地理信息系统应运而生。其迅速发展不仅为地理信息现代化管理提供强有力的支撑，也为其他高新技术产业的进一步发展创造了条件。测绘地理信息技术相关专业的学生需要在了解GIS的基本概念、组成和功能的基础上，明确地理信息技术岗位所需的职业能力和岗位职责。

## 1.1.2 任务分析

**1. GIS的基本概念**

1) 数据和信息

数据（data）是人类在认识世界和改造世界的过程中，对事物和环境进行定性或定量描述的直接或间接的原始记录，是一种未经加工的原始资料，是对客观对象的表示。数据可以以多种形式存在，如数字、文字、符号和图像等，并可以存储在多种介质中，如记录本、地图、胶片和磁盘等。

信息（information）是用文字、数字、符号、语言和图像等来表示事件、事物和现象等现实世界的内容、数量或特征，能够为人类（或系统）提供关于现实世界的事实和知识，从而作为生产、建设、经营、管理、分析和决策的依据。信息具有客观性、适用性、可传输性和共享性等特征。

信息来源于数据，是数据内涵的意义和对数据内容的解释。信息是一种客观存在，而数据是对客观对象的一种表示，其本身并不是信息。数据所蕴含的信息不会自动呈现出来，只有利用统计、解译、编码等技术对数据进行解释，其蕴涵的信息才能呈现出来。例如，通过分类和统计可以从实地或社会调查数据中获取各种专门信息，通过量算和分析可以从测量数据中提取地面目标或物体的形状、大小和位置等信息，通过解译可以从遥感图像数据中提取各种地物的图形大小和专题信息。

2) 地理数据和地理信息

地理信息是有关地理实体和地理现象的性质、特征和运动状态的表征，是对地理数据的解释，并提供与地理相关的实用知识。地理数据则是各种地理特征和地理现象之间关系的数字化表示，包括空间位置、属性特征（简称属性）和时域特征三部分。

地理数据具有空间上的分布性、数据量的海量性、载体的多样性和位置与属性的对应性等特征。空间上的分布性是指地理数据具有空间定位的特点，先定位后定性，并在区域上表现出分布式特点，其属性表现为多层次。因此，地理数据库的分布或更新也是分布式的。数据量的海量性反映了地理数据的巨大性。地理数据既有空间特征，又有属性特征，同时还随时间变化，具有时间特征。因此，其数据量很大，尤其是随着全球对地观测计划的不断发展，每天都可能获得上万亿兆关于地球资源、环境特征的数据，这必然对数据处理与分析带来巨大压力。载体的多样性是指除地理信息的第一载体即地理实体和地理现象的物质和能量本身之外，还有描述地理实体和地理现象的文字、数字、地图和影像等符号信息载体，以及硬盘、云存储等现代物理介质载体。地图既是信息的载体，也是信息的传播媒介。地理实体和地理现象具有明确的位置特征和属性特征。位置特征和属性特征相互对应，相互关联，缺一不可。

3）地理信息系统

地理信息系统（geographic information system，GIS）有时又称为地学信息系统或资源与环境信息系统。地理信息系统是一种重要的特定空间信息系统，是在计算机软件和硬件系统的支持下，对整个或部分地球表层（包括大气层）的有关地理分布数据进行采集、存储、管理、运算、分析、显示和描述的技术系统。地理信息系统处理和管理的对象是多种地理实体和地理现象的数据及其关系，包括空间定位数据、图形数据、遥感图像数据和属性数据等。地理信息系统用于分析和处理在一定地理区域内分布的地理实体、现象及过程，解决复杂的规划、决策和管理问题。简而言之，地理信息系统是对空间数据进行采集、编辑、存储、分析和输出的计算机信息系统。

从上述分析和定义出发，GIS的基本内涵包括：

GIS的物理外壳是计算机化的技术系统，由若干个相互关联的子系统构成，如数据采集子系统、数据管理子系统、数据处理和分析子系统、图像处理子系统和数据产品输出子系统等。这些子系统的结构及其性能优劣与GIS的硬件平台、功能、效率、数据处理的方式和产品输出的类型紧密相关。

GIS的操作对象是空间数据，即点、线、面、体等具有三维要素的地理实体和地理现象。空间数据最根本的特点是每一个数据都按统一的地理坐标进行编码，从而实现对其定位、定性和定量的描述。这是GIS区别于其他类型信息系统的根本标志，也是其技术难点所在。

GIS的技术优势在于其数据综合、模拟与分析评价能力，能够获得常规方法或普通信息系统难以得到的重要信息，能够实现对地理空间演化进程的模拟和预测。

GIS与测绘学和地理学有着密切的关系。大地测量、工程测量、矿山测量、地籍测量、航空摄影测量和遥感等技术为GIS管理的空间实体提供了各种不同比例尺和精度的定位数据。电子速测仪、解析测图仪或数字摄影测量工作站、GPS全球定位技术和遥感图像处理系统等现代测绘工具和技术的使用，可直接、快速和自动地获取空间实体的数字信息，为GIS提供丰富和实时的信息源，并推动GIS向更高层次发展。地理科学是GIS的理论依托。有学者认为："地理信息系统和信息地理学是地理科学第二次革命的主要工具和手段。如果说GIS的兴起和发展是地理科学信息革命的一把钥匙，那么，信息地理学的兴起和发展将是打开地理科学信息革命的一扇大门，必将为地理科学的发展和提高开辟一片崭新的天地。"GIS被誉为地理科学的第三代语言——用数字形式来描述空间实体。

### 2. GIS 的组成

一个实用的地理信息系统应具备对空间数据进行采集、管理、处理、分析、建模和显示等的功能，其通常由硬件系统、软件系统、空间数据、应用模型、系统管理和操作人员等部分构成。其核心部分是硬件系统和软件系统，空间数据反映了 GIS 的地理内容，应用模型是解决问题的方法，而系统管理和操作人员则决定了系统的工作方式和信息表示方式。GIS 的组成如图 1-1 所示。

图 1-1　GIS 的组成

（1）硬件系统。

硬件系统是计算机系统中实际物理装置的总称，是 GIS 的物理外壳，可以是电子的、电的、磁的、机械的和光的元件或装置。GIS 的规模、精度、速度、功能、形式和使用方法，甚至软件，都与硬件有着极大的关系，都受硬件性能的支持或制约。

GIS 硬件系统包括输入设备、处理设备、存储设备和输出设备等四个部分。GIS 硬件系统的处理设备、存储设备和输出设备与一般信息系统的处理设备、存储设备和输出设备功能类似。由于 GIS 处理的是空间数据，其输入设备除常规设备（如键盘、扫描仪）外，还包括空间数据采集专用设备，如全球定位系统的接收器、全站仪和数字摄影测量工作站等。

（2）软件系统。

软件系统是支持 GIS 运行所必需的各种程序，通常包括 GIS 支撑软件、GIS 平台软件和 GIS 应用软件等三类。其中：GIS 支撑软件是支持 GIS 运行所必需的基础软件环境，如操作系统、数据库管理系统和图形处理系统等；GIS 平台软件包括支持 GIS 运行所必需的各种处理软件，一般包括空间数据输入与转换、空间数据编辑、空间数据管理、空间数据查询与空间数据分析以及制图与输出等五大模块，这些模块也被称为 GIS 五大子系统；GIS 应用软件一般是指在 GIS 平台软件的基础上，通过二次开发所形成的面向特定行业或应用领域的软件，通常针对具体业务需求进行定制。

（3）空间数据。

空间数据是指以地球表面空间位置为参照的自然、社会和人文景观数据，其表现形式包括图形、图像、文字、表格和数字等。这些数据由系统的建立者通过数字化仪、扫描仪、键盘、磁带机或其他输入设备输入 GIS，是 GIS 程序处理的对象，也是 GIS 对现实世界经过模型抽象后的实质性内容。不同用途的 GIS，其空间数据的种类和精度可能有所不同，但基本上都包括以下三种互相关联的数据类型。

① 某个已知坐标系中的位置：几何坐标，标识地理实体和地理现象在某个已知坐标系（如大地坐标系、直角坐标系、极坐标系或自定义坐标系）中的空间位置，其具体形式可以是经纬度、平面直角坐标和极坐标，也可以是矩阵的行数、列数等。

② 实体间的空间相关性：拓扑关系是指点、线、面等地理实体之间的空间联系，例如网络节点与网络线之间的连接关系、边界线与面实体之间的组成关系和面实体与岛或内部点之间的包含关系等。拓扑关系对于地理空间数据的编码、录入、格式转换、存储管理、查询检索和空间分析具有重要意义，是地理信息系统的核心特征之一。

③ 与几何位置无关的属性：非几何属性（简称属性，attribute），是指与地理实体和地理现象相联系的地理变量或地理意义。属性分为定性属性和定量属性两种：定性属性包括名称、类型和特性等，如岩石类型、土壤种类、土地利用类型、行政区划等；定量属性包括数量和等级，如面积、长度、土地等级、人口数量、降雨量、河流长度、水土流失量等。非几何属性一般是经过抽象的概念，通过分类、命名、量测和统计等方法获得。任何地理实体或地理现象至少具有一个属性，而地理信息系统的分析、检索和表达主要通过属性的操作运算来实现。因此，属性的分类体系和量测指标对 GIS 的功能具有重要影响。

(4) 应用模型。

应用模型是 GIS 技术的核心方法之一，其科学构建和合理选择是 GIS 应用成功的关键。应用模型是面向实际问题的解决方案，通过对基础空间分析功能（如空间量算、网络分析、叠加分析、缓冲区分析、三维分析和通视分析等）的集成，并结合专业领域的知识模型，形成解决特定问题的模型方法。虽然 GIS 为解决各种现实问题提供了强大的基础工具，但对于具体的应用场景，通常需要构建专门的应用模型并进行 GIS 二次开发，例如土地利用适应性模型、大坝选址模型、洪水预测模型、污染物扩散模型和水土流失模型等。

应用模型是客观世界到信息世界的映射，反映了人类对客观世界的认知水平。它们不仅是 GIS 技术的重要组成部分，也是 GIS 技术产生社会、经济和生态效益的关键所在。因此，应用模型在 GIS 技术中具有十分重要的地位。

(5) 系统管理和操作人员。

人是 GIS 的构成要素。地理信息系统从其设计、建立、运行到维护的整个生命周期都离不开人的参与。仅有硬件系统、软件系统和空间数据并不能构成一个完整的地理信息系统，还需要人对其进行组织、管理、维护和更新。此外，人还负责扩充和完善系统功能，开发应用程序，并灵活运用地理分析模型提取信息，为科学研究和决策提供支持。

### 3. GIS 的功能

(1) 基本功能需求。

① 位置：位置问题通常表述为"某个地方有什么？"在 GIS 中，位置问题一般通过地理对象的位置信息（如坐标、街道编码等）进行定位，然后利用空间查询技术获取其属性信息，如建筑物的名称、位置、建筑时间和用途等。位置问题是地学领域最基本的问题之一。

② 条件：条件问题通常表述为"符合某些条件的地理对象在哪里？"在 GIS 中，条件问题根据地理对象的属性信息构建条件表达式，进而查找出满足该条件的地理对象的空间分布位置。虽然条件问题是空间查询的一种形式，但其实现过程通常较为复杂。

③趋势：某个地方发生的某个事件及其随时间的变化过程。在 GIS 中，趋势分析要求系统能够基于已有的数据（如现状数据、历史数据），对现象的变化过程进行分析和判断，并对未来进行预测或对过去进行回溯。例如，在土地地貌演变研究中，可以利用现有的和历史的地形数据，对未来地形变化进行预测，同时展现不同历史时期的地形变化情况。

④模式：模式问题即地理实体和地理现象的空间分布之间的空间关系问题。例如：城市中不同功能区的分布与居住人口分布之间的关系模式；随着地面海拔升高、气温降低，山地自然景观呈现垂直地带性分布的模式等。

⑤模拟：基于特定条件，预测某个地方可能发生的问题或现象。它是在模式和趋势分析的基础上，通过建立现象与影响因素之间的模型关系，从而揭示具有普遍意义的规律。例如，通过对某一城市的犯罪概率与酒吧分布、交通状况、照明条件、警力分布等因素的分析，可以总结出相关规律，并将其应用于其他城市的类似问题研究。一旦发现具有普遍意义的规律，即可构建通用的分析模型，用于未来的预测和决策支持。

（2）GIS 的基本功能。

为满足上述基本功能需求，GIS 首先需要重建真实的地理环境，而地理环境的重建依赖于各类空间数据的获取。这些空间数据必须经过严格的编辑与处理，以确保其准确性和可靠性（数据编辑与处理），并按一定的结构进行组织和管理（空间数据库）。在此基础上，GIS 还需要提供多种空间分析工具（空间分析），以及对分析结果的表达和展示功能（数据输出）。因此，一个完整的 GIS 应该具备以下基本功能：

①数据采集功能：数据是 GIS 的核心要素，贯穿于 GIS 的各个环节。数据采集是 GIS 开启信息管理的第一步，即通过各种数据采集设备（如数字化仪、全站仪等）获取现实世界的空间数据，并将其输入 GIS。GIS 应该提供与各种数据采集设备的通信接口。

②数据编辑与处理功能：通过数据采集获取的数据称为原始数据，而原始数据不可避免地包含误差。为保证数据在内容、逻辑、数值上的一致性和完整性，需要对数据进行编辑、格式转换、拼接等一系列处理工作。因此，GIS 应该提供强大的交互式编辑功能，包括图形编辑、数据变换、数据重构、拓扑关系建立、数据压缩，以及图形数据与属性数据的关联等功能。

③数据存储、组织和管理功能：计算机中的数据必须按照一定的结构进行组织和管理，才能高效地再现真实环境并支持各种数据分析。一般信息系统中的数据结构和数据库管理系统并不适合直接管理空间数据，因此，GIS 需要完善自身特有的数据存储、组织和管理的功能。目前，常用的 GIS 数据结构主要有矢量数据结构和栅格数据结构两种。在数据组织和管理方面，常见的模式包括文件-关系数据库混合管理模式、全关系型数据管理模式和面向对象数据管理模式等。

④空间查询与空间分析功能：虽然数据库管理系统一般提供了通用的数据库查询语言（如 SQL），但这些语言并不直接支持空间查询。因此，GIS 需要对通用数据库的查询语言进行扩展或重新设计，以支持空间查询功能。如查询与某个乡相邻的乡镇、穿过某个城市的公路或某条铁路周围 5km 范围内的居民点等，这些查询问题是 GIS 所特有的。所以，一个功能强大的 GIS 应该提供专门的空间查询语言，以满足常见的空间查询需求。空间分析是比空间查询更深层次的应用，其内容更加广泛，包括地形分析、土地适应性分析、网络分析、叠加分析、缓冲区分析和决策分析等。随着 GIS 应用范围的不断扩大，其空间分析功

能将不断丰富和增强。

需要说明的是，空间分析和应用分析的涵义分属两个不同层面。GIS提供的是常用空间分析工具，如查询、几何量算、缓冲区分析、叠加分析和地形分析等。这些工具的功能是有限的，但其应用分析的可能性却是无限的，因为针对不同的应用目标可以构建不同的应用模型。GIS空间分析为建立和解决复杂的应用模型提供了基础工具。因此，GIS空间分析和应用分析之间的关系可以类比为"零件"和"机器"的关系。用户应用GIS解决实际问题的关键，在于将这些"零件"组合成能够解决特定问题的"机器"。

⑤数据输出功能：通过统计图表显示空间数据及分析结果是GIS的核心功能之一。作为可视化应用的一种主要表现形式，图形在传递空间数据信息方面具有独特优势，无论是强调空间数据的位置、分布模式，还是表达分析结果。GIS脱胎于计算机辅助地图制图（简称机助制图），因此，计算机辅助地图制图是GIS的主要功能之一，包括地图符号的设计与配置、地图注记、图幅整饰、统计图表制作、图例设计与布局等内容。此外，GIS还需支持属性数据的报表输出，并将这些输出结果通过显示器、打印机、绘图仪或数据文件等形式展示。

**4. 地理信息系统的行业应用**

（1）测绘与地图制图。

地理信息系统技术的起源可以追溯到机助制图、数据库管理和空间分析等多个领域。大多数GIS软件都具备机助制图的功能，能够输出普通地图和专题地图。遥感和全球定位系统为GIS提供了海量且高精度的空间数据，这些数据经过GIS的处理和分析，显著缩短了地图制作的周期，提高了地图的精度，并极大地丰富了地图的种类和表现形式。

（2）资源管理。

资源的清查、管理和分析是GIS的核心职能之一。其主要任务是通过整合多源数据，利用系统的统计分析和叠加分析功能，基于多种边界条件和属性条件，实现区域资源的多样化统计分析与原始数据的快速可视化。例如，在农业和林业领域，GIS可以用于解决土地、森林、草场等资源的空间分布、分级、统计和制图等问题。

（3）城乡规划。

传统的城乡规划依赖于测绘人员提供的测绘图件和资料。GIS以数字地图的形式实现数据的输入、输出，其查询与分析功能直观且高效，因此被广泛应用于规划设计领域。通过GIS，城乡规划可以基于详尽、可靠的测绘基础数据，显著提升科学性和准确性。此外，GIS依托计算机的高速运算能力和强大的空间分析功能，能够在短时间内生成多个规划方案并进行比选，从而增强规划设计的合理性。同时，GIS支持自动生成各类规划用图、表格和报告，其数据库易于编辑和更新，为城市规划的动态监控和动态设计提供了技术支持。GIS的应用还促进了测绘人员与城市规划人员的协作，实现了信息获取与使用的一体化，进一步推动了城乡规划工作的开展。

（4）国土监测与灾害管理。

借助遥感数据的获取，GIS可以有效地应用于森林火灾预测、洪水灾情监测和洪水淹没损失估算，为救灾抢险和防洪决策提供及时、准确的信息支持。例如，在黄河三角洲地区的防洪减灾研究中，基于GIS平台，通过构建大比例尺数字地面模型（digital terrain model，

DTM）并整合相关空间数据和属性数据，利用 GIS 的叠加分析和空间分析等功能，可以界定并计算泄洪区域内的土地利用类型及其面积，评估不同泄洪区域内的房屋和财产损失，并确定人员撤离、财产转移和救灾物资供应的最佳路线，从而快速、高效地应对突发事件。

（5）环境保护。

GIS 技术在城市环境监测、分析与预报信息系统的建设中发挥了重要作用，为环境监测与管理的科学化和自动化提供了技术支撑。在区域环境质量现状评价中，GIS 技术能够整合多源数据，实现对区域环境质量的客观、全面评价，揭示环境污染的程度及其空间分布特征。此外，GIS 在野生动植物保护领域也取得了显著成效。例如，世界自然基金会利用 GIS 空间分析技术，对濒危物种（如东北虎、雪豹等）的栖息地进行监测与管理，有效改善了这些物种的生存状况。

（6）商业应用。

在全球协作的商业时代，企业决策数据中大量信息与空间位置相关，例如客户分布、市场地域分布、原料运输、跨国生产及跨国销售布局等。传统的数据处理模式在表现这些信息时往往缺乏直观性和可视化能力，难以有效支持决策。而 GIS 技术能够将电子表格和数据库中的空间数据以图形化的形式直观展示，揭示数据之间的关联模式和变化趋势，并通过空间可视化分析实现数据可视化、地理分析与商业应用的深度整合，从而满足企业多维决策的需求。例如，GIS 可以将复杂的空间数据转化为可视化地图，帮助企业进行商业选址、确定潜在市场分布、优化销售和服务范围，并分析商业活动的时空变化规律。此外，GIS 还在运输线路优化、资源调度和资产管理等方面发挥了重要作用，为企业提供了全面的空间决策支持。

（7）无线定位服务。

无线通信技术的不断发展，特别是 WAP 技术的广泛应用，使得无线通信技术、GIS 技术与 Internet 技术的结合成为现实，催生了无线定位技术。基于这一技术，衍生出了无线定位服务。通过无线定位技术，用户可以借助手机获取自身位置信息，并结合 GIS 的空间查询与分析功能，快速获取所需信息。例如：用户可以通过手机查询附近餐馆的位置、路线及特色菜品；在陌生城市中，用户可以通过手机调取当前位置附近的地图，标记目标地点后，系统将自动规划路线并引导用户到达目的地。这些应用场景充分展示了无线定位技术在日常生活服务中的重要作用。

GIS 的应用范围日益扩大，已成为城乡规划、设施管理和工程建设等领域的重要工具。同时，GIS 技术也广泛应用于军事战略分析、商业策划、移动通信、文化教育、精细农业与林业、应急处理以及日常生活等多个领域。作为空间信息技术的核心组成部分，GIS 技术及其相关产业已被公认为 21 世纪的重要支柱产业之一。

### 5．岗位描述

自 20 世纪 80 年代以来，信息技术和测绘技术的快速发展，以及国民经济建设和社会信息化进程的加速，推动了经济社会发展对地理信息资源需求的显著增长，促进了地理信息产业的迅速兴起。作为国民经济和社会发展的重要组成部分，地理信息产业的发展具有重要意义。地理信息产业是指以地理信息技术为核心，从事地理信息资源生产、开发和服务的企业集合体及其相关经营活动。该产业的活动主要围绕地理信息资源的开发与利用展开，涵盖硬件制造、软件开发、数据生产、产品开发、系统集成以及信息与技术服务等多个领域。

目前，我国高等院校的地理信息系统专业通常是在原有相关专业的基础上发展起来的，主要可分为以下三种类型：

（1）基于测绘工程的地理信息系统专业。该专业注重地理信息的数据获取、数据处理和数据质量控制等方面的能力培养，涵盖坐标系统创建、4D产品数据获取方法、空间数据集成、空间数据库建立、空间数据质量控制、3S集成应用以及多维时空地理信息系统等内容，旨在提升学生应用地理信息系统的综合能力。

（2）基于计算机科学的地理信息系统专业。该专业侧重于地理信息系统软件设计、系统开发与集成，重点解决系统的开放性、集成性、互操作性以及数据建模和数据库管理等关键技术问题，旨在培养学生开发地理信息系统的能力。

（3）基于地理学的地理信息系统专业。该专业注重地理信息系统在应用领域的优势，重点结合人文地理、经济地理、城乡规划、资源环境与土地管理等学科，构建地理模型，旨在培养学生运用地理信息系统支持可持续发展决策的能力。

根据全国高职高专测绘类专业学生就业情况的调查，高职高专毕业生在地理信息系统领域的就业岗位主要集中在地理信息数据生产领域。而在软件开发和系统集成等技术能力要求较高的领域，其岗位主要由本科及以上学历的地理信息系统专业毕业生从事。

地理信息数据生产职业岗位主要涉及地理空间数据和属性数据的采集、处理、分析与应用，以及地理信息数字产品的生产。其具体工作范围包括：

（1）在地理信息系统相关企业中，负责地理空间数据的采集、处理、分析、制图与数据库建设工作。

（2）在国土资源与房地产管理部门中，从事地籍测量、地籍数据库建设与管理，以及房地产信息管理工作。

（3）在城乡规划与城市建设部门中，负责地理信息系统的建设与管理工作。

（4）在农田水利建设与管理部门中，从事工程测量、环境监测以及土地资源调查与利用等工作。

（5）在政府机关中，负责与空间位置信息相关的信息交流与环境信息管理等工作。

**6. 课程设置及教学实施**

"地理信息系统技术应用"课程是高职高专测绘类专业的主干课程，也是一门技术性和实践性很强的专业课程。课程教学围绕高职高专测绘类专业学生在实际工作中从事地理信息数据生产所需的知识、技能和素质要求展开。

课程教学以地理信息数据生产岗位需求为核心，重点培养学生在地理信息数据获取、编辑与处理、分析以及地理信息系统产品输出等方面的知识与技能。通过课程学习，学生将具备一定的地理信息数据的采集、分析与应用能力，专题地图制作能力，以及地理信息系统职业素养，为后续职业发展奠定基础。

课程以就业为导向，基于工作过程系统化的理念设计教学内容。教学过程中，以学生就业需求为核心，注重培养学生的职业道德和适应就业的专业技能。根据地理信息数据生产岗位的要求，以典型工作任务为载体，按照从简单到复杂的顺序，设计项目化和案例化的学习情境，完成课程目标。

在教学实施中，注重理论教学与实践训练紧密结合。基于理实一体化的教学理念，为学生创造真实的学习和工作环境，使学生在理论指导下进行实践，并通过实践深化理论知识的理解与应用。理论知识的选取以工作任务需求为核心，强调知识的实用性和应用性。建议安排三周的工程实践，并通过顶岗实习的形式在校外实训基地进行实践。

此外，学生的学习不应局限于书本知识，还应充分利用网络工具，拓展地理信息相关知识和应用的学习渠道。教学中应结合主流地理信息系统软件的应用，通过软件操作讲解地理信息系统的相关概念和知识点，增强学生的实践能力。

### 1.1.3 任务实施

**1. 任务内容**

SuperMap iDesktop 是一款插件式桌面 GIS 软件，提供基础版、标准版、专业版和高级版四个版本。该软件具备二三维一体化的数据处理、制图、分析、海图制作及二三维标绘等功能，支持无缝访问在线地图服务并能够实现云端资源的协同共享。SuperMap iDesktop 广泛应用于空间数据生产、加工、分析以及行业应用系统的快速定制开发。

下面以 SuperMap iDesktop 为例，通过对该软件的学习，进一步理解 GIS 的基本概念、系统组成和核心功能，同时明确地理信息系统相关岗位所需的职业能力和具体要求。

**2. 任务实施步骤**

（1）软件功能。

①数据管理：提供工作空间、数据源及数据集管理功能；支持多种格式的数据导入与导出；支持不同类型数据的相互转换；支持文件型数据和空间数据库的读写与管理，兼容 12 种以上常用数据库，包括 UDB、Oracle Plus、Oracle Spatial、SQL Plus 和 MySQL 等；同时支持 4 种以上国产数据库的读写，如 DM、Kingbase 和 HighgoDB 等。

②数据处理：支持投影设置、数据配准等常用基础功能；提供全面的高级数据编辑功能；支持丰富的矢量数据和栅格数据处理功能；具备拓扑检查、拓扑处理和拓扑构面等拓扑功能。此外，GIS 软件还支持三维缓存生成功能，可对海量影像、地形和模型数据创建三维缓存，从而提升数据在场景中的应用效率。

③地图制图：提供综合的地图显示、渲染、编辑及强大的出图功能；支持制作多种专题图，包括单值、分段、标签、统计、点密度、自定义、栅格单值和栅格分段等专题图的创建与修改；提供丰富的符号资源，高效易用的符号库管理器支持符号渐变、透明度和颜色等效果设置，可显著提升地图的美观度。

④高级制图：提供高效的制图功能，包括 DLG 数据自动制图、分级配图功能；提供高效的矢量化功能，如符号快速矢量化功能；提供多进程并行的切图功能，切图时间随进程推进递减；提供 iServer 服务发布功能；具备自动地图渲染能力，支持风格图片效果智能迁移，支持亮度、对比度、饱和度的调整；提供地籍数据建库、矢量化、三维建模和矢量影像一体化数据管理能力。

⑤布局排版：提供布局排版、打印功能，支持海量数据打印；支持设置布局地图元素的网格功能，包括经纬网和公里网的设置。

⑥动态标绘：提供二三维标绘功能，支持灵活地标绘二维、三维的点标号、线标号及面标号；提供三维态势推演功能，主要应用于军事作战方案、应急处置方案和公安围捕方案等指挥调度场景。

⑦三维应用：提供场景（三维球体）功能，可以模拟现实世界中的地球；支持在场景中加载二维数据，实现二三维一体化的数据显示与操作，包括二维数据的显示、风格设置、专题图制作和快速建模等；支持多源数据的显示和浏览，如影像数据、地形数据、模型数据和KML格式的数据，提供三维空间分析功能，如三维通视分析和剖面分析等；支持飞行管理功能，通过设置飞行路线上站点的参数，可实现飞行仿真应用；此外，还提供丰富的三维特效，如太阳光照和阴影、海洋水体、地下三维场景、海底三维效果和粒子特效等，使三维表现形式更加贴近现实世界的地理事物。

⑧空间分析：提供多种矢量和栅格数据的空间分析能力，包括缓冲区分析、叠加分析、插值分析、水文分析、表面分析、栅格统计和矢栅转换等功能；支持网络分析，如关键要素分析、两点连通性分析、单要素/多要素追踪分析、邻接要素分析和通达要素分析等，为GIS应用中的分析与决策提供强有力的支持。

⑨交通分析：提供拓扑构网等网络数据集构建功能；支持多种交通网络分析功能，包括最佳路径分析、最近设施查找、服务区分析、旅行商分析和物流配送分析等；同时，还支持动态分段分析、导航分析及路径分析等功能。

⑩海图管理：支持基于 IHO S-57 数字海道测量数据传输标准的海图数据的导入与导出；兼容 S-52 标准的海图显示，并提供丰富的显示设置；提供海图特征物标属性查询功能；支持海图编辑功能，可创建新的海图或修改已有海图；提供海图数据检查功能，依据 S-58 标准对海图数据进行校验，确保海图数据符合 S-57 标准和产品规范。

⑪数据挖掘：支持将数据集属性信息图形化，可通过直方图、时序图、柱状图和散点图等形式，直观地展示和挖掘数据的关系、结构和变化趋势等；支持图表与地图间的联动显示，便于用户分析数据的地理分布特征；支持图表与专题图之间的直接转换，可快速以不同的方式展示数据信息；支持将统计图表输出为图片，便于应用于 Word、PPT 等其他文档工具。

⑫数据可视化：提供便捷的数据可视化功能，支持将点数据一键生成热力图或网格聚合图。

⑬云共享：支持对接公有云 SuperMap Online 和私有云 iPortal，可同时获取和管理 iPortal 和 SuperMap Online 的资源，丰富在线数据的来源；支持在线检索和分享地图、数据、符号库、颜色方案、扩展插件和自定义资源；支持加载在线服务，并可对接 iServer 快速发布 iServer 服务。

⑭扩展开发：提供多种 VS 项目模板，并在 IDE 中集成 iDesktop 工具箱和 iDesktop 快速引用，方便用户开发使用；支持界面定制功能，可通过工作环境设计器对已有的界面元素进行重新组织；支持插件的加载与定制，用户可开发新插件以扩展桌面功能，同时提供插件的下载、加载、共享和卸载等功能。

（2）界面构成。

SuperMap iDesktop 采用 Ribbon 风格界面，如图 1-2 所示，这种风格的界面以工作成果为导向，通过全新的用户界面结构，能够更智能地将所需命令推送给用户，便于用户快速找到所需要使用的命令，从而更轻松、更方便地使用 SuperMap iDesktop。

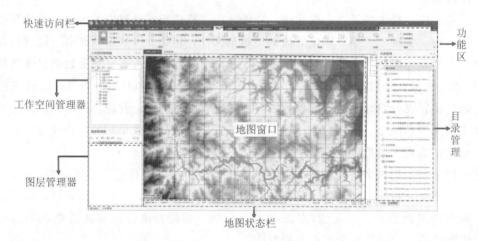

图 1-2　SuperMap iDesktop 主界面窗口

①功能区。

与传统 GIS 界面不同，在 Ribbon 风格界面中，Ribbon 功能区取代了传统的菜单栏和工具栏，以选项卡和组的组织方式对功能区进行分类。功能区中的选项卡围绕特定功能设定，通过与用户操作上下文相关的选项卡，自动展示所需命令。每个选项卡都针对特定对象或方案组织控件，而选项卡中的组进一步细化控件，将功能相似的控件归入同一组，从而使所有功能更便于用户使用。

②上下文选项卡。

上下文选项卡与特定对象绑定，当该对象在应用程序中被激活时，相应的选项卡才会出现在功能区内。例如：当激活地图窗口时，与地图相关的地图、专题图、风格设置和对象操作等选项卡会显示在功能区；当激活场景窗口时，与场景相关的场景、风格、设置、飞行管理、对象绘制、三维地理设计和三维分析等选项卡会显示在功能区。这种设计能够将不需要的功能暂时隐藏，待需要时再显示，从而使用户能够更快速、更智能地开展工作。

③控件。

功能区内的各类控件统称为 Ribbon 控件，包括下拉按钮控件、按钮控件、文本框控件、标签控件、复合框控件、ButtonGallery 控件、组合框控件、颜色按钮控件和数字显示框控件等。在 Ribbon 风格界面中，功能区仅支持放置 Ribbon 控件，且 Ribbon 控件仅限于在功能区内使用。

④应用程序中的子窗口。

SuperMap iDesktop 中的窗口体系主要包括应用程序的主窗口、浮动窗口、地图窗口、场景窗口、布局窗口、属性表窗口以及在功能操作过程中触发的各类对话框。其中，地图窗口、场景窗口、布局窗口和属性表窗口被定义为 SuperMap iDesktop 应用程序的子窗口。

⑤浮动窗口。

浮动窗口具备灵活的显示特性，既可以作为独立窗口浮动于屏幕的任意位置，也可以停靠在应用程序主窗口之外的区域。地图窗口、场景窗口、布局窗口和属性表窗口作为应用程序主窗口的子窗体，其显示范围受限于主窗口的边界，无法移至主窗口外部区域。相比之下，浮动窗口则不受此限制，能够在屏幕范围内自由定位显示。

SuperMap iDesktop 中的浮动窗口主要包括工作空间管理器、图层管理器和输出窗口，下面将分别对这些窗口的功能和特性进行简要介绍。

①工作空间管理器。

工作空间管理器是 SuperMap iDesktop 中用于管理工作空间的可视化工具。它以树状结构组织管理层次，包含数据源、地图、布局、场景和资源等节点。用户可通过点击节点展开或折叠其内容，并利用丰富的右键菜单功能进行相关操作。

②图层管理器。

图层管理器用于管理当前地图窗口或场景窗口中的所有图层。通过图层管理器，用户可以便捷地控制图层的可见性、可编辑性及可选性，同时支持对图层进行风格设置、捕捉设置等相关设置。

③输出窗口。

输出窗口用于显示 SuperMap iDesktop 的运行状态信息以及用户操作的相关日志，为用户提供实时的系统反馈和操作记录。

**3. 数据组织**

SuperMap iDesktop 的数据组织主要包括以下几个部分。

①工作空间。

用户的一个工作环境对应一个工作空间，所有数据操作均在工作空间内进行。

一个工作空间包含数据源集合、地图集合、布局集合、场景集合和资源集合各一个。数据源集合用于管理工作空间中加载的所有数据源；地图集合用于管理工作空间中的地图文档；布局集合用于管理工作空间中的布局文档；场景集合用于管理工作空间中的三维场景文档；资源集合用于管理符号库、线型库和填充库等资源。

根据存储形式的不同，工作空间可分为文件型工作空间和数据库型工作空间两大类。文件型工作空间以文件形式存储，其文件格式包括 *.smwu 和 *.sxwu，每个文件仅存储一个工作空间。数据库型工作空间则将工作空间存储在数据库中，目前支持的数据库类型包括 Oracle Plus、SQL Plus 和 MySQL 等。

②数据源。

数据源用于存储空间数据，其独立于工作空间而存在。数据源可分为文件型数据源、数据库型数据源和 Web 型数据源三大类。

文件型数据源包括 UDB 型数据源和 UDBX 型数据源。UDBX 型数据源采用单文件管理数据，文件大小不受限制，相较于 UDB 型数据源，具有更高的开放性、多用户支持能力以及更安全稳定的数据操作特性。

数据库型数据源包括 PostGIS、MongoDB、Oracle Plus、Oracle Spatial 和 PostgreSQL 等多种类型，其几何信息和属性信息均存储在数据库中。

Web 型数据源是指存储在网络服务器上的数据源，例如 OGC 数据源、iServer REST 数据源、Google Maps 数据源、Baidu Map 数据源、SuperMap Cloud 数据源、StreetMap 数据源和 ChinaRs 数据源等。

数据源中存储的空间数据以数据集的形式组织，数据集是 SuperMap GIS 空间数据的基本组织单位，也是数据组织的最小单位。数据集类型包括点数据集、线数据集、面数据集、纯属性数据集、网络数据集、复合数据集、文本数据集、路由数据集、影像数据集、栅格数据集和 CAD 模型数据集等。数据源作为数据集的集合，包含一个或多个数据集。

③地图。

将数据集添加到地图窗口时，数据集会被赋予显示属性，例如显示风格、专题地图等，从而转化为图层。一个或多个图层按照特定顺序叠放并显示在一个地图窗口中，即构成一幅地图。通常情况下，地图窗口中的一个图层对应一个数据集，而同一个数据集可以被添加到不同的地图窗口中，并且可以为其设置不同的显示风格。

④场景。

场景是通过三维球体模拟现实地球的抽象环境，并将从现实世界中抽象出的地理要素在球体上进行可视化展示，从而更直观地反映地理要素的实际空间位置及其相互关系。用户可以将二维或三维数据直接加载到场景中进行浏览、分析以及制作专题图等操作。场景中还模拟了地球所处的宇宙环境，包括星空背景、大气效果和地表雾效等，同时提供了相机设置功能，用于调整观测角度、方位和范围，从而以不同的视角展示球体的各个部分。

⑤统计图表。

统计图表是一种将数据集属性信息图形化的工具，通过点、线、面、体等几何元素绘制图形，以直观展示数量间的关系及其变化趋势。统计图表能够对数据进行可视化表达，帮助用户洞察数据之间的关系、分布特征、类别差异、趋势变化。通过统计图表集合，用户可以实现统计图表的创建、保存、输出和删除等操作。

⑥布局。

布局主要用于地图的排版与打印，其内容包括地图、图例、比例尺、指北针、文本等多种元素的排列与布置。通过布局集合，用户可以实现布局的创建、保存、输出和删除等操作。

⑦符号资源。

工作空间中的符号资源集中存储于三个库中，分别为符号库、线型库和填充库。在地图制图过程中，用户可根据实际需求便捷地导入或导出符号资源。

### 1.1.4 技能训练

利用网络资源检索工具，收集地理信息系统技术在测绘、国土资源管理、规划、交通等领域的具体应用案例，并撰写报告，深入分析地理信息系统技术在某一特定领域中的应用，以实现知识面的拓展。

## 任务 1.2 地理信息系统平台选择

### 1.2.1 任务描述

GIS 平台是一种成熟的 GIS 商业软件。它在操作系统和数据库软件的支持下，管理和处理地理信息数据，执行地理信息系统的功能模块，为用户提供地理信息服务。GIS 平台在各行各业得到了越来越广泛的应用，逐步成为企业生产和管理中不可缺少的工具。而企业必须根据自身情况，在明确自身工作需求的情况下，选择适合企业使用的 GIS 平台。

### 1.2.2 任务分析

**1. GIS 的类型**

GIS 技术发展迅速，应用领域广泛。GIS 的类型划分尚无统一标准，一般可根据功能、数据结构、数据维数、软件开发模式和支持环境等对 GIS 进行划分。

1）按功能分类

从功能角度，GIS 可分为侧重应用功能的 GIS 和侧重软件功能的 GIS 两大类。前者强调 GIS 的实际应用功能，可进一步细分为工具型 GIS、应用型 GIS 和大众型 GIS 三类；后者侧重于 GIS 软件的技术功能，一般分为专业 GIS、桌面 GIS、手持 GIS、组件式 GIS 和 Web GIS 等几类。

（1）侧重应用功能的 GIS。

工具型 GIS 也称为地理信息系统开发平台或框架，它具有 GIS 的基本功能，可供其他系统调用或作为用户二次开发的平台。虽然 GIS 是一个复杂庞大的软件系统，但解决实际问题时仍需要用户进行二次开发。然而，如果每个用户在实际应用时都进行二次开发，就会造成人力、物力和时间上的浪费。工具型 GIS 为用户提供了技术支持，使其能够结合专题应用模型完成任务。目前比较流行的工具型 GIS 软件有 ArcGIS、MapInfo、GeoStar 和 MapGIS 等。

应用型 GIS 是根据用户的需求和应用目的而设计的一类或多类专用 GIS，一般是在工具型 GIS 的平台上，通过二次开发实现的。应用型 GIS 除具备 GIS 的基本功能外，还具有专业领域的模型构建和求解功能。应用型 GIS 按研究对象和应用范围又分为专题 GIS 和区域 GIS 两种类型。

①专题 GIS 是为特定专业服务的、具有鲜明专业特点的 GIS，如交通规划 GIS、水资源管理 GIS、城市管网设计 GIS 以及土地利用和覆盖 GIS 等。

②区域 GIS 主要以区域综合研究和综合信息服务为目标，可按区域大小进行划分，有国家级、地区级、省级、市级等不同行政区域的 GIS，如福建省基础地理信息系统；也可以按照自然地理单元进行划分，如闽江流域 GIS、黄土高原 GIS 等。

大众型 GIS 是一种面向大众服务、不涉及特定专业领域的 GIS。使用者只需要具备基本的计算机操作知识就可以操作大众型 GIS，如为普及和加强公众的环境意识而开发的环境教育 GIS。

(2) 侧重软件功能的 GIS。

按照 GIS 软件功能的强弱，GIS 分为专业 GIS、桌面 GIS、手持 GIS、组件式 GIS 和 Web GIS 等。其中：专业 GIS 功能最强，几乎具备所有 GIS 功能；桌面 GIS 功能较为全面；Web GIS 功能最为简单，主要是查询。由于 GIS 软件功能不同，其应用范围也不同，同时其服务对象也有所差异。

2) 按数据结构分类

从数据结构的角度，GIS 可以分为矢量 GIS、栅格 GIS 和矢量-栅格 GIS 三种类型。这种划分是以 GIS 的主要数据结构和处理对象为依据的。本书将以这种分类在项目 6 介绍 GIS 空间分析。尽管一个 GIS 软件可以划归为某一 GIS 类型（如矢量 GIS 或栅格 GIS），但不代表该软件只能处理这种格式的空间数据，而不能处理其他结构的空间数据，只是强调功能上存在强弱差异。用户可根据已有的数据结构高效地利用 GIS 软件。

3) 按数据维数分类

从数据维数的角度，GIS 可分为 2D GIS、2.5D GIS、3D GIS 和时态 GIS 等类型。

以平面制图和平面分析为主的 GIS 称为 2D GIS。当增加高程信息并将高程信息作为第三维度时，所构建的数字高程模型（digital elevation model，DEM）或数字地形模型的 GIS 称为 2.5D GIS。平面位置和高程信息共同构成三维空间，即形成所谓的 3D GIS。时态 GIS 是将时间概念引入 GIS 中，用以反映空间信息随时间变化的 GIS。

需要说明的是，随着 GIS 从低维向高维的发展，关于 2.5D GIS 和 3D GIS，学术界存在分歧意见，一些出版物出现了一些新的名词，如 2.75D GIS、表面 3D GIS、3D 城市模型、假 3D GIS 和真 3D GIS 等。实际上，不管是 2.5D GIS、2.75D GIS 还是假 3D GIS，它们与真 3D GIS 的区别主要在于，前者仅描述三维空间实体的表面，而不表达其内部结构或属性，而后者不仅刻画实体表面，还表达实体内部的属性。

4) 按软件开发模式和支持环境分类

按软件开发模式和支持环境，GIS 可分为 GIS 模块、集成式 GIS、模块化 GIS、核心式 GIS、组件式 GIS 和互操作 GIS 等几种类型，这些类型反映了 GIS 软件开发和集成技术的发展历程。

(1) GIS 模块。

GIS 模块是早期 GIS 开发的主要模式，其特点是 GIS 软件由仅能满足特定功能需求的独立模块组成，没有形成完整的系统，各个模块之间不具备协同工作的能力。

(2) 集成式 GIS。

随着软件开发技术的发展，各类 GIS 模块逐渐集成，逐步形成大型 GIS 软件包，即集成式 GIS。集成式 GIS 集成了 GIS 的各项功能并形成独立且功能完善的系统，但系统复杂、庞大，从而导致成本高且难以与其他系统进行集成。

(3) 模块化 GIS。

模块化 GIS 是把 GIS 按照功能划分为一系列模块，运行于统一的集成环境之上。模块化 GIS 具有较强的工程针对性，便于开发、维护和应用，但较难与管理信息系统、专业应用模型等进行无缝集成。

(4) 核心式 GIS。

为解决集成式 GIS 与模块化 GIS 存在的问题，提出了核心式 GIS 的概念。核心式 GIS 提供一系列 GIS 功能的动态链接库，开发 GIS 应用系统时，可利用现有的高级编程语言，通过应用程序接口（API）访问和调用内核所提供的 GIS 功能。核心式 GIS 虽然可以与 MIS 集成，但开发工作涉及底层技术，增加了应用开发的复杂性。

(5) 组件式 GIS。

组件式 GIS 基于标准的组件化平台，各个组件之间不仅可以自由灵活地重组，而且具有可视化的界面和使用方便的标准接口。因特网的发展为 GIS 带来了新的发展领域，Web 技术和 GIS 技术的结合产物就是 Web GIS。

(6) 互操作 GIS。

互操作 GIS 是指在计算机网络环境下，遵循公共接口标准，能够实现空间数据的共享和相互操作，以及数据处理功能的集成与调用的 GIS。互操作 GIS 的前提是 GIS 组件化。

**2. GIS 平台选择的标准**

GIS 平台的选择对成功构建地理信息系统至关重要。GIS 平台的选择主要涉及以下三个方面。

①系统的伸缩性。在网络技术和网络环境日趋成熟和完善的时代，任何一个信息系统都不应是孤立存在的，不应该成为信息海洋中的一座"孤岛"，因此，在设计和实现系统时采取统筹规划、分步实施的方法是一种上佳选择。而要做到这一点，系统所依赖的平台具有可伸缩性则是关键。系统的伸缩性可以保证系统的分步实施不会因为平台的升级、系统规模及功能需求的扩展而陷入进退两难的境地。

②系统的集成性。GIS 应用系统在实际应用中需要跟其他诸如 MIS 的系统集成，以满足需求。因此，我们常常会谈论到所谓的无缝集成的问题。对"无缝"的强调其实是因为以往许多软件系统（包括 GIS 平台）在与外部系统连接时是"有缝"的，无法很好地集成或融合。

③系统的安全性。系统的安全性应具有三个方面的意义：一是系统自身的坚固性，即系统应具备对不同类型和规模的数据和使用对象都不会崩溃的特质，以及灵活而强有力的恢复机制；二是系统应具备完善的权限控制机制，以保障系统不被有意或无意地破坏；三是系统应具备在并发响应和交互操作的环境下保障数据安全性和一致性的能力。

**3. GIS 的主要软件平台**

目前，应用较为广泛的地理信息系统专业软件有 Esri 公司出品的 ArcGIS、Pitney Bowes 公司（原 MapInfo 公司）出品的 MapInfo、北京超图软件股份有限公司出品的 SuperMap GIS、武汉中地数码科技有限公司出品的 MapGIS 和吉奥时空信息技术股份有限公司出品的 GeoStar 等。

ArcGIS 系列软件包是目前功能很强大、应用很广泛的地理信息系统专业软件，是一个用于地理信息处理和分析的基础架构。它由包含桌面软件 ArcGIS Desktop、嵌入式开发组件 ArcGISEngine 以及服务端 GIS、移动 GIS 在内的一系列框架部署而成。桌面软件 Desktop 是 ArcGIS 中一组桌面 GIS 软件的总称，它包括功能从简单到全面的 ArcView、ArcEditor 和 ArcInfo 三个级别。这三个级别的 ArcGIS 软件都由一组相同的应用环境组成，即 ArcMap、ArcCatalog 和 ArcToolbox。ArcMap 提供数据的显示、查询与分析，ArcCatalog 提供空间和非空间的数据生成、管理和组织，ArcToolbox 提供基本的数据转换。用户可以通过这三种环境的协调工作，完成各类 GIS 任务，包括数据采集、数据编辑、数据管理、地理分析和地图制图等。

Esri 公司主打的软件为基于功能区的应用程序 ArcGIS Pro，旧版的桌面软件已经停止更新。基于 ArcGIS 开发的地理信息系统解决方案广泛应用于各行各业，如政府应急、民政管理、金融服务、轨道交通、移动目标监控和水利信息化等领域的解决方案。

MapInfo 是美国 MapInfo 公司的桌面地理信息系统软件，是一种数据可视化、地理信息可视化的桌面解决方案。它可以提供地图绘制、编辑、地理分析和数据导出等功能。MapInfo 软件简单易学、功能强大、二次开发能力强，而且提供了与通用数据库软件便捷的接口，因此拥有广泛的用户群体。

实训1
SuperMap GIS
软件认识

SuperMap 软件由中国科学院地理科学与资源研究所支持研发，是国产 GIS 软件中的代表。其自主研发的二三维一体化功能在国际上实现技术领先，甚至在某些领域超越发达国家。它主要包含桌面工具 SuperMap Desktop、二次开发组件 SuperMap Objects、网络型开发工具 SuperMap iServer 以及嵌入式开发工具 eSuperMap。SuperMap Desktop 是基于 SuperMap 核心技术开发的一体化 GIS 桌面软件，是 SuperMap 系列产品的重要组成部分。其界面设计友好，操作简单，适合不同层次的用户。使用它，用户不仅可以轻松完成空间数据的浏览、编辑、查询和输出，还能进行拓扑处理、三维建模和空间分析等高级 GIS 操作。

MapGIS 是由中国地质大学（武汉）开发的通用工具型地理信息系统软件。它是在地图编辑出版系统 MapCAD 的基础上发展起来的，可对空间数据进行采集、存储、检索、分析、可视化和图形表示。MapGIS 继承了 MapCAD 的全部制图功能，可以制作具有出版精度的复杂地形图和地质图。同时，它支持地形数据与专业数据的一体化管理和空间分析查询，为多源地学信息的综合分析提供了理想平台。MapGIS 已广泛应用于城市与土地资源管理、基础设施与公共服务、公共安全与国家安全、社会服务与资源开发等领域。

GeoStar 是一款大型国产自主知识产权的地理信息系统基础软件平台，作为吉奥之星系列软件的核心平台，负责矢量、影像、数字高程模型等空间数据的建库、管理、应用和维护。它主要由 GeoStar Professional 和 GeoStar Objects 等部分组成。GeoStar Professional 是桌面 GIS 工具平台，支持空间数据管理、地形数据库浏览、图形编辑、空间查询、空间分析、地图制图和数据转换等功能。

## 1.2.3 任务实施

**1. 任务内容**

本任务是对某市公安局交通指挥中心的交通指挥一体化系统进行升级改造。原系统中部分图形化功能基于开源 GIS 平台开发。这次升级将整合通信网监控和通信巡检等系统。一个合适的 GIS 平台是通信网一体化管理系统顺利开发的基础。本任务选取了 5 款国产 GIS 平台进行比较分析,最终选出适用于项目的 GIS 平台。

**2. 任务实施步骤**

(1) 平台对象。

针对目前市场上的 GIS 平台,选取了 5 款应用广泛的国产 GIS 平台进行比较,分别是 SuperMap、MapGIS、GeoStar、VRMap 和 MapEngine,如表 1-1 所示。这些 GIS 平台在国内均有成功的应用案例。

表 1-1 选择的国产 GIS 平台

| 序 号 | 平 台 | 提 供 商 |
| --- | --- | --- |
| 1 | SuperMap | 北京超图软件股份有限公司 |
| 2 | MapGIS | 武汉中地数码科技有限公司 |
| 3 | GeoStar | 吉奥时空信息技术股份有限公司 |
| 4 | VRMap | 北京灵图软件技术有限公司 |
| 5 | MapEngine | 北京朝夕科技有限责任公司 |

(2) 平台对比。

下面分别从专业背景、产品特点、多图层支持、数据库支持、二次开发难度和公安行业成功案例等六个方面对选择的五款平台进行比较分析,以便选出适用于项目的 GIS 平台。

① 专业背景:GIS 平台的开发需要大量资金投入和长期研发,因此一般公司难以支撑完整的 GIS 平台开发。目前国内成熟的 GIS 厂商多依托研究机构或院校发展起来。因此,专业背景是评估 GIS 平台的重要指标之一。

基于专业背景,应该优先考虑依托于中国科学院地理科学与资源研究所的 SuperMap、中国地质大学(武汉)的 MapGIS 和武汉大学测绘遥感信息工程国家重点实验室的 GeoStar。

② 产品特点:选择的五款平台除了具有 GIS 的基本功能,还具有各自的特点,如表 1-2 所示。

表 1-2 所选国产 GIS 平台的产品特点

| 平台 | 产品特点 |
|---|---|
| SuperMap | 具有空间信息的发布、空间信息的在线编辑、远程管理 GIS 服务、支持 OGC 的服务规范、最佳路径分析和用户自定义图层等特点。产品融合了人工智能、新一代三维、大数据、分布式和跨平台技术,是二三维一体化的空间数据采集、存储、管理、分析、处理、制图与可视化的工具软件,更是赋能各行业应用系统的软件开发平台。<br>支持视频投放功能,在公安项目上可实现公安视频摄像头快速投放到三维场景中 |
| MapGIS | 集地图输入、数据库管理及空间数据分析为一体的空间信息系统。具有海量地图库管理能力,能管理数万幅图件;具有完备的空间分析、网络分析和图像分析功能;具有高效的专业数据库和多媒体数据库管理能力 |
| GeoStar | 重建和还原地形、地貌及地物,真实再现地面景观;视图的缩放、平移、视点变换、角度旋转和实时 3D 大范围飞行浏览;全方位的场景要素控制;三维物体表面贴图;色彩调配,明暗变换;地形查询与分析;叠加三维模型数据,并进行实时显示和查询;海量文件系统和数据库系统 DEM、DOM 和三维模型数据的浏览 |
| VRMap | 三维地理信息系统平台软件,可以在三维地理信息系统与虚拟现实领域提供从底层引擎到专业应用的全面解决方案 |
| MapEngine | 具有空间和属性数据一体化存储、多点并发编辑、数据缓存技术和高性能图形显示等特点 |

③多图层支持:选择的 5 款软件均可以支持多图层,且 GeoStar 和 VRMap 均有不错的三维图像表现。

④数据库支持:在数据库支持方面,选择的 5 款平台各有不同,如表 1-3 所示。

表 1-3 所选国产 GIS 平台的数据库支持

| 平台 | 数据库支持 |
|---|---|
| SuperMap | 使用专有 SDX+引擎,支持 Oracle、SQL Server、DB2、Sybase 和 DM3 |
| MapGIS | SQL Server、Oracle、文件 |
| GeoStar | SQL Server、Oracle、Access |
| VRMap | SQL Server、Oracle、Access |
| MapEngine | SQL Server、Oracle、Access |

这里最突出的是 SuperMap。SuperMap 提供了多种格式的数据组织方式,基于复合文档技术的 SDB、基于桌面数据库的 MDB 以及基于大型数据库的 SDX for Oracle 和 SDX for SQL Server 等。SuperMap 的这些格式都有统一的对象模型和结构定义,各个格式支持的操作和功能从根本上是统一的。SuperMapGIS 系列软件都可以直接打开这些格式的数据,并

且能非常简单地实现各个数据格式数据源之间的数据交换，如在同一格式的数据源内复制数据。SuperMap 拥有独一无二的多源空间数据无缝集成技术，允许开发时可以将使用 SuperMap 已建成的应用系统轻易地移植到其他格式。比如，在极少代码改动的情况下，可以将一个使用 SQL Server 存储空间数据的应用系统或者产品轻松地移植到使用 Oracle 或者 SDB 的环境中。

⑤二次开发难度：在二次开发方面，所选国产 GIS 平台的难易程度各有不同，如表 1-4 所示。

表 1-4　所选国产 GIS 平台二次开发的难易程度

| 平台 | 二次开发难易度 |
| --- | --- |
| SuperMap | 专用.Net 开发平台。参考资料多，开发难度最小 |
| MapGIS | API 函数层、C++类层和 ActiveX 组件层。无.Net 专用平台。参考资料一般，传统客户端程序开发模式，需要了解传统 API 调用方式，开发难度较大 |
| GeoStar | COM 开发，有 Java 平台无.Net 平台。参考资料较多，开发难度中等 |
| VRMap | 完整的 VRMap 二次开发包，支持 C/S、B/S 结构的应用开发，支持 VC、VB、Javascript 和 VBScript 等多种语言的开发，开发难度中等 |
| MapEngine | API，客户端需要采用 Java 技术。参考资料一般，开发难度较高 |

⑥公安行业成功案例：所选的部分平台在公安行业已有成功应用的案例，见表 1-5。

表 1-5　所选国产 GIS 平台在公安行业应用案例

| 平台 | 公安行业成功案例 |
| --- | --- |
| SuperMap | 浙江省公安三维地理信息时空云平台<br>漳浦智慧交警<br>天津公安三维可视化系统平台<br>南阳市公安局地理信息共享服务平台<br>聊城市交警智能化管控平台<br>佛山公安大数据 |
| MapGIS | 宜昌市公安局突发事件一体化应急联动处置平台<br>十堰市情指勤舆一体化志林发布管理系统 |
| GeoStar | — |
| VRMap | — |
| MapEngine | — |

通过上述深入的选型对比，可以得出基于 SuperMap 的 GIS 平台开发是最佳选择。因为

其费用不高，提供了支持 VS 2005 的 Web Controls，可以直接在 VS 2005 中使用。另外，SuperMap 无论是文件格式还是空间数据库格式都支持拓扑关系存储管理功能。并且，针对交通网络资源管理中一条道路多车道的特殊情况，SuperMap 还专门提供了解决方案，通过 RuleMask 可以对道路中的车道进行网络路径搜索，大大减少了二次开发的工作量。与此同时，SuperMap 还支持在三维场景中进行视频投放，支持将多路视频摄像头数据投放在三维场景中，可快速对道路交通事故、交通拥堵情况进行判定。其独特的三维分析能力为公安局交通指挥一张图应用提供了高效支撑。

### 1.2.4 技能训练

利用 GIS 技术存储、管理和更新城市供水管网的空间数据库和属性数据库，构建城市供水管网信息系统，提高城市供水行业的管理和信息化水平，高效服务群众，是城市供水行业现代化管理的关键。从供水企业实际出发，选择合适的供水管网 GIS 平台。

①分析供水 GIS 的系统特点。

②以目前流行的 ArcGIS、MapInfo、SuperMap 和 MapGIS 平台作为对象进行对比分析，选出合适的 GIS 平台。

### 思政故事

在当前信息时代，作为准确掌握国情国力的重要前提，地理信息是一个国家基础性、战略性资源，是国家实施发展规划、进行宏观管理、维护国家安全、建设生态文明的重要依据，一直备受关注。中国科学院院士徐冠华曾强调，随着"数字中国"建设的不断深入，地理信息产业和公共服务平台的快速发展，地理信息的应用越来越广泛，GIS 基础软件已成为敏感领域的核心支撑软件，管理着大量涉及国家地理安全的信息。

打造自主可控的国产 GIS 平台，既是维护我国地理信息安全的关键，又是夯实我国数字经济稳健发展、赋能千行百业快速向数字化迈进的软件之基。

下面介绍主流国产 GIS 软件：

#### 一、MapGIS 平台

MapGIS 平台是武汉中地数码科技有限公司旗下的地理信息系统，具有完全自主知识产权。MapGIS 10.6 全空间智能 GIS 平台是一款自主研发的新一代地理信息系统。该平台在原有 MapGIS 系列产品的基础上，全面提升了五大技术体系：跨平台 GIS 技术、全空间 GIS 技术、大数据 GIS 技术、智能 GIS 技术、敏捷开发技术。

平台基于统一的跨平台内核，提供以下创新功能：

- 全新的地理实体模型；
- 完善的大数据治理体系；
- Unreal Engine 渲染引擎；
- 低代码开发框架。

平台特点：MapGIS 平台具有强大的图形表达功能，其完全自主知识产权符合国家信息技术应用创新发展战略。依托中国地质大学（武汉）的技术支持，平台在地下空间分析领域具有显著优势。该平台在智慧城市、自然资源、地质、农林、气象、交通、公安、应急、环境、民政、军事等领域得到广泛应用。

二、SuperMap平台

SuperMap平台是超图软件股份有限公司旗下的地理信息系统平台。其主要技术特点如下：

（1）数据库支持：基于华为开源数据库openGauss，提供空间数据的存储、计算和管理能力，有效扩展了传统关系型数据库的功能。

（2）云技术支持：采用云原生2.0技术架构，显著提升了系统的运维管理能力。

（3）三维技术：创新升级三维GIS技术，增强动画效果并集成高保真三维SDK。

（4）资源共享：提供GIS在线创作者平台，促进GIS资源共享生态建设。

平台特点：

优势：三维GIS处理能力突出、空间数据分析功能强大、功能体系完备、二次开发接口简洁高效、系统整体运行性能优异。

不足：大数据处理能力有待提升。

三、GeoScene平台

GeoScene平台是易智瑞信息技术有限公司开发的地理信息系统平台。该平台以云计算为核心架构，融合了多种先进IT技术，主要功能包括：地图制图与可视化、空间数据管理、空间大数据分析、人工智能挖掘分析、空间信息整合与共享。

平台技术特点：具备GIS技术的前沿性、高性能与稳定性，针对国内市场进行深度优化，在国产软硬件兼容适配方面表现优异，提供安全可控的解决方案，注重用户体验设计。

平台优势：发展历史悠久，技术积累深厚；应用领域广泛，功能体系完备；技术创新能力强，在多个技术方向处于行业领先地位。

平台局限：系统规模较大，学习曲线较陡；部署和维护成本较高；作为引进技术的本地化产品，在核心技术的自主可控性方面仍需持续验证。

四、GeoGlobe平台

GeoGlobe平台是吉奥时空信息技术股份有限公司开发的完全自主可控的大型GIS服务平台。该平台具有以下六大特征：云端化、智能化、移动化、个性化、简捷化、国产化。

平台主要功能特点：提供直观易用的操作界面，支持灵活便捷的二次开发，实现跨平台的空间信息获取与共享。

技术优势：大场景三维模型加载效率高；动态展示流畅性好；系统运行效率优异；三维可视化效果良好，具有较好的沉浸感；图形渲染画质细腻。

技术局限：不支持外部格式的三维模型直接导入，需转换为平台专用切片数据格式；缺乏对三维点云数据的支持；不支持模型的流式加载方式。

# 项目 2　空间数据管理

## 📖 教学目标

本项目主要介绍了 GIS 空间数据的管理是如何实现的。使用 GIS 平台的第一步就是了解平台的空间数据模型、处理模式、存储结构和存取方法等，以便于使用合适的方式存储和处理数据。而数据模型、处理模式、存储结构和存取方法等是一个数据库设计和建立的核心。数据库因不同的应用要求而有各种各样的组织形式。空间数据库是在数据库的基础上产生的，它是某一区域内关于一定地理要素特征的数据集合。通过本项目的学习，学生应掌握数据库、空间数据库的概念、特征、组织分级、设计原则和步骤等内容。

## 📖 思政目标

通过数据库、空间数据库的概念、特征以及 GIS 数据库的建立等知识的学习，激发学生的学习兴趣，激励学生勇于创新、探索求真和担当进取的科学精神，勇于探索、追求卓越的创新精神和实事求是、善于解决问题的实践能力。

## 📖 项目概述

最近，某市公安局交通指挥中心交通指挥一体化系统正在进行国产化改造升级，其原有系统功能是基于开源 GIS 平台进行开发的，现在准备进行升级改造。升级改造后的系统要全面适应国产化系统，并且可以兼容原有系统数据，同时还要支持对接新的三维模型数据。经过项目一的学习，可选择北京超图软件股份有限公司研发的 SuperMap 平台对系统进行国产化改造升级，升级时需要根据原有的空间数据组织与管理构建新的数据库来对数据进行管理。

# 任务 2.1  空间数据组织与管理

## 2.1.1  任务描述

空间数据是 GIS 的重要组成部分。空间数据具有巨大的数据量及空间上的复杂性的特征。这些特征使空间数据的组织与管理比普通数据的组织与管理要复杂得多。为了更好地表达空间数据,就必须按照一定的方式对空间数据进行组织与管理。

明确超图软件空间数据组织形式,为数据的转移做准备。

## 2.1.2  任务分析

掌握空间数据组织与管理的方式,是合理建立 GIS 数据库的前提。因此必须在明确数据库、空间数据库的概念、特征和组织分级的前提下,合理设计,根据空间数据的特征和项目的需求构建数据库。

**1. 数据库的基本知识**

1) 数据库的定义

数据库是随着计算机的迅速发展而兴起的一门新学科。通俗地讲,数据库是以一定的组织形式存储在一起的互相有关联的数据的集合。但这种数据集合不是数据的简单相加,而是对数据信息进行重新组织,最大限度地减少数据冗余,增强数据间关系的描述,使数据资源能以多种方式为尽可能多的用户提供服务,实现数据信息资源的共享。

由于数据信息资源的多用户服务以及用户对信息数据多种方式(如检索、分类和排序等)访问的需求,人们又研制了数据库管理系统(管理和控制程序软件)。

由上述可知,数据库是由两个最基本的部分所组成:一是原始信息数据库,即描述全部原始要素信息的原始数据,也是数据库系统加工处理的对象;二是程序库,即数据库软件,存放着管理和控制数据的各种程序,是数据库系统加工处理的手段。

当然,除了上述两个基本组成部分以外,数据库系统还需要配备相应的硬件设备,如有很强数据处理能力的中央处理器、大容量的内存和外存以及根据不同用途配置的其他外部设备等。

2) 数据库的主要特征

(1) 实现数据共享。

数据库是以一定的组织形式集中控制和管理有关数据的方式。它增强了数据间关系的描述,克服了文件管理中数据分散的弱点,实现了数据资源的共享,提高了数据的使用效率。

(2) 减小数据冗余度。

数据库按照一定的方式对数据文件进行重新组织,最大限度地减少了数据的冗余,节省了存储空间,保证了数据的一致性,这是文件管理所无法实现的。

(3) 数据的独立性。

数据库系统结构一般分为3级，即用户级、概念级和物理级。实现3级之间的逻辑独立和物理独立是数据库设计的关键要求。逻辑独立是指在概念级数据库中，改变逻辑结构时并不影响用户的应用程序；物理独立是指改变数据的物理组织并不影响逻辑结构和应用程序。

(4) 实现了数据集中控制。

在文件管理方式中，数据处于一种分散的状态。利用数据库可对数据进行集中控制和管理，并通过数据模型表示各种数据的组织以及数据间的联系。

(5) 数据的一致性及可维护性，以确保数据的安全性和可靠性。

①安全性控制：防止数据的丢失、错误更新和越权使用等。

②完整性控制：保证数据的正确性、有效性和相容性等。

③并发控制：在同一时间周期内，既允许对数据实现多路存取，又能防止用户之间的不正常交互作用。

④故障的发现和恢复：由数据库管理系统提供一套可及时发现故障并修复故障的方法，可以防止数据被破坏。

3) 数据库管理系统

数据库是关于事物及其关系的组合，而早期的数据库中的事物本身与其相应的属性是分开存储的，只能实现简单的数据恢复和使用。数据结构定义使用特定的结构定义，利用文件形式存储，称为文件处理系统。

文件处理系统是数据管理最普遍的方法，但是有很多缺点。每个应用程序都必须直接访问所使用的数据文件，应用程序完全依赖于数据文件的存储结构；数据文件被修改时，应用程序也随之被修改。由于若干用户或应用程序共享一个数据文件，要修改数据文件必须征得所有用户的同意；由于缺乏集中控制也会带来一系列数据库的安全问题，数据库的完整性是很严格的，信息质量很差导致的结果往往比没有信息更糟。

数据库管理系统（database management system，DBMS）是在文件处理系统的基础上进一步发展的系统。它是处理数据库存取和各种管理控制的软件。它不仅面向用户，还面向系统。因此，DBMS在用户应用程序和数据文件之间起到了桥梁作用。DBMS的最大优点是提供了两者之间的数据独立性，即应用程序访问数据文件时不必改变应用程序。

(1) 数据库管理系统的功能。

数据库管理系统的功能随系统的不同而不同，但一般具有以下主要功能。

定义数据库：用来设计数据库的框架，并从用户、概念和物理三个不同观点出发定义一个数据库，把各种原模式翻译成机器的目标模式并存储到系统中。

管理数据库：在已定义的数据库上，按严格的数据定义，装入数据，存储到物理设备上，接收、分析和执行用户提出的访问数据库的请求，实现数据的完整性、有效性及并发控制等功能。

维护数据库：这是面向系统的功能，包括对数据库性能的分析和监督以及数据库的重新组织和整理等。

数据库通信功能：包括与操作系统的接口处理、同各种语言的接口以及同远程操作的接口处理等。

(2) 数据库管理系统的程序组成。

数据库管理系统实际上是很多程序的集合，主要包括下列几个部分。

系统运行控制程序：用于实现对数据库的操作和控制，包括系统总控制程序、存取控制程序、数据存取程序、数据更新程序、并发控制程序、完整性检查程序、通信控制程序和保密控制程序等。

语言处理程序：主要实现对数据库定义、操作等功能程序，包括数据语言的编译程序、主语言的预编译程序、数据操作语言处理程序及终端命令解释程序等。

建立和维护程序：主要实现数据库的装入、故障恢复和维护，包括数据库装入程序、性能统计分析程序、转储程序、工作日志程序及系统修复和重启动程序等。

(3) 采用标准 DBMS 存储空间数据的主要问题。

采用标准的 DBMS 存储空间数据的主要问题包括以下几个方面。

在 GIS 中，空间时间记录是变长的，因为需要存储的坐标点的数目是变化的，而一般数据库都只允许把记录的长度设定为固定长度。除此之外，DBMS 在存储和维护空间数据拓扑关系方面也存在着严重的缺陷。因而，一般要对标准的 DBMS 增加附加的软件功能。

DBMS 一般难以实现对空间数据的关联、连通、包含和叠加等基本操作。

GIS 需要一些复杂的图形功能，而 DBMS 一般不具有该功能。

地理信息是纷繁复杂的。单个地理实体的表达需要多个文件、多条记录，包括大地网、特征坐标、拓扑关系、空间特征量测值、属性数据的关键字以及非空间专题属性等，DBMS 一般也难以支持。

具有高度内部联系的 GIS 数据需要更复杂的安全性维护系统。为了保证空间数据库的完整性和保护数据文件的完整性，就必须使这些数据与空间数据一起存储，否则一条记录的改变就会使其他数据文件产生错误。而 DBMS 一般难以保证这些。

(4) GIS 数据管理方法的主要类型。

对不同的应用模型开发独立的数据管理服务，这是一种基于文件管理的处理方法。

在商业化的 DBMS 基础上开发附加系统。开发一个附加软件用于存储和管理空间数据和空间分析，使用 DBMS 管理属性数据。

以 DBMS 为核心，对系统的功能进行必要的扩充。空间数据和属性数据在同一个 DBMS 管理之下，需要增加足够数量的软件和功能来提供空间功能和图形显示功能。

重新设计一个具有空间数据和属性数据管理和分析功能的全新数据库系统。

(5) 应用程序对数据库的访问过程。

应用程序对数据库的访问过程如下。

①应用程序向 DBMS 发出调用数据库数据的命令，命令中给出了记录的类型与关键字值，先查找后读取。

②DBMS 分析命令，取出应用程序的子模式，从中找出有关记录的描述。

③DBMS 取出模式，决定了为读取记录需要哪些数据类型以及有关数据的存放信息。

④DBMS 查阅存储模式，确定记录位置。

⑤DBMS 向操作系统（OS）发出读取记录的命令。

⑥操作系统应用 I/O 程序，把记录送入系统缓冲区。

⑦DBMS 从系统缓冲区数据中导出应用程序所要读取的逻辑记录，并将其送入应用程序工作区。

⑧DBMS 向应用程序报告操作状态信息，如执行成功和数据未找到等。

⑨用户根据状态信息决定下一步工作。

4）数据库系统结构

数据库是一个复杂的系统，数据库的基本结构分用户级、概念级和物理级三个层次，分别反映了观察数据库的三种不同角度。每一层次的数据库都有对数据进行逻辑描述的模式，分别称为外模式、概念模式和内模式。模式之间通过映射关系进行联系和转换。

在数据库系统中，用户看到的数据与计算机中存放的数据是不同的，这两种数据之间有着若干层的联系和转换，这样做的目的包括以下三个方面。

①方便用户，用户只管发出各种数据操作指令而不用管这些操作如何实现。

②便于数据库的全局逻辑管理，可以进行独立的设计与修改。

③为数据在物理存储器上的组织提供方便。

这样，不管是数据的物理存储方法还是数据库的全局组织发生变化，都可以尽可能不影响用户对数据库的存取。

（1）用户级。

用户级数据库对应于外部模式。它是用户与数据库的接口，也就是用户能够看到的那部分数据库。它是数据库的一个子集。

子模式就是用户看到的并获准使用的那部分数据的逻辑结构，借此来操作数据库中的数据。采用子模式有如下好处。

①接口简单，使用方便。用户只要依照子模式编写应用程序或在终端输入操作命令，不需要了解数据的存储结构。

②提供数据共享性。用统一模式产生了不同的子模式，减少了数据的冗余。

③孤立数据，安全保密。用户只能操作其子模式范围内的数据，可保证其他数据的安全性。

（2）概念级。

概念级数据库对应于概念模式，简称模式，是对整个数据库的逻辑描述，也就是数据库管理员看到的数据库。

模式的主体是数据模型，模式只能描述数据库的逻辑结构，而不涉及具体存取细节。模式通常是所有用户子模式的最小并集，即把所有用户的数据观点有机地结合成一个逻辑整体，统一地考虑所有用户的要求。在模式中有对数据库中所有数据项类型、记录类型和它们之间的联系及对数据的存取方法的总体描述。在模式下所看到的数据库叫概念数据库，因为实际数据库并没有存储在这一层，这里仅提供了关于整体数据库的逻辑结构。

概念模式与子模式的共同之处在于它们都是数据库的定义信息。从模式中可以导出各种子模式，如在关系模型中通过关系运算就可以从模式导出子模式。模式与子模式都不反映数据的物理存储，为数据库管理系统所使用，其主要功能是供应用程序执行数据操作。

(3) 物理级。

物理级数据库对应于内模式，又称为存储模式。内模式描述的是数据在存储介质上的物理配置与组织，是存放数据的实体，也是只有系统程序员才能看到的数据库。对机器来说，它是由 0 和 1（代表两种物理状态）组织起来的位串，其含义是字符或数字；对于程序员来说，它是一系列按一定存储结构组织起来的物理文件。

在计算中，实际存在的只是物理级数据库。概念库只是物理级数据库的一种抽象描述，而用户级数据库只是用户与数据库的接口。用户根据子模式进行操作，通过子模式到概念模式的映射与概念级数据库联系起来，再通过概念模式到存储模式的映射与物理级数据库联系起来。将三者联系的就是数据库管理系统（DBMS），它的主要任务就是把用户对数据的操作转化到物理级去执行。

现在的数据库要求尽可能使上述三级结构之间保持逻辑独立与物理独立。逻辑独立是指在概念级数据库中，改变逻辑结构时不改变用户子模式，即不影响用户应用；物理独立是指改变数据的物理组织不会影响逻辑结构和应用程序。

**2. 空间数据库**

空间数据库描述的是地理要素的属性关系和空间位置关系。在空间数据库中，数据之间除了抽象的逻辑关系外，还建立了严谨的空间几何关系。地理数据不仅表达了地理要素的名称、特征、分类和数量等属性特征，还反映了地理要素的位置、形状、大小和分布等方面的特征。这些表征地理要素空间几何关系的数据也叫图形数据。对地理信息系统来讲，不仅数据本身具有空间属性，系统的分析和应用也无不与地理环境直接联系。因此，地理信息系统的数据库（简称空间数据库）是某一区域内关于一定地理要素特征的数据集合，包括地理实体的属性数据和图形数据。与一般数据库相比，空间数据库具有如下特点。

（1）数据库的复杂性：空间数据库比常规数据库复杂得多，其复杂性首先反映在空间数据种类繁多上。从数据类型看，空间数据库不仅有空间位置数据，还有属性数据；不同类型的数据差异大，表达方式各异，但又紧密联系。从数据结构看，空间数据库既有矢量数据结构又有栅格数据结构，它们的描述方法各不相同。空间数据库中空间位置数据和属性数据之间既相对独立又密切相关，不可分割。空间数据库的复杂性给空间数据库的建立和管理增加了难度。

（2）数据库处理的多样性：一般数据库的处理功能主要是查询检索和统计分析，处理结构的表示以表格形式及部分统计图为主。而地理信息系统的查询检索必须同时涉及属性数据和空间位置数据。利用空间数据和属性数据进行查询、检索和统计时常常需要引入一些算法和模型。例如，用数学表达式在 DTM 模型上查询地面坡向因子时需要引入相应的坡向分析模型，这超出了传统数据库查询概念。

（3）数据量大：地理信息系统是一个复杂的综合体，要用数据来描述各种地理要素，而这些地理要素相互之间又存在着错综复杂的联系，需要用数据来表示，尤其是要素的空间位置，因此，其数据量往往很大。

（4）数据应用面较为广泛：可应用于地理研究、环境保护、资源开发、生态环境、土地利用与规划、道路建设和市政管理等。空间数据库系统必须具备对地理对象进行模拟和推理的功能。一方面可将空间数据库技术视为传统数据库技术的扩充；另一方面，空间数据库突破了传统数据库理论，其实质性发展必然导致理论上的创新。

目前，大多数商品化的 GIS 软件不是采取传统的某一种单一的数据模型，也不是抛弃传统的数据模型，而是采用建立在关系数据库管理系统（RDBMS）基础上的综合的数据模型。归纳起来，主要有混合结构、扩层结构和统一数据 3 种组织方式。

①混合结构模型。

它的基本思想是用两个子系统分别存储和检索空间数据与属性数据。其中，属性数据存储在常规的 RDBMS 中，几何数据存储在空间数据管理系统中，两个子系统之间使用一种标识符联系起来。在检索目标时必须同时询问这两个子系统，然后将它们的回答结合起来。

这种混合结构模型的一部分是建立在标准 RDBMS 之上，故存储和检索数据比较有效、可靠。但因为使用两个存储子系统，它们有各自的规则，所以查询操作难以优化，存储在 RDBMS 外面的数据有时会丢失数据项的语义。此外，数据完整性的约束条件有可能遭破坏，例如，在几何空间数据存储子系统中的目标实体仍然存在，但在 RDBMS 中的却已被删除。

属于混合结构模型的 GIS 软件有 ARC/INFO、MGE、SICARD 和 GENEMAP 等。

②扩展结构模型。

混合结构模型的缺陷是，两个存储子系统具有各自的职责导致互相很难保证数据存储、操作的统一。扩展结构模型采用了统一 DBMS 存储空间数据和属性数据。其做法是在标准的关系数据库上增加空间数据管理层，即利用该层将地理结构查询语言（GeoSQL）转化成标准的 SQL 查询，借助索引数据的辅助关系实施空间索引操作。这种模型的优点是省去了空间数据库和属性数据库之间的烦琐联结，空间数据存取速度较快。但由于是间接存取，在效率上总是低于 DBMS 中所用的直接操作过程，且查询过程复杂。

扩展结构模型的 GIS 软件有 SYSTEM 9 和 SMALL WORLD 等。

③统一数据模型。

这种综合数据模型不是基于标准的 RDBMS，而是在开放型 DBMS 的基础上扩充空间数据表达功能。空间扩展完全包含在 DBMS 中，用户可以使用自己的基本抽象数据类型（ADT）来扩充 DBMS。在核心 DBMS 中进行数据类型的直接操作方便、有效，并且用户还可以开发自己的空间存取算法。该模型的缺点是用户必须在 DBMS 环境中实施自己的数据类型，对有些应用来说相当复杂。

属于此类综合模型的 GIS 软件有 TIGRIS（intergraph）和 GEO++（荷兰）等。

**3. 空间数据的组织**

1) 数据组织的分级

数据库中的数据组织一般可以分为 4 级，分别是数据项、记录、文件和数据库。

（1）数据项：可以定义数据的最小单位，也叫元素、基本项、字段等。数据项与现实世界实体的属性相对应。数据项有一定的取值范围，称为域。域以外的任何值对该数据项都是无意义的。例如，表示月份的数据项的域是1～12，13就是无意义的值。每个数据项都有一个名称，称为数据项目。数据项的值可以是数值的、字母的和汉字的等形式。数据项的物理特点在于它具有确定的物理长度，一般用字节数表示。

几个数据项进行组合便构成组合数据项。如日期可以由日、月、年3个数据项组合而成。组合数据项也有自己的名字，可以看作一个整体。

（2）记录：由若干相关联的数据项组成。记录是应用程序输入－输出的逻辑单位。对大多数据库系统来说，记录是处理和存储信息的基本单位。记录是关于一个实体的数据总和，构成该记录的数据项表示实体的若干属性。

记录有"型"和"值"的区别。"型"是同类记录的框架，它定义记录，"值"是记录反映实体的内容。

为了唯一标识每个记录，就必须有记录标识符，也叫关键字。记录标识符一般由记录中的第一个数据项担任，唯一标识记录的关键字称为主关键字，其他标识记录的关键字称为辅关键字。

（3）文件：给定类型的逻辑记录的全部具体值的集合。文件用文件名称标识。文件根据记录的组织方式和存取方法可以分为顺序文件、索引文件、直接文件和倒排文件等。

（4）数据库：比文件更大的数据组织。数据库是具有特定联系的数据的集合，也可以看成是具有特定联系的多种类型的记录的集合。数据库的内部构造是文件的集合，这些文件之间存在某种联系，不能孤立存在。

2）数据间的逻辑联系

数据间的逻辑联系主要是指记录与记录之间的联系。记录是表示现实世界中的实体的。实体之间存在着一种或多种联系，这样的联系必然反映了记录之间的联系。数据之间的逻辑联系主要有3种。

①一对一的联系（1：1）：如图2-1所示，这是一种比较简单的联系方式，是指在集合$A$中存在一个元素$a$，则在集合$B$中就有一个且仅有一个$b$与之联系。在1：1的联系中，一个集合中的元素可以标识另一个集合中的元素。例如地理名称与对应的空间位置之间的关系就是一种一对一的联系。

②一对多的联系（1：$N$）：现实生活中以一对多的联系较常见。如图2-2所示，这种联系可以表达为在集合$A$中存在一个$a_i$，则在集合$B$中存在一个子集$B' = (b_1, b_2, \cdots, b_{jn})$与之联系。通常，$B'$是$B$的一个子集。行政区划就具有一对多的联系，一个省对应有多个市，一个市对应有多个县，一个县又对应有多个乡。

③多对多的联系（$M$：$N$）：这是现实中最复杂的联系，如图2-3所示，即对于集合$A$中的一个元素$a_i$，在集合$B$就存在一个子集$B' = (b_{j1}, b_{j2}, \cdots, b_{jn})$与之相联系。反过来，对于集合$B$中的一个元素$b_i$，在集合$A$中就有一个集合$A' = (a_1, a_2, a_3, \cdots, a_{in})$与之相联系。$M$：$N$的联系在数据库中往往不能直接表示出来，而必须经过某种变换，使其分解成两个1：$N$的联系。地理实体中存在很多多对多联系，例如：土壤类型与种植的作物之间就是多对多的联系，同一种土壤类型可以种不同的作物，同一种作物又可种植在不同的土壤类型中。

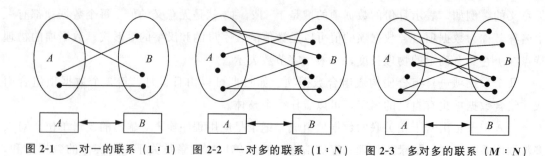

图 2-1 一对一的联系（1∶1）　　图 2-2 一对多的联系（1∶N）　　图 2-3 多对多的联系（M∶N）

3）文件的主要组织形式

文件组织是数据组织的一部分。文件是地理信息系统物理存在的基本单位。所有系统软件和数据库包括文件目录都是以文件方式存储和管理的。对地理信息系统功能的调用，对空间数据的检索、插入、删除、修改和访问，最终都是转换为对于物理文件的相应操作，由访问程序付诸实现。文件组织是地理信息系统的物理形式。

文件组织主要指数据记录在外存设备上的组织，由操作系统进行管理，具体解决在外存设备上安排数据和组织数据的问题，以及实施对数据的访问方式等问题。

下面仅把常用的数据文件组织形式作简单的介绍。

（1）顺序文件。

顺序文件是最简单的文件组织形式。它是物理顺序与逻辑顺序一致的文件。顺序文件的优点是结构简单，连续存取速度快；缺点是不便于插入、删除和修改，不便于查找某一特定记录。为了防止从头到尾查找记录，提高查找效率，通常采用分块查找和折半查找。

（2）直接文件。

直接文件也称随机文件或散列文件。随机文件中的存储是根据记录关键字的值，通过某种转换方法得到一个物理存储位置，然后把记录存储在该位置上。查找时，通过同样的转换方法，可直接得到所需要的记录。

直接文件的优点是存取速度快并能节省存储空间，检索、修改和插入方便，检索时间与文件大小无关；缺点是溢出处理技术比较复杂，要求等长记录，只能通过记录的关键字寻址。

（3）索引文件。

带有索引表的文件称为索引文件。索引文件的特点是除了存储记录本身（主文件）外，还建立了索引表，索引表中列出记录关键字和记录在文件中的位置（地址）。读取记录时，只要提供记录的关键字值，系统通过查找索引表获得记录的位置，然后取出该记录。索引表通常按主关键字进行排序。

索引文件在存储器上分为两个区，即索引区和数据区。索引区存放索引表，数据区存放主文件。建立索引表的目的是提高查询速度。

索引文件只能建在随机存取介质上，如磁盘等。索引文件既可以是有序的也可以是非顺序的，既可以是单级索引也可以是多级索引。多级索引可以提高查找速度，但占用的存储空间较大。

（4）倒排文件。

在地理信息系统的数据查询中，常常要利用主关键字以外的属性（辅关键字）进行检索。而索引文件是按照记录的主关键字来构造索引的，所以叫主索引。按照一些辅关键字构建的索引称为辅索引，而带有这种辅索引的文件称为倒排文件。它是索引文件的延伸。之所以叫倒排文件，主要是因为在建立这种辅索引表时所依据的是辅关键字，而被标识的却是一系列主关键字。倒排文件是一种多关键字的索引文件，索引不能唯一标识记录，往往同一索引可以标识若干记录。因而，索引往往带有一个指针表，指向所有该索引标识的记录，通过主关键字才能查到记录的位置。倒排文件的主要优点是在处理多索引检索时，可以在辅检索中先完成查询的交、并等逻辑运算，得到结果后再对记录进行存取，从而提高查找速度。

例如，已知一批土地资源数据存于文件中，其中，地块号为关键字，而地貌类型、坡度、坡向和利用现状为次关键字。现对次关键字建立地貌类型、坡向及利用现状的倒排表。这些倒排表与土地资源文件表共同组成倒排文件如表 2-1 所示。

假设现在要查询土地资源数据库中，利用现状为林地，地貌类型为缓坡和坡向为半阳的地块，其方法是查询倒排文件并进行逻辑运算。其查询过程如下。

首先从倒排表 2-1 查出利用现状为林地的地块号 $P_1 = \{1, 4, 5, 6, 10\}$；从倒排表 2-1 查出地貌类型为缓坡的地块号 $P_2 = \{1, 5, 6, 10\}$；再从倒排表 2-1 中查出坡向为半阳的地块号 $P_3 = \{4, 6, 10\}$。所查询的目标地块号的逻辑表达式为 $P = P_1 \cap P_2 \cap P_3 = \{6, 10\}$。

表 2-1 土地资源倒排文件

| 地块号 | 地貌类型 | 坡度 | 坡向 | 利用现状 | 地块号 | 地貌类型 | 坡度 | 坡向 | 利用现状 |
|---|---|---|---|---|---|---|---|---|---|
| 1 | 缓坡 | 5°～10° | 半阴 | 林地 | 6 | 缓坡 | 5°～10° | 半阳 | 林地 |
| 2 | 坦面 | <3° | 阳 | 农地 | 7 | 陡坡 | >15° | 阴 | 牧地 |
| 3 | 陡坡 | >15° | 阳 | 牧地 | 8 | 坦面 | <3° | 阳 | 农地 |
| 4 | 沟道 | <5° | 半阳 | 林地 | 9 | 宽梁顶 | <3° | 阳 | 农地 |
| 5 | 缓坡 | 5°～10° | 阴 | 林地 | 10 | 缓坡 | 5°～10° | 半阳 | 林地 |

| | 次关键字 | 地块号 | | 次关键字 | 地块号 | | 次关键字 | 地块号 |
|---|---|---|---|---|---|---|---|---|
| (b) 地貌类型倒排表 | 坦面 | 2, 8 | (c) 坡向倒排表 | 阴 | 5, 7 | (d) 利用现状倒排表 | 农地 | 2, 8, 9 |
| | 宽梁顶 | 9 | | 半阳 | 4, 6, 10 | | 林地 | 1, 4, 5, 6, 10 |
| | 沟道 | 4 | | 半阴 | 1 | | 牧地 | 3, 7 |
| | 缓坡 | 1, 5, 6, 10 | | 阳 | 2, 3 | | | |
| | 陡坡 | 3, 7 | | | | | | |

上述倒排文件中的倒排表既可指向主关键字（即地块号），也可指向物理地址。不管指针所指的内容是什么，倒排文件的结构意义是相同的。倒排文件和一般文件的不同在于，一般文件的查询是先找记录，然后再找该记录所含的各次关键字是否为所查询的内容；而倒排文件的查询是先定次关键字，然后再找含有该关键字的记录。倒排文件的查询次序同一般文件的查询次序相反，因此称为倒排文件。

4）数据库的数据模型

数据模型是数据库系统中关于数据和联系的逻辑组织的形式表示。每一个具体的数据库都是由一个相应的数据模型来定义的。每一种数据模型都以不同的数据抽象与表示能力来反映客观事物，有其不同的处理数据联系的方式。数据模型的主要任务就是研究记录类型之间的联系。

目前，数据库领域采用的数据模型有层次模型、网络模型和关系模型，其中应用最广泛的是关系模型。

（1）层次模型。

层次模型是数据处理中发展较早，技术上也比较成熟的一种数据模型。它的特点是将数据组织成有向有序的树结构。层次模型由处于不同层次的各个节点组成。除根节点外，其余各节点有且仅有一个上一层节点作为其"双亲"，而位于其下的较低一层的若干个节点作为其"子女"。结构中的节点代表数据记录，连线描述位于不同节点数据间的从属关系（限定为一对多的关系）。如图2-4所示的原始地图M用层次模型可表示为如图2-5所示的层次数据模式。

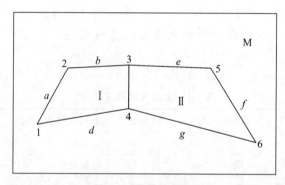

图2-4 原始地图M

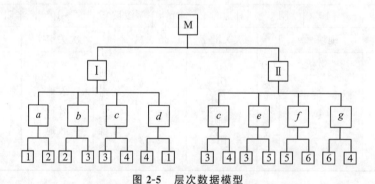

图2-5 层次数据模型

层次模型反映了现实世界中实体间的层次关系，层次结构是众多空间对象的自然表达形式，并在一定程度上支持数据的重构。但其应用时存在以下问题。

①由于层次结构的严格限制，对任何对象的查询必须始于其所在层次结构的根，使得低层次对象的处理效率较低，并难以进行反向查询。数据的更新涉及许多指针，插入和删除操作也比较复杂。母节点的删除意味着其下属所有子节点均被删除，因此必须慎用删除操作。

②层次命令具有过程式性质，层次命令要求用户了解数据的物理结构，并在数据操纵命

令中显式地给出存取途径。

③模拟多对多联系时导致物理存储上的冗余。

④数据独立性较差。

(2) 网络模型。

网络数据模型是数据模型的另一种重要结构，它反映了现实世界中实体间更为复杂的联系。其基本特征是节点数据间没有明确的从属关系，一个节点可与其他多个节点建立联系。图 2-6 所示的 4 个城市的交通联系不仅是双向的而且是多对多的。如图 2-7 所示，学生甲、乙、丙、丁和课程 1、课程 2、课程 3、课程 4 之间的联系也属于网络模型。

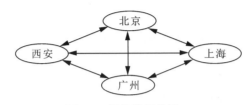

图 2-6　网络数据模型一

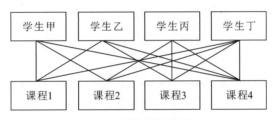

图 2-7　网络数据模型二

网络模型用连接指令或指针来确定数据间的显式连接关系，是具有多对多类型的数据组织方式，网络模型将数据组织成有向图结构。结构中节点代表数据记录，连线描述不同节点数据间的关系。

有向图（digraph）的形式化定义为 digraph＝(vertex，(relation))，其中，vertex 为图中数据元素（顶点）的有限非空集合，relation 是两个顶点（vertex）之间的关系的集合。

与层次结构相比，有向图结构具有更大的灵活性和更强的数据建模能力。网络模型的优点是可以描述现实生活中极为常见的多对多的关系，其数据存储效率高于层次模型。但其结构的复杂性限制了它在空间数据库中的应用。

网络模型在一定程度上支持数据的重构，具有一定的数据独立性和共享特性，并且运行效率较高。但它在应用时存在以下问题。

①网络结构的复杂增加了用户查询和定位的困难。它要求用户熟悉数据的逻辑结构，知道自身所处的位置。

②网络数据操作命令具有过程式性质。

③不直接支持对于层次结构的表述。

(3) 关系模型。

在层次模型与网络模型中，实体间的联系主要是通过指针来实现的，即把有联系的实体用指针连接起来。而关系模型则采用了完全不同的方法。

关系模型是根据数学概念建立的,它把数据的逻辑结构归结为满足一定条件的二维表形式。实体本身的信息以及实体之间的联系均表现为二维表。这个二维表就称为关系。一个实体由若干个关系组成,而关系表的集合就构成为关系模型。

关系模型不是人为设置指针的,而是由数据本身自然建立起它们之间的联系的,并且用关系代数和关系运算来操纵数据,这就是关系模型的本质。

在实际中表示实体间联系的最自然的途径就是二维表格。表格是同类实体的各种属性的集合,在数学上把这种二维表格叫作关系。二维表的表头即表格的格式是关系内容的框架,这种框架叫作模式。关系由许多同类的实体所组成,每个实体对应于表中的一行,叫作一个元组。表中的每一列表示同一属性,叫作域。

对于图2-4的地图,用关系数据模型则表示为图2-8所示。

图2-8 关系数据模型示意图

关系数据模型是应用最广泛的一种数据模型,该模型具有以下优点。

①能够以简单、灵活的方式表达现实世界中各种实体及其相互间的关系,使用与维护也很方便。关系模型通过规范化的关系为用户提供一种简单的用户逻辑结构。所谓规范化,实质上就是使概念单一化,即一个关系只描述一个概念。如果所描述的概念多于一个概念,就要将它们分开来。

②关系模型具有严密的数学基础和操作代数基础,如关系代数和关系演算等,可将关系分开或将两个关系合并,使数据的操纵具有高度的灵活性。

③在关系数据模型中,数据间的关系具有对称性,因此,关系之间查询的难度在正反两个方向上是一样的,而在其他模型如层次模型中从根节点出发查询关系的过程容易解决,相反的过程则很困难。

目前,绝大多数数据库系统采用关系模型,但它在应用时存在如下问题。

①实现效率不够高。由于概念模式和存储模式的相互独立性,按照给定的关系模式重新构造数据的操作相当费时。另外,实现关系之间联系需要执行系统开销较大的连接操作。

②描述对象语义的能力较弱。现实世界中包含的数据种类和数量繁多，许多对象本身具有复杂的结构和含义。为了用规范化的关系来描述这些对象，则需要对对象进行不自然的分解，从而导致在存储模式、查询途径及其操作等方面均显得语义不甚合理。

③不直接支持层次结构，因此不直接支持对于概括、分类和聚合的模拟，即不适合于管理复杂对象的要求，它不允许嵌套元组和嵌套关系存在。

④模型的可扩充性较差。新关系模式的定义与原有的关系模式相互独立，并未借助已有的模式支持系统的扩充。关系模型只支持元组的集合这一种数据结构，并要求元组的属性值为不可再分的简单数据（如整数、实数和字符串等）。因其不支持抽象数据类型，所以不具备管理多种类型数据对象的能力。

⑤模拟和操纵复杂对象的能力较弱。关系模型表示复杂关系时比其他数据模型困难，因为它无法用递归和嵌套的方式来描述复杂关系的层次和网状结构，只能借助于关系的规范化分解来实现。过多的不自然分解必然导致模拟和操纵的困难和复杂化。

## 2.1.3 任务实施

**1. 任务内容**

使用 SuperMap 平台进行数据管理，熟悉工作空间的基本操作，数据源和数据集的创建、编辑、存储、删除，以及空间索引、金字塔、镶嵌数据集等内容。

**2. 任务实施步骤**

1）管理工作空间

工作空间是用户进行地理操作时的工作环境，包括用户在该工作空间中打开的数据源、保存的地图、布局和场景等。当用户打开工作空间时可以继续上一次的工作成果来工作。工作空间的管理包括工作空间的打开、新建、保存、另存、关闭、删除以及查看工作空间属性等内容。

实训2
文件型数据源创建

工作空间有两种类型，包括文件型工作空间和数据库型工作空间。

文件型工作空间是将工作空间存储为扩展名为 *.sxw/*.smw 或者 *.sxwu/*.smwu 类型的文件。

数据库型工作空间是将工作空间存储在数据库中，目前 SuperMap 支持的数据库型工作空间包括 SQLPlus、OraclePlus、PostgreSQL、MySQL、MongoDB 和 PostGIS 等数据库型工作空间。

SuperMap 提供了基于模板创建工作空间的功能，基于指定模板创建的工作空间与模板工作空间中的数据源、数据集、地图、布局和场景一致。创建的工作空间与模板工作空间的异同点如下。

①数据源名称、投影等属性与模板中的数据源一致。

②数据源中的数据集个数、类型、名称、属性表结构、投影、字符集、编码和值域等属性与模板中的数据集一致。

③新建工作空间中的数据集对象个数为 0，数据范围为空，索引类型为无空间索引。如

图 2-9 所示，基于模板创建工作空间功能入口有两个。

图 2-9　工作空间创建

④在开始选项卡→工作空间组→文件下拉选项中，点击基于模板创建选项。

⑤在起始页→工作空间模块中，点击模板创建按钮。

⑥通过上述任意一种方式都可打开模板创建工作空间对话框，具体参数说明如下。

目标数据：用于设置新创建的工作空间保存的路径和名称，工作空间中的数据源保存在工作空间同级的目录中。

模板：选择工作空间模板，SuperMap 提供了三种选择方式，用户可根据需求进行选择。

当前工作空间：选择该单选框则表示以当前工作为模板。

本地工作空间：点击该按钮，可在本地文件中选择一个工作空间作为模板，或在文本框中直接输入模板工作空间的路径和名称。

工作空间模板：SuperMap 根据国标提供了两种模板，一种是地理国情普查模板，另一种是基础地理信息地形要素模板。

2）管理数据源

数据源（datasource）用于存储空间数据，可将不同的空间数据保存于数据源中，对这些数据进行统一管理和操作。对不同类型的数据源，需要用不同的空间数据引擎来存储和管理。SuperMap 产品支持打开和新建多种数据源类型，分为文件型数据源、数据库型数据源、Web 数据源以及内存数据源。

可通过 3 种方式新建数据源：一是通过文件选项卡的新建选项；二是通过开始选项卡的数据源组，点击不同数据源的下拉按钮，选择新建各类型数据源选项；三是在工作空间管理器的数据源节点处，点击鼠标右键，选择新建各类型数据源选项。下面以新建文件型（UDB）数据源为例，详细描述新建步骤。

①点击开始选项卡→数据源组→文件下拉按钮，选择新建文件型选项，如图 2-10 所示，弹出新建数据源对话框。

图 2-10 新建文件型数据源

②在新建数据源对话框中,选择数据源保存的路径。

③在文件名(N)文本框中输入数据源名称 test,点击保存类型下拉按钮,选择 SuperMap UDB 文件(*.udb)选项。

④点击保存按钮,完成新建数据源的操作。

通过以上操作,在当前工作空间中,新建了一个名为 test 的数据源。

3)管理数据集

数据集是用来存储相同类型的空间对象的,是 SuperMapGIS 空间数据的基本组成单位之一,目前支持点数据集、线数据集、面数据集、纯属性数据集、网络数据集、复合数据集、文本数据集、路由数据集和影像/栅格数据集等多种类型。

数据集的管理包括数据集的新建、复制、删除、关闭和重命名等操作,也包括对多个数据集进行排序、查看数据的属性和设置数据集的编码方式等。

(1)新建数据集。

SuperMap 支持创建点、线、面、文本、CAD、模型、属性表、三维点、三维线和三维面等 17 种类型的数据集。下面以在内存数据源中创建面数据集为例,详细说明新建数据集的操作步骤。

①将光标移至数据源节点上,点击鼠标右键,选择新建内存数据源,依次点击开始选项卡→新建数据集组中→选择面按钮,如图 2-11 所示。

②在弹出的对话框中设置新建数据集名为 Region,目标数据源、创建类型和添加到地图保持默认参数。

③在对话框右侧选择不使用模板创建,此时需要设置数据集的编码类型和字符集。

④编码类型:为 GIS 数据设置合理的编码方式,对提高系统运行的效率,节省存储空间非常有利。

⑤字符集:对新建的数据集可以选择适合的字符集,字符集默认为 UTF-8。

⑥存储方式:此时存储方式为 SuperMap,当选择的存储数据源为 MongoDB 数据库数

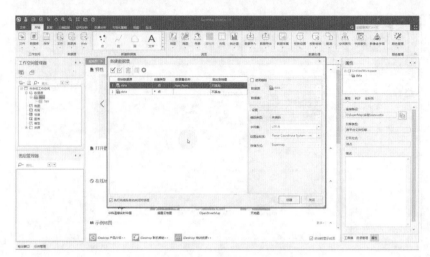

图 2-11 新建数据集

据源时,可以选择 Supermap 和 Geojson 这两种数据存储方式。

⑦点击确定按钮,即可在内存数据源中创建一个面数据集,其他类型数据集的创建与面数据集相似。

(2) 查看数据集的属性信息。

当在工作空间管理器中选择了一个或者多个数据集后,点击鼠标右键,在弹出右键菜单中选择属性项,在地图右侧弹出的数据集属性面板初始显示的是当前选中数据集的相关信息。

值得注意的是,属性面板不仅可以用来显示工作空间管理器中选中的一个或多个数据集的信息,工作空间、数据源等属性信息也通过该属性面板来显示。如果用户选中工作空间管理器中的工作空间,那么该属性面板将显示该工作空间的相关信息;如果用户选中工作空间管理器中的一个或者多个数据源,那么该属性面板将显示选中的数据源的相关信息。

属性面板的上侧显示选择数据集列表目录,下侧的目录树会根据所选择的数据集的类型的不同而有所差异,主要分为 3 种形式,即矢量数据集、栅格数据集和影像数据集,如图 2-12 所示。

以 SampleData \ World \ World.udbx 数据源为例,分别查看栅格数据集 LandCover、影像数据集 Image 和矢量数据集 Country 的属性信息,如图 2-12 所示。

矢量数据集属性面板显示了数据集、坐标系、矢量、属性表和值域等五个面板,每个面板都显示了数据节点选中的数据集信息。点击属性表面板,在窗口右侧区域显示了 Country 数据集的各个属性字段、别名和字段类型等信息,这些字段为系统默认生成的字段。可通过属性表结构编辑工具栏中的添加、插入、修改和删除等按钮对字段属性进行管理。

4)影像金字塔

影像金字塔技术是目前各软件处理海量影像数据时常用的技术,它通过对栅格、体元栅格或影像数据创建影像金字塔,以提高数据的浏览和显示速度。

以 SampleData \ ThemeMap \ 4DMap \ DEM \ DEM _ 25W.udbx 数据源中的 DEM 数

图 2-12　栅格、影像和矢量数据集属性面板图

据为例,创建影像金字塔具体步骤如下。

①打开 DEM_25W 数据源,选中 DEM_Sichuan 栅格数据,依次点击开始选项卡→数据处理组→影像金字塔等按钮。

②选中的数据会自动添加到对话框列表中,可设置影像金字塔的计算方法,提供了平均值和邻近值两种方法,此处选择平均值。

③点击确定按钮即可对 DEM 数据创建影像金字塔。或者在工作空间管理器中选中 DEM_Sichuan 栅格数据,点击鼠标右键选择创建影像金字塔,则可创建影像金字塔。

## 2.1.4　技能训练

某市自来水有限公司于 2000 年花巨资对权属管线进行了探测,并建立了该市城区的供水管网信息系统。该系统自建立以来为公司管网的规划、施工等发挥了很大作用,但是,该系统在维护过程中也暴露了一些问题,主要表现为系统信息数据组织不够清晰,给有效解决给水业务中管网基础资料的管理、紧急事故辅助决策等方面带来不便。

①通过对比分析,选取一款适合供水管网信息系统的 GIS 平台。

②对供水管网信息系统的数据进行组织。

# 任务 2.2　空间数据库建立

## 2.2.1　任务描述

空间数据建库是建立 GIS 的一个重要环节,建库的好坏直接影响到 GIS 的功能。因此,空间数据建库是 GIS 建立的关键。下面在超图软件中为原系统数据建立一个数据库。

## 2.2.2 任务分析

**1. 空间数据库设计**

空间数据库的设计问题的实质是将地理空间客体以一定的组织形式在数据库系统中加以表达的过程，也就是地理信息系统中空间客体数据的模型化问题。

（1）空间数据库设计过程。

地理信息系统是人类认识客观世界、改造客观世界的有力工具。地理信息系统的开发和应用需要经历一个由现实世界到概念世界，再到计算机信息世界的转化过程。如图 2-13 所示。概念世界的建立是通过对错综复杂的现实世界的认识与抽象，即对各种不同专业领域的研究和系统分析，最终形成地理信息系统的空间数据库系统和应用系统所需的概念化模型。进一步的逻辑模型设计的任务就是把概念模型结构转换为计算机数据库系统所能够支持的数据模型。逻辑模型设计时最好选择对某个概念模型结构支持得最好的数据模型，然后再选定能支持这种数据模型且最合适的数据库管理系统。存储模型则是指概念模型反映到计算机物理存储介质中的数据组织形式。

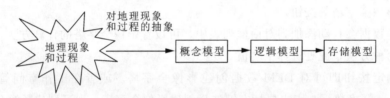

图 2-13 地理信息系统空间数据库模型的建立过程

地理信息系统的概念模型是，人们从计算机环境的角度出发和思考，对现实世界中各种地理现象、它们彼此的联系及其发展过程的认识及抽象的产物，主要包括对地理现象和过程等客体的特征描述、关系分析和过程模拟等内容。这些内容在地理信息系统的软件工具、数据库系统和应用系统研究中往往被抽象、概括为数据结构的定义、数据模型的建立及专业应用模型的构建等主要理论与技术问题。它们共同构成了地理信息系统基础研究的主要内容。

地理信息系统的空间数据结构是对地理空间客体所具有的特性的一些最基本的描述。地理空间是一个三维空间，其空间特性表现为 4 个最基本的客体类型，即点、线、面和体等。这些客体类型的关系是十分复杂的。一方面，线可以视为由点组成，面可由作为边界的线所包围而形成，体又可以由面所包围而形成。可见 4 类空间客体之间存在着内在的联系，只是在构成上属于不同的层次。另一方面，随着观察这些客体的坐标系统的维数、视角及比例尺的变化，客体之间的关系和内容可能按照一定的规律相互转化。例如，从三维坐标系统变为二维坐标系统后，通过地图投影，空间体可变成面，面可以部分地变成线，线可以部分地变成点。视角变化之后，某些客体也将发生变化。坐标系统的比例尺缩小时，部分的体、面、线客体均可能变为点客体。由此可见，空间点、线、面和体等客体及它们之间在结构上的关系是地理信息系统空间数据结构的基础。

同时，所有地理现象和地理过程中的各种空间客体并非孤立存在，而是具有各种复杂的联系。这些联系可以从空间客体的空间、时间和属性3个方面加以描述。

①客体之间的空间联系大体上可以分解为空间位置、空间分布、空间形态、空间关系、空间相关、空间统计、空间趋势、空间对比和空间运动等联系方式。其中，空间位置描述的是空间客体个体的定位信息；空间分布式描述的是空间客体的群体定位信息，且通常能够从空间概率、空间结构、空间聚类、离散度和空间延展等方面予以描述；空间形态反映了空间客体的形状和结构；空间关系是基于位置和形态的实体关系；空间相关时空间客体是基于属性数据上的关系；空间统计描述了空间客体的数量和质量信息，又称为空间计量；空间趋势反映了客体空间分布的总体变化规律；空间对比可以体现在数量、质量和形态3个方面；空间运动则反映了空间客体随时间的迁移或变化。以上种种空间信息基本上反映了空间分析所能揭示的信息内涵，彼此互有区别又有联系。

②客体之间的时间联系一般可以通过客体变化过程来反映。有些客体数据的变化周期很长，如地质地貌等数据随时间的变化；而有些空间数据的变化则很快，需要及时更新，如土地利用数据等。客体时间信息的表达和处理构成了空间时态地理信息系统及其数据库的基本内容。

③客体之间的属性联系主要体现为属性多级分类体系中的从属关系、聚类关系和相关关系。从属关系主要反映了各客体之间的上下级或包含关系；聚类关系反映了客体之间的相似程度及并行关系；相关关系则反映了不同种类的客体之间的某种直接或间接的并发或共生关系。属性联系可以通过地理信息系统属性数据库的设计加以实现。

(2) 空间数据库的数据模型设计。

对于上述地理空间客体及其联系的数学描述，可以用数据模型这个概念对其进行概括。建立空间数据库系统数据模型的目的是揭示空间客体的本质特性，并对其进行抽象化，使之转化为计算机能够接收和处理的数据形式。在地理信息系统研究中，空间数据模型就是对空间客体进行描述和表达的数学手段，使之能反映客体的某些结构特性和行为功能。按数据模型组织的空间数据使得数据库管理系统能够对空间数据进行统一的管理，帮助用户查询、检索、增删和修改数据，保障空间数据的独立性、完整性和安全性，以利于改善对空间数据资源的使用和管理。空间数据模型是衡量地理信息系统功能强弱与优劣的主要因素之一。数据组织直接影响到空间数据库中数据查询、检索的方式、速度和效率。从这一意义上看，空间数据库的设计最终可以归结为空间数据模型的设计。

数据库系统中通常采用的数据模型主要有层次模型、网络模型、关系模型、语义模型和面向对象的数据模型等。这些数据模型都可以用于空间数据库的设计。

(3) 空间数据库设计的原则、步骤和技术方法。

随着地理信息系统空间数据库技术的发展，空间数据库所能表达的空间对象日益复杂，数据库和用户功能日益集成化，从而对空间数据库的设计过程提出了更高的要求。许多早期的空间数据库设计过程着重强调的是数据库的物理实现，注重于数据记录的存储和存取方法。设计人员往往只需要考虑系统各个单项独立功能的实现以及少数几个数据库文件的组织，就可以选择适当的索引技术，以满足实现这个功能时的性能要求。而现在，对空间数据库的设计提出了许多准则，包括：①尽量减少空间数据存储的冗余量；②提供稳定的空间数据结构，以便在用户的需要改变时，该数据结构能迅速做出相应的变化；③满足用户对空间数据及时访问的需求，并能高效地提供用户所需的空间数据查询结果；④在数据元素间维持复杂的联系，以反映空间数据的复杂性；⑤支持多种多样的决策需要，具有较强的应用适应性。

地理信息系统数据库设计往往是一项相当复杂的任务，为有效地完成这一任务，需要一些合适的技术，同时还要求将这些设计技术正确组织起来，构成一个有序的设计过程。设计技术和设计过程是有区别的。设计技术是指数据库设计者所使用的设计工具，包括各种算法、文本化方法、用户组织的图形表示法、各种转化规则、数据库定义的方法及编程技术；而设计过程则确定了这些技术的使用顺序。例如，在一个规范的设计过程中，要求设计人员首先用的图形便是用户数据，再使用转换规则生成数据库结构，接着再用某些确定的算法优化这一结构。完成这些工作后，就可进行数据库的定义工作和程序开发工作。

一般来说，数据库设计技术分为2类。一是数据分析技术，数据分析技术是用于分析用户数据的语义的技术手段。二是技术设计技术，技术设计技术用于将数据分析结果转化为数据库的技术实现。

上述两类技术所处理的是两类不同的问题。第一类问题考虑的是正确的结构数据，这些问题通过使用诸如消除数据冗余技术、保证数据库稳定性技术和结构数据技术来解决的。其目的是使用户易于存取数据，从而满足用户对数据的各种需求。第二类问题是保证所实现的数据库能有效地使用数据资源，解决这个问题要用到一些技术设计技术，如选择合适的存储结构以及采用有效的存取方法等。

数据库设计的内容包括了数据模型的三个方面，即数据结构、数据操作和完整性约束。数据库设计具体可分为静态特性设计、动态特性设计和物理设计、静态特性设计又称结构特性设计，也就是根据给定的应用环境，设计数据库的数据模型（即数据结构）或数据库模式，它包括概念结构设计和逻辑结构设计两个方面。动态特性设计又称数据库的行为特性设计，设计数据库的查询、静态事务处理和报表处理等应用程序。物理设计是根据动态特性，即应用处理要求，在选定的数据库管理系统环境之下，把静态特性设计中得到的数据库模式加以物理实现的设计，即设计数据库的存储模式和存取方法。

数据库设计的整个过程包括需求分析、概念设计、逻辑设计和物理设计等几个典型步骤。在设计的不同阶段要考虑不同的问题，每类问题都有其不同的自然论域。在每个设计阶段必须选择适当的论述方法及与其相应的设计技术。这种设计方法强调的是，将确定用户需求与完成技术设计相互独立开来，而对其中每一个大的设计阶段再划分为若干更细的设计步骤，如图2-14所示。

①需求分析。需求分析即用系统的观点分析与某一特定的数据库应用有关的数据集合。

②概念设计。概念设计是把用户的需求加以解释，并用概念模型表达出来。概念模型是现实世界到信息世界的抽象，具有独立于具体的数据库实现的优点，因此是用户和数据库设计人员之间进行交流的语言。在数据库需求分析和概念设计阶段需要建立数据库的数据模型，可采用的建模技术方法主要有三类。一是面向记录的传统数据模型，包括层次模型、网状模型和关系模型；二是注重描述数据及其相互之间语义关系的语义数据模型，如实体-联系模型等；三是面向对象的数据模型，它是在前2类数据模型的基础上发展起来的面向对象的数据库建模技术。

③逻辑设计。数据库逻辑设计的任务是把信息世界中的概念模型利用数据库管理系统所

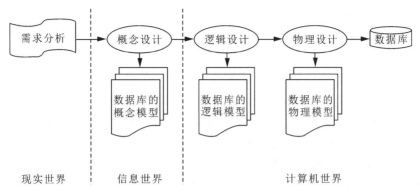

图 2-14 数据库设计的步骤

提供的工具映射为计算机世界中为数据库管理系统所支持的数据模型,并用数据描述语言表达出来。逻辑设计又称为数据模型映射。所以,逻辑设计是根据概念模型和数据库管理系统来选择的。例如将上述概念设计所获得的实体-联系模型转换成关系数据库模型。

④物理设计。数据库的物理设计是指数据库存储结构和存储路径的设计,即将数据库的逻辑模型在实际的物理存储设备上加以实现,从而建立一个具有较好性能的物理数据库。该过程依赖于给定的计算机系统。在这一设计阶段,设计人员需要考虑数据库的存储问题,即所有数据在硬件设备上的存储方式、管理和存取数据的软件系统、数据库存储结构以保证用户以其所熟悉的方式存取数据,以及数据在各个位置的分布方式等。

**2. 空间数据库建立**

根据空间数据库逻辑设计和物理设计的结果,就可以在计算机上创建实际的空间数据库结构,装入空间数据,并进行测试和运行。这个过程就是空间数据库的建立过程,包括:①建立实际的空间数据库模型;②装入实际的空间数据,即数据库的加载,建立实际运行的空间数据库;③数据监理过程,这一过程主要是检测数据的正确性,从而保证建库的准确性。

1)数据库建模过程

数据库建模过程主要是根据行业应用特点及对其的理解,制订出比较规范的数据规范,在逻辑上建设数据库。在数据库建模过程中,所做的工作主要是根据对行业的理解,在逻辑和概念上对数据库进行设计的,其影响的是数据库建设完毕后的通用性和可扩展性,而与建库遇到的各种问题(主要为数据问题)没有必然的联系。故数据库建模过程不是影响建库的最主要的矛盾。

2)数据入库过程

数据入库过程的核心内容是依据所制订的数据规范将各种格式的数据准确、快速地导入数据库中。这个过程和数据有直接的接触,因此值得分析。归根结底来说,这一过程遇到的问题就是如何解决不同开发平台之间数据交流的问题,即多格式数据源集成的问题。目前,实现多源数据集成的方式大致有 3 种,即数据互操作模式、直接数据访问模式和数据格式转换模式。

①数据互操作模式。数据互操作模式是OpenGISconsortium（OGC）制定的规范。这种模式和数据入库的思路不同，故不做深入讨论。

②直接数据访问模式。直接数据访问模式是指在一个GIS软件中，实现对其他软件数据格式的直接访问，用户可以使用单个GIS软件存取多种数据格式。以ArcGIS为例，其可以打开多种GIS平台的数据，如常见的DWG格式、DXF格式和DGN格式等。

③数据格式转换模式。数据格式转换模式是传统的GIS数据集成方法，也是入库的基本思想。在这种模式下，其他数据格式经专门的数据转换程序进行格式转换后，就可以进行入库了，这是目前GIS系统集成的主要办法。基本上每个GIS平台都提供了一些数据转换工具。以ESRI公司的GIS平台为例，其提供了ArcToolBox工具箱，功能比较完善和强大，基本上可以支持市面上所有主流的各种GIS数据，如Autodesk公司的DWG格式文件、DXF格式文件、MapInfo公司的MIF格式、Intergraph的DGN格式以及各种栅格图形数据等，基本上满足了一般数据入库的要求。此外，市面上还有很多专门用于转换数据格式的专门工具，如FME系列工具等，功能十分强大和十分方便灵活。由上述可知，只要提供的源数据是正确的，是符合规范的，那么利用上述工具就可以十分方便地将数据导入数据库中，从而顺利地完成建库的工作。因此，源数据的准确性和规范性就成为建库成功的十分关键的因素。也就是说，只要数据是准确的、符合规范的，那么建库就会比较顺利地完成。由此看来，数据监理过程就显得十分重要，数据监理过程是建库顺利进行的关键所在。

3）数据监理过程

为了在建库的初期阶段就能有预见性地预测出可能遇到的问题，并有条不紊地解决这些问题，就要仔细地分析导致数据不准确和不规范的原因。要找到导致数据不准确、影响建库顺利进行的原因，就要从两个方面去分析：一是数据的生产过程；二是我们需要什么样的数据，即建库数据的规范性。

（1）数据的生产过程。

数据生产过程主要包括两个比较大的部分，一是各种模板的准备阶段，二是数据输入阶段。下面以AutoCAD平台下数据的生产过程为例进行讲解。

①准备阶段。在AutoCAD上按照设计的要求，配置好工程图纸模板，即准备工作。此阶段包括定义图层名称和配置图层的各种属性（颜色、线性、线宽和图形符号等）。这一过程是数据生产的准备阶段。一般来说，这一阶段可以通过配置文件由程序自动完成且逻辑上非常简单，因此这一阶段产生错误的可能性很小。

②数据生产阶段。这一阶段又分为栅格数据矢量化输入和人工输入两个比较大的方面。栅格数据矢量化输入是先通过扫描仪器输入栅格数据，然后通过图像识别算法，进行矢量跟踪，从而确定实体的空间位置。在这一阶段，由于图像的不清楚以及程序算法的问题，会产生各种各样的问题。该阶段常见的错误大概有以下几种。

a. 房屋等面状闭合物体留有缺口，即不封闭。

b. 扫描后的线段存在很多重复点的现象。

c. 扫描后的线段存在自相交的情况。

d. 在图像的边缘，扫描后的线段出现畸变现象。

e. 在图像的边缘，存在数据丢失的现象。

f. 由于图像定位不准，扫描后的实体出现整体基准点偏移，从而导致相邻的地区存在图形重叠和交叉的现象。

上述这些错误对数据建库有很大的影响，其中，基准点偏差的影响尤为显著。这些错误要通过封闭检查、重复点检查、自相交检查、基准点检查和校正等检查工具去发现和排除。在这些错误中，（a）、（b）、（c）、（f）在逻辑上比较简单，因此比较好解决，而（d）、（e）则相对比较难以检查和解决。

人工输入是指数据录入人员按照要求在图纸上进行手工绘图和给图形设置、添加各种属性的过程。这一过程是十分繁重的、重复的和枯燥的重复性工作，因此易产生各种各样的错误，从而影响数据产生的质量。从产生的错误的原因来看，错误可以分为 2 类。

一是精度问题造成的错误。精度问题往往造成图形拓扑关系错误。比如，应该闭合的面状物体没有闭合，端点应该相连的直线没有连接，不应该重叠的线段存在重叠的部分，不应该交叉的图形存在交叉，面与面之间存在缝隙，面与面之间发生重叠以及基准点和控制点定位不准确。以上错误会对建库产生不良的影响，需要相应的检测和校正工具去发现和纠正这些错误。

二是人为疏忽造成的错误。比如：图纸名称（图幅编号）和图形实际所在的坐标不匹配导致计算基准点时发生严重偏差；重复复制多个相同的图形的错误导致存在多个完全相同的图形物体；对有属性的图形物体的忘记赋值导致属性丢失；对有属性的图形物体的错误赋值导致属性错误；图幅边框被删除或者移动位置，导致无法找到基准点或者基准点定位错误；图幅边界上的图形没有很好地完成接边处理，造成相邻图形不匹配。这些错误都会不可避免地在数据生产的过程中产生。如果对这些错误不加以检测和修正，就会影响建库的准确性和实用性，因此应予以解决。

（2）建库数据的规范性。

建库需要什么样的数据，即什么样的数据是规范的，是可以被系统所识别的，这又返回了入库的第一个过程，即数据库标准的制定和数据规范。在这一步骤中最主要的矛盾在于，GIS 平台的不一致使各个平台对空间数据描述的模型有所不同，侧重点也不同，就会导致一个平台存在的图形模型在另一个平台不能找到相对应的图形，从而导致转换前后图形丢失甚至无法转换的结果。下面以 AutoCAD 为例。

AutoCAD 存在拟合曲线 Spline 对象、图形块 Block 对象、区域 Region 对象和代理对象等许多特殊的图形对象，在 GIS 系统平台中没有相应的图形对象和它相对应。因此，要想将这些数据入库，就必须将上述这些图形对象转化，使之变成 GIS 可以识别的图形对象。AutoCAD 的扩展数据为 AutoCAD 所特有，因此必须寻找解决办法，使之能被 GIS 正确读取。此外还包括数据规范中规定的各个图层之间的相互的空间拓扑关系，这些都要求有相应的检测和修正工具予以保证。

由上述内容可知，数据生产过程是数据的起点，建库的各种规范即我们最终需要的数据是数据的终点；从数据生产中找原因是正向思维，从建库的规范找原因是逆向思维，它们包含整个的建库过程。因此只要解决了这一过程遇到的问题，就基本上扫除了建库的障碍，建库就能比较顺利地进行了。

4）其他相关的设计

其他相关的设计的工作包括加强空间数据库的安全性和完整性控制，以及保证一致性和可恢复性等，这些是以牺牲数据库的运行效率为代价的。设计人员的任务就是要在实现代价和尽可能多的功能之间进行合理的平衡。其他相关的设计包括以下内容。

①空间数据库的再组织设计。对空间数据库的概念、逻辑和物理结构的改变称为再组织，其中的改变概念或逻辑结构又称再构造，改变物理结构又称为再格式化。再组织通常是由于环境需求的变化或性能原因而引起的。一般，数据库管理系统特别是关系型数据库管理系统都提供数据库再组织的实用程序。

②故障恢复方案设计。在空间数据库设计中考虑的故障恢复方案，一般是基于数据库管理系统提供的故障恢复手段。如果数据库管理系统已经提供了完善的软硬件故障恢复和存储介质的故障恢复手段，那么设计阶段的任务就简化为确定系统登录的物理参数，如缓冲区个数、大小，以及逻辑块的长度、物理设备等。否则就要定制人工备份方案。

③安全性考虑。许多数据库管理系统都有描述各种对象（记录和数据项等）的存取权限的成分。在设计时根据用户需求分析来规定相应的存取权限。子模式是实现安全性要求的一个重要手段。也可在应用程序中设置密码，对不同的使用者给予一定的密码，以密码控制使用级别。

④事务控制。大多数数据管理系统支持事务概念，以保证多用户环境下数据的完整性和一致性。事务控制有人工和系统控制两种办法，系统控制以数据操作语句为单位，人工控制则以事务的开始和结束语句显示实现。大多数数据库管理系统提供封锁粒度的选择，封锁粒度一般有库级、记录级和数据项级。粒度的级别越大，事务控制就越简单，而并发性能就越差。

5）空间数据库的运行与维护

空间数据库投入正式运行，标志着数据库设计和应用开发工作的结束和运行维护阶段的开始。本阶段的主要工作如下。

①维护空间数据库的安全性和完整性：需要及时调整授权和密码，转储及恢复数据库。

②监测并改善数据库性能：分析评估存储空间和响应时间，必要时进行数据库的再组织。

③增加新的功能：按用户需要对现有功能进行扩充。

④修改错误：包括程序和数据。

### 2.2.3 任务实施

实训3
空间数据库
创建

**1. 任务内容**

利用 SuperMap 平台建立交通指挥一体化系统空间数据库，在明确建库内容、方法和要求的基础上，进行具体的实施。

**2. 任务实施步骤**

利用 SuperMap 平台建立交通指挥一体化系统空间数据库的实施步骤包括以下 4 个方面的内容。

(1) 创建表空间。

如图 2-15 所示，打开 SQL Plus。使用 Oracle 数据库安装时预定义的 system，用户登录。用户登录成功后，创建一个表空间，命名为 sm＿ds1，并指定一个数据文件。Oracle 文件是事先创建好的，数据文件初始化容量大小为 100M。当数据文件分配的空间已满时，一次自动扩展的大小为 50M，最大容量限制为 1024M。

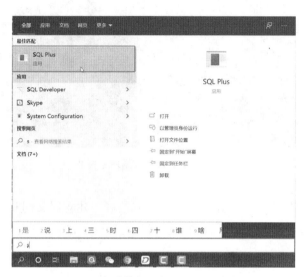

图 2-15　在计算机上打开 Oracle 数据库

点击确定按钮后，成功创建表空间，在表空间中创建一个用户。可以设置用户名为 sm＿user1，设置密码为 sm＿pwd1，则用户即创建完毕，如图 2-16 所示。

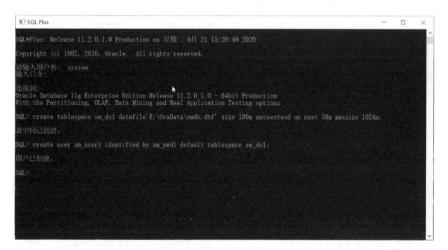

图 2-16　在 Oracle 数据库中创建表空间及用户

(2) 用户赋权。

用户赋权主要是为用户赋予 connect 和 resource 的权限，如图 2-17 所示。

这里赋予的 connect 角色是授予最终用户的典型权利，是最基本的权利，包括修改绘

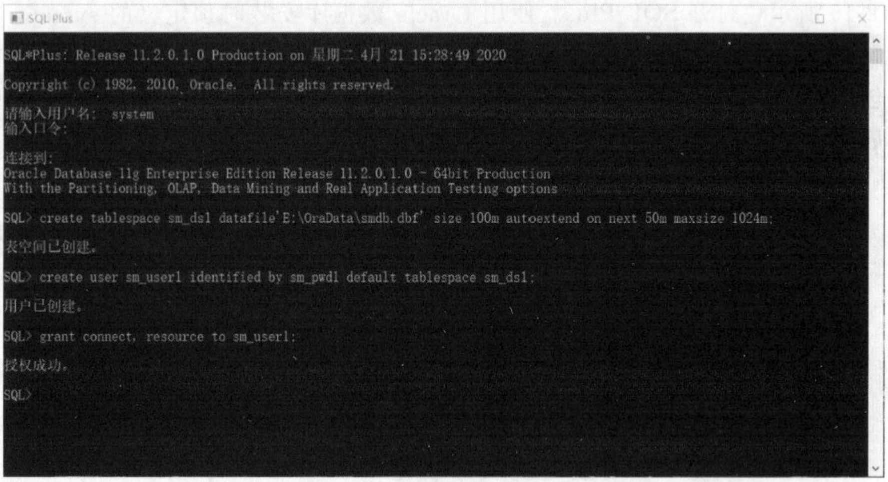

图 2-17 在 Oracle 数据库中授权

画、建立聚簇、建立数据库链接、建立序列、建立绘画、建立同义词和建立试图等权利。

resource 角色是授予开发人员的权利，包括建立聚簇、建立过程、建立序列和建立表触发器类型等权利。

（3）创建数据源。

打开 iDesktop，创建 Oracle 数据源。创建数据库型数据源有以下两种方式。

第一种方式是在开始选项卡，如图 2-18 所示，在数据源组中点击下拉菜单按钮进行新建数据库型数据源，我们便可以看到 super map I desktop。10i 支持创建和打开多种类型的数据源，如 SecurePlus、OraclePlus 和 MySQL 等。

图 2-18 在 SuperMap 平台中创建数据库型数据源

第二种方式在工作空间管理器中，点击数据源节点按钮，在弹出的右键菜单中选择新建数据库型数据源，弹出对话框后，在左侧数据库类型列表中选择 OraclePlus 在对话框右侧设置新建 OraclePlus 型数据源的一些必要信息。该实例名称是 Oracle 数据库的 sid 或客户端设置的 net 服务器名称。

用户名称和用户密码为上一步创建的 Oracle 用户名和密码。用户名称即为 sm_user1，数据源别名是数据源的唯一标识，支持中英文且英文区分大小写。本实验我们命名为 campus。

点击创建按钮即可创建相应的数据源。

（4）空间数据入库。

空间数据入库的具体步骤如下。

①获取数据。

在工作空间管理器中，数据源节点，点击鼠标右键，选择打开文件型数据源，打开交通指挥一体化系统的空间数据。为避免与 Oracle 数据源 campus 重名，系统将自动重命名该文件型数据源的别名为 campus1。

②数据入库。

在工作空间管理器中选中 campus1 数据源。点击鼠标右键，在弹出的右键菜单中选择复制数据集，弹出数据集复制对话框，点击添加按钮，将所有数据集添加到对话框中，点击全选按钮，点击统一赋值，设置目标数据源为 campus 数据源，点击确定、复制按钮，完成空间数据入库。

③查看空间数据组织形式。

在工作空间管理器中可以查看所有存储在 Oracle 数据源 campus 中的数据集列表。双击任意数据集节点，如行道树、border tree. 即可在地图窗口浏览器图形数据，右键点击任意数据集在右键菜单中，选择浏览属性表，即可查看对应的属性信息。在 Oracle secure developer 当中查看 SM-user 用户下的表，可以看到一个名为 SMregister 表。及矢量数据集注册信息表，用来集中管理矢量数据集的基本信息。点击数据选项卡，查看 SMregister 表当中的记录，这里面已经有了七条记录，每一条记录分别对应一个矢量数据集，也就是我们之前入库的交通指挥一体化系统空间数据的数据集。以第一个数据集为例，这是第一个数据集名称，root_line 以及数据集中的空间存储表的名称，SMDTV-1。以及矢量数据集都对应一张空间索引表，同时还记录了矢量数据集管理的对象个数（本实验为 300 个），以及 root line 数据集中的空间，数据分布范围。

## 2.2.4 技能训练

土地资源是人类赖以生存和发展的最重要的自然资源，全面、及时地掌握土地资源的利用状况对全国各级政府都是至关重要的。自 2007 年 7 月 1 日起，我国开展了第 2 次全国土地调查，建立农村土地利用数据库是第 2 次全国土地调查的一项重要内容。

①通过对比分析，选取一款适合农村土地利用数据库建设的 GIS 平台。

②绘制农村土地利用数据库的建库流程，并编写一份空间数据库设计的说明书。

## 思政故事

### 让新质生产力成为测绘地理信息高质量发展的引擎

来源：陕西工人报

2023年9月，习近平总书记在黑龙江考察时就曾提出"新质生产力"概念："整合科技创新资源，引领发展战略性新兴产业和未来产业，加快形成新质生产力。"2024年6月1日，习近平总书记在《求是》杂志发表《发展新质生产力是推动高质量发展的内在要求和重要着力点》，深刻阐明了新质生产力的基本内涵、核心标志、显著特点等重要内容。新质生产力是在原有生产力的基础上摆脱传统经济增长方式、生产力发展路径，具有高科技、高效能、高质量等特征的先进生产力。

党中央、国务院布局数字中国、数字政府和数字经济建设，测绘地理信息是重要的战略性数据资源和新型生产要素。2023年5月，全国测绘地理信息工作会议提出"支撑经济社会发展、服务各行业需求，支撑自然资源管理、服务生态文明建设"的总体目标，为新时期测绘地理信息事业加快转型升级、推动高质量发展指明了道路。

生产力到新质生产力，这一转化过程要通过高素质劳动者来实现。人才是第一资源，发展新质生产力归根结底要靠人才，因此要打造新型测绘地理信息劳动者，与新质生产力应用相匹配。

测绘地理信息进入了跨界融合和协作时代，与自然资源、生态环境保护、灾害防治、应急消防、交通运输、水利建设、农业农村、智慧林业、公共安全等多个领域开展合作，对人才素质、综合能力、业务知识、专业技能等要求不断提高。需要开展跨部门、跨行业的交流学习，培养综合型、差异化、多元化的人才，覆盖管理、研发、技术和技能各个层次，筑牢测绘新质生产力的基础。

随着科技的不断进步和快速发展，地理信息、航空航天遥感、新型基础测绘与人工智能、大数据、云计算、移动互联等技术结合日趋紧密，新质生产力促进了测绘行业对于高素质、多技能人才的需求。

将地理空间大数据、物联网、传感器、视频等资源，大数据、云计算、物联网、机器学习、智能识别等高新技术和高精尖装备相结合，联合应用、统筹共建和高效利用，人员生产组织方式向平台化、网络化和数字化转型，打造广泛参与、资源共享、节约集约、紧密协作的测绘新业态，加速生产全流程、全产业链的高效协同与价值提升。

测绘数据兼具劳动对象和生产要素两大属性，附着性、可塑性、流动性强，能够推动生产方式、治理方式的全面变革。

完成从数据管理到数据治理的转变，深度挖掘释放地理空间大数据的内在价值和巨大潜能，驱动测绘地理信息技术创新和转型升级。

测绘数据作为新型生产要素，与土地、矿产、海洋资源一样是自然资源部门统一配置的保障要素，已快速融入管理、生产、分配、流通、政务服务和公众服务等各环节。让测绘数据成为新质生产力的加速器，助力数字中国、数字政府、数字经济建设。

# 项目 3　空间数据采集

## 教学目标

地理空间数据是 GIS 的核心,整个 GIS 都是围绕空间数据的采集、加工、存储、分析和表现展开的。地理信息数据采集是地理信息系统(GIS)建设首先要进行的工作。在 GIS 中,录入的地理信息包括空间信息和属性信息。这些信息的录入可以通过多种形式完成。本项目主要介绍地理信息主要的几种数据来源及空间数据结构、地理信息的分类与编码以及常用的数据采集方法等。

## 思政目标

地理空间信息安全是我国国家安全的重要组成部分之一。随着信息技术的发展和数字媒体的广泛使用,信息技术的革命为人类创造了许多新的机遇,对人类社会和生活产生了重大而深远的影响,同时也带来了新的挑战,数字地理空间信息保护意识与技术是每一个行业从业者都必须遵守的底线。本项目将提高学生的数据保密意识,增强学生遵守法律法规、谨守职业道德的精神贯穿到每一个教学过程,使学生树立数据保密、遵纪守法和切实保障我国的地理信息安全的意识。

## 项目概述

为深入贯彻党的二十大精神,适应"互联网+"、大数据、云计算和新一代人工智能的发展要求,着力推动智慧教育快速发展,全面提高我国教育信息化水平。近年来,许多学校纷纷开展智慧校园建设。智慧校园建设的基础数据是项目建设的重要组成部分,在完成数据库的设计构建之后,需要将获得的各类图形或属性数据采集入系统平台中。原始数据的格式有多种,我们需要选用合适的方法将其导入或者进行格式转换。

# 任务 3.1　空间数据采集

## 3.1.1　任务描述

地理信息系统的数据源是多种多样的，并随系统功能的不同而不同。了解空间数据源是进行各种地理信息系统工作的基础。地理信息系统的操作对象是空间地理实体，建立一个地理信息系统的首要任务是建立空间数据库，即将反映地理实体特性的地理数据存储在计算机中，任务需要将栅格、矢量这两种空间结构的数据分别采集入地理信息系统。

## 3.1.2　任务分析

**1. 空间数据类型及其表示**

（1）空间数据类型。

地理信息中的数据来源和数据类型很多，概括起来主要有以下五种。

几何图形数据来源于各种类型的地图和实测几何数据。几何图形数据不仅可以反映空间实体的地理位置，还可以反映实体间的空间关系。

影像数据主要来源于卫星遥感、航空遥感和摄影测量等。

属性数据来源于实测数据、文字报告、地图中的各类符号说明以及从遥感影像数据通过解释得到的信息等。

地形数据来源于地形等高线图中的数字化，包括已建立的格网状的数字化高程模型（DTM）和其他形式表示的地形表面（如 TIN）等。

元数据是对空间数据进行推理、分析和总结得到的有关数据的数据；如数据来源、数据权属、数据产生的时间、数据精度、数据分辨率、元数据比例尺、地理空间参考基准和数据转换方法等。

在具有智能化的 GIS 中还应有规则数据和知识数据。

（2）空间数据的表示。

空间数据都可抽象表示为点、线、面三种基本的图形要素，如图 3-1 所示。

①点（point）既可以是一个标识空间点状实体，如水塔等；也可以是节点（node），即线的起点、终点、交点和标记点等；可用于特征的标注和说明或作为面域的内点用于标明该面域的属性。

②线（line）是具有相同属性点的轨迹，线的起点和终点表明了线的方向。道路、河流、地形线和区域边界等均属于线状地物可抽象为线。线上各点具有相同的公共属性并至少存在一个属性。当线连接两个节点时，也称为弧段（arc）或链（link）。

③面（area）是线包围的有界连续的具有相同属性值的面域或多边形（polygon）。多边形可以嵌套，被多边形包含的多边形称为岛。

空间的点、线、面可以按一定的地理意义组成区域（region），该区域称为一个覆盖

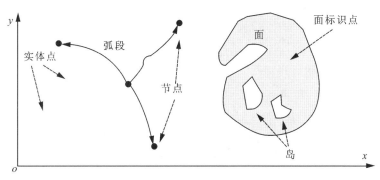

**图 3-1 空间数据的抽象表示**

（coverage）或数据平面（data plane）。各种专题图在 GIS 中都可以表示为一个数据平面。

**2. 空间数据结构**

空间数据结构是指适合于计算机系统存储、管理和处理的地学图形逻辑结构，是地理实体的空间排列方式和相互关系的抽象描述。空间数据结构是地理信息系统沟通信息的桥梁，只有充分理解地理信息系统所采用的特定的数据结构，才能正确使用地理信息系统。

空间数据结构基本上可分为两大类，即矢量数据结构和栅格数据结构（也可称为矢量模型和栅格模型）。

1）矢量数据结构

矢量在数学中是具有一定大小和方向的量，其长度、方向都可以通过测量方法得到。矢量数据结构对矢量数据模型进行数据的组织。GIS 中的矢量数据结构是将地理空间看作连续的并具有参照系统的特征空间，用（x，y）坐标和点、线、面等简单几何对象来表示空间要素。简而言之，矢量数据结构是地理空间中各离散点平面坐标的有序集合。它通过记录实体坐标及其关系，尽可能精确地表示点、线、面等地理实体，坐标空间设为连续，允许任意位置、长度和面积的精确定义。

矢量数据结构中，传统的方法是几何图形及其关系用文件方式组织，而属性数据通常采用关系型表文件记录，两者通过实体标识符连接。这一特点使得矢量数据结构在某些方面具有便利和独到之处，在计算长度、面积、形状、图形编辑及几何变换操作中有很高的效率和精度。

矢量数据结构按其是否明确表示地理实体间的空间关系分为实体数据结构和拓扑数据结构两大类。

（1）实体数据结构。

实体数据结构也称为 Spaghetti 数据结构，就是构成多边形边界的各个线段以多边形为单元进行组织的结构。按照这种数据结构，边界坐标数据和多边形单元实体一一对应，各个多边形边界点都单独编码并记录坐标。如图 3-2 所示，多边形 A、B、C、D 可按照边界坐标数据和多边形单一实体进行组织。

多边形数据文件如表 3-1 所示，点坐标文件如表 3-2 所示，多边形与点的关系如表 3-3 所示。

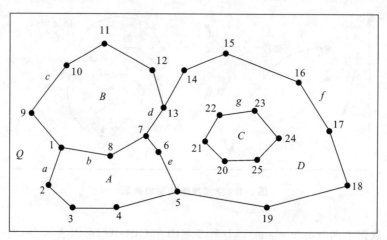

图 3-2 原始多边形数据

表 3-1 多边形数据文件

| 多边形 ID | 坐 标 | 类别码 |
|---|---|---|
| A | $(x_1, y_1)$, $(x_2, y_2)$, $(x_1, y_1)$, $(x_1, y_1)$, $(x_1, y_2)$, $(x_1, y_2)$, $(x_1, y_2)$, $(x_3, y_0)$, $(x_1, y_1)$ | A102 |
| B | $(x_1, y_1)$, $(x_0, y_0)$, $(x_1, y_1)$, $(x_1, y_1)$, $(x_1, y_1)$, $(x_1, y_1)$, $(x_1, y_1)$, $(x_1, y_1)$, $(x_1, y_1)$ | B203 |
| C |  | A178 |
| D | $(x_1, y_2)$, $(x_6, y_6)$, $(x_1, y_3)$ | C523 |

表 3-2 点坐标文件

| 点 号 | 坐 标 |
|---|---|
| 1 | $(x_1, y_1)$ |
| 2 | $(x_2, y_2)$ |
| 3 | $(x_3, y_3)$ |
| 4 | $(x_4, y_4)$ |
| ⋮ | ⋮ |
| 25 | $(x_{25}, y_{25})$ |

表 3-3 多边形与点的关系

| 多边形 ID | 点 号 串 | 类别码 |
|---|---|---|
| A | 1, 2, 3, 4, 5, 6, 7, 8, 1 | A102 |

续表

| 多边形 ID | 点　号　串 | 类　别　码 |
|---|---|---|
| B | 7，8，1，9，10，11，12，13，7 | B203 |
| C | 20，21，22，23，24，25，20 | A178 |
| D | 7，13，14，15，16，17，18，19，5，6，7 | C523 |

实体数据结构具有编码容易、数字化操作简单和数据编排直观等优点，但这种数据结构也有以下明显缺点：

①相邻多边形的公共边界要数字化两次，造成数据冗余存储，可能导致输出的公共边界出现间隙或重叠。

②缺少多边形的邻域信息和图形的拓扑关系。

③岛只作为单个图形，没有建立与外界多边形的联系。

因此，实体数据结构只适用于简单的系统，如计算机地图制图系统等。

（2）拓扑数据结构。

拓扑关系是一种对空间结构关系进行明确定义的数学方法。具有拓扑关系的矢量数据结构就是拓扑数据结构。拓扑数据结构是 GIS 分析和应用功能所必需的。拓扑数据结构没有固定的格式，也没有形成标准，但基本原理是相同的。它们的共同点为，点是相互独立的，点连成线，线构成面。每条线始于起始节点，止于终止节点，并与左右多边形相邻接。

拓扑数据结构最重要的特征是具有拓扑编辑功能。这种拓扑编辑功能不但可以保证数字化原始数据的自动差错编辑，还可以自动形成封闭的多边形边界，为各个单独存储的弧段组成所需要的各类多边形及建立空间数据库奠定基础。

拓扑数据结构包括索引式结构、双重独立编码结构和链状双重独立编码结构等。

①索引式结构。

索引式数据结构采用树状索引以减少数据冗余并间接增加邻域信息，具体方法是对所有边界点进行数字化，将坐标对以顺序方式存储，由点索引与边界线号相联系，以线索引与各多边形相联系，形成树状索引结构。

图 3-3 和图 3-4 分别为图 3-2 的多边形文件和线文件树状索引图。采用索引式结构组织这个图需要 3 个表文件，第一个记录多边形和边界弧段的关系，第二个记录边界弧段由哪些点组成，第三个文件记录每个顶点的坐标，具体的结构分别如表 3-4、表 3-5 和表 3-6 所示。

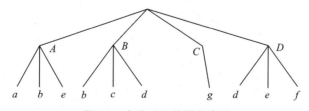

图 3-3　多边形文件树状索引

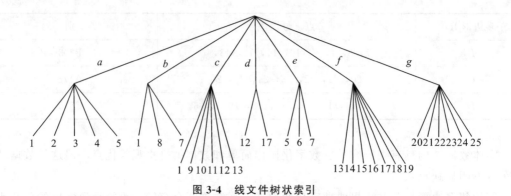

图 3-4 线文件树状索引

表 3-4 坐标文件

| 点 ID | 坐标 |
| --- | --- |
| 1 | $x_1, y_1$ |
| ⋮ | ⋮ |

表 3-5 边文件

| 边 ID | 组成的点 ID |
| --- | --- |
| $a$ | 1, 2, 3, 4, 5 |
| ⋮ | ⋮ |

表 3-6 多边形文件

| 多边形 ID | 组成的边 ID |
| --- | --- |
| $A$ | $a, b, c$ |
| ⋮ | ⋮ |

树状索引结构消除了相邻多边形边界的数据冗余和不一致的问题，在简化过于复杂的边界线或合并多边形时可不必改造索引表，邻域信息和岛状信息可以通过对多边形文件的线索引处理得到（如多边形 $A$、$B$ 之间通过公共边 $b$ 相邻接），但是比较烦琐，因而给邻域函数运算、消除无用边、处理岛状信息以及检查拓扑关系等带来了一定的困难，而且两个编码表都是以人工方式建立的，工作量大且容易出错。

②双重独立编码结构。

双重独立编码结构最早是由美国人口统计系统采用的一种编码方式，简称 DIME（dual independent map encoding）编码系统。它是以城市街道为编码主体的。它的特点是采用了拓扑编码结构，这种结构最适合于城市信息系统。

双重独立编码结构是对图上网状或面状要素的任何一条线段，用顺序的两点定义以及相邻多边形来予以定义。例如，对图 3-5 所示的多边形原始数据，可利用双重独立编码结构将其组织为以线段为中心的拓扑关系表，如表 3-7 所示。

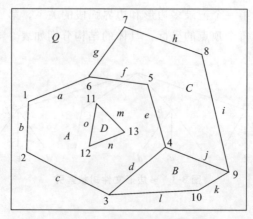

图 3-5 多边形原始数据

表 3-7　双重独立编码的线文件结构

| 线　号 | 起　　点 | 终　　点 | 左多边形 | 右多边形 |
| --- | --- | --- | --- | --- |
| $a$ | 1 | 6 | $Q$ | $A$ |
| $b$ | 2 | 1 | $Q$ | $A$ |
| $c$ | 3 | 2 | $Q$ | $A$ |
| $d$ | 4 | 3 | $B$ | $A$ |
| $e$ | 5 | 4 | $C$ | $A$ |
| $f$ | 6 | 5 | $C$ | $A$ |
| $g$ | 6 | 7 | $Q$ | $C$ |
| $h$ | 7 | 8 | $Q$ | $C$ |
| $i$ | 8 | 9 | $Q$ | $C$ |
| $j$ | 9 | 4 | $B$ | $C$ |
| $k$ | 9 | 10 | $Q$ | $B$ |
| $l$ | 10 | 3 | $Q$ | $B$ |
| $m$ | 11 | 13 | $A$ | $D$ |
| $n$ | 13 | 12 | $A$ | $D$ |
| $o$ | 12 | 11 | $A$ | $D$ |

表 3-7 中第一行表示线段 $a$ 的方向是从节点 1 到节点 6，其左侧面域的多边形是 $Q$，右侧面域的多边形是 $A$。在双重独立编码数据结构中，节点与节点或者多边形与多边形之间为邻接关系，节点与线段或者多边形与线段之间为关联关系。利用这种拓扑关系来组织数据，可以有效地进行数据存储正确性检查（如多边形是否封闭），同时便于对数据进行更新和检索。因为通过这种数据结构的格式绘制图形，当多边形的起始节点与终止节点相一致，并且按照左侧面域或右侧面域自动建立一个指定的区域单元时，空间点的左边会自行闭合。如果不闭合或出现多余线段，则表示数据存储或编码有误，这样就可以达到数据自动编辑的目的。同样利用该结构可以自动形成多边形，并可以检查线文件数据的正确性。

除线段拓扑关系文件外，双重独立编码结构还需要点文件和面文件，其结构如表 3-4 和表 3-5 所示。双重独立编码结构尤其适用于城市地籍宗地的管理。在宗地管理中，界址点对应于点，界址边对应于线段，面对应于多边形，各种要素都有唯一的标识符。

③链状双重独立编码结构。

链状双重独立编码结构是双重独立编码结构的一种改进。在双重独立编码结构中，一条边只能用直线两端点的序号及相邻的多边形来表示，而链状双重独立编码结构将若干直线段合为一个弧段（或链段），每个弧段可以有许多中间点。

在链状双重独立编码结构中，主要有 4 个文件，即多边形文件、弧段文件、弧段点文件和点坐标文件。多边形文件主要由多边形记录组成，包括多边形号、组成多边形的弧段号，以及周长、面积、中心点坐标和有关"洞"的信息等。多边形文件也可以通过软件自动检索各有关弧段生成，并同时计算出多边形的周长、面积和中心点的坐标。当多边形中含有"洞"时，则此"洞"的面积为负，需要在总面积中减去，在其组成的弧段号前也加负号。弧段文件主要由弧记录组成，存储弧段的起止节点号和弧段左右多边形号。弧段点文件由一系列点的位置坐标组成，一般在数字化过程中获取，数字化的顺序确定了这条弧段的方向。点坐标文件由节点记录组成，存储每个节点的节点号、节点坐标以及与该节点连接的弧段。节点文件一般通过软件自动生成，因为在数字化的过程中，由于数字化操作的误差，各弧段在同一节点处的坐标不可能完全一致，需要进行匹配处理。当其偏差在允许范围内时，可取同名节点的坐标平均值，如果偏差过大，则需要对弧段进行重新数字化。

对图 3-2 所示的矢量数据，其链状双重独立编码数据结构需要的多边形文件如表 3-8 所示，弧段文件如表 3-9，弧段点文件如表 3-10 所示，点坐标文件如表 3-11 所示。

表 3-8 多边形文件

| 多边形 ID | 弧段 ID | 属性（如周长、面积等） |
| --- | --- | --- |
| A | a, b, c | … |
| B | c, d, b | … |
| C | g | … |
| D | f, e, d, g | … |

表 3-9 弧段文件

| 弧段 ID | 起始点 | 终结点 | 左多边形 | 右多边形 |
| --- | --- | --- | --- | --- |
| a | 5 | 1 | Q | A |
| b | 7 | 1 | A | B |
| c | 1 | 13 | Q | B |
| d | 13 | 7 | D | B |
| e | 7 | 5 | D | A |
| f | 13 | 5 | Q | D |
| g | 25 | 25 | D | C |

表 3-10 弧段点文件

| 弧段 ID | 点 ID | 弧段 ID | 点 ID |
| --- | --- | --- | --- |
| a | 5, 4, 3, 2, 1 | e | 7, 6, 5 |
| b | 7, 8, 1 | f | 13, 14, 15, 16, 17, 18, 19, 5 |
| c | 1, 9, 10, 11, 12, 13 | g | 25, 20, 21, 22, 23, 24, 25 |
| d | 13, 7 | | |

表 3-11 点坐标文件

| 点 ID | 坐　　标 | 点 ID | 坐　　标 |
|---|---|---|---|
| 1 | $(x_1, y_1)$ | 14 | $(x_{14}, y_{14})$ |
| 2 | $(x_2, y_2)$ | 15 | $(x_{15}, y_{15})$ |
| ⋮ | ⋮ | ⋮ | ⋮ |
| 12 | $(x_{12}, y_{12})$ | 25 | $(x_{25}, y_{25})$ |
| 13 | $(x_{13}, y_{13})$ | | |

国际著名 GIS 软件平台开发商美国 Esri 公司出品的 ArcGIS 产品中的 Coverage 数据模型就是采用链状双重独立编码数据结构的。

2) 栅格数据结构

以规则栅格阵列表示空间对象的数据结构称为栅格数据结构，阵列中每个栅格单元上的数值表示空间对象的属性特征。栅格阵列中每个单元的行列号表示位置，属性值表示空间对象的类型和等级等特征。每个栅格单元只能存在一个值。

栅格数据结构表示的地表是不连续的，所表示的数据是量化和近似离散的数据。在栅格数据结构中，地理空间被分成相互邻接、规则排列的栅格单元，一个栅格单元对应于小块地理范围。在栅格数据结构中，点用一个栅格单元表示；线状地物则用沿线走向的一组相邻栅格单元表示，每个栅格单元最多只有两个相邻单元在线上；面或区域用具有区域属性的相邻栅格单元的集合表示，每个栅格单元可有多于两个的相邻单元同属一个区域，如图 3-6 所示。

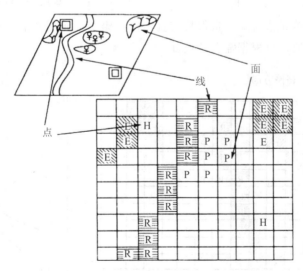

图 3-6　实体在栅格数据结构中的表示

E—裸土；H—房屋；P—公园；R—道路

栅格数据结构的显著特点是属性明显、定位隐含，即数据直接记录属性的指针或属性本身，而所在位置则根据行列号转换为相应的坐标给出，也就是说，定位是根据数据在数据集中的位置得到的。栅格数据结构同时具有数据结构简单、数学模拟方便的优点，但也存在着数据量大、难以建立实体间的拓扑关系的缺点，以及通过改变分辨率而减少数据量时精度和信息量会同时受损等缺点。

（1）栅格单元的确定。

一个完整的栅格数据通常由以下几个参数决定。

①栅格形状。栅格单元通常为矩形或正方形。特殊的情况下也可以按经纬网划分栅格单元。

②栅格单元大小。栅格单元大小也就是栅格单元的尺寸，即分辨率。栅格单元的合理尺寸应能有效地接近空间对象的分布特征，以保证空间数据的精度。但是用栅格来接近空间实体，不论采用多细小的栅格，与原实体比都会有误差。通常以保证最小图斑不丢失为原则来确定合理的栅格尺寸。设研究区域某要素的最小图斑面积为 $S$，可用如下公式计算栅格单元的边长 $L$。

$$L = \frac{1}{2}\sqrt{S}$$

③栅格原点。栅格系统的起始坐标应和国家基本比例尺地形图公里网的交点相一致，或者和已有的栅格系统数据相一致，并同时以公里网的纵横坐标轴作为栅格系统的坐标轴。这样在使用栅格数据时，就容易和矢量数据或已有的栅格数据相配准。

④栅格的倾角。通常情况下，栅格的坐标系统与国家坐标系统平行。但有时候，根据应用的需要，可以将栅格系统倾斜一个角度，以方便应用。

栅格数据的坐标系及描述参数如图 3-7 所示。

（2）栅格单元值的选取。

栅格单元取值是唯一的，但由于受到栅格大小的限制，栅格单元中可能会出现多个地物，那么在决定栅格单元值时应尽量保持其真实性。栅格单元属性值选取如图 3-8 所示，要确定该单元的属性取值，可根据需要选用如下方法。

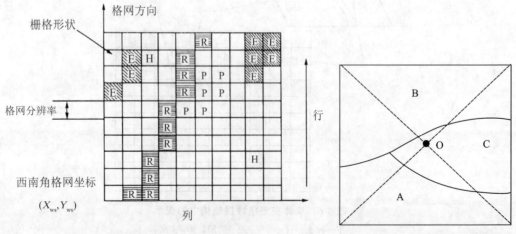

图 3-7　栅格数据的坐标系及描述参数　　图 3-8　栅格单元属性值选取

①中心点法。用位于栅格中心处的地物类型决定其取值。由于中心点位于代码为 C 的地物范围内,故其取值为 C。这种方法常用于有连续分布特性的地理现象。

②面积占优法。以占矩形区域面积最大的地物类型作为栅格单元的代码。从图 3-8 可知,B 类地物所占面积最大,故相应栅格单元代码为 B。

③重要性法。根据栅格内不同地物的重要性,选取最重要的地物类型作为相应的栅格单元代码。设图中 A 类地物为最重要的地物类型,则栅格代码为 A。这种方法常用于有特殊意义而面积较小的地理要素,特别是点状和线状地理要素,如城镇、交通线、水系等。在栅格代码中应尽量表示这些重要地物。

④百分比法。根据矩形区域内各地理要素所占面积的百分数确定栅格单元的取值,如可记面积最大的两类 BA,也可根据 B 类和 A 类所占面积百分数在代码中加入数字。

由于采用的取值方法不同,得到的结果也不尽相同。

接近原始精度的第二种方法是缩小单个栅格单元的面积,即增加栅格单元的总数,行列数也相应增加。这样,每个栅格单元可代表更为精细的地面矩形单元,混合单元减少。混合类别和混合的面积都大大减小,可以大大提高量算的精度;接近真实的形态,表现更细小的地物类型。然而在增加栅格个数和提高数据精度的同时也带来了一个严重的问题,那就是数据量的大幅度增加,数据冗余严重。

3)矢栅一体化表达

(1)栅格数据结构与矢量数据结构的比较。

栅格数据结构类型具有属性明显、位置隐含的特点,它易于实现,且操作简单,有利于基于栅格的空间信息模型的分析,如在给定区域内计算多边形面积、线密度,采用栅格结构可以很快算得结果,而采用矢量数据结构则麻烦得多;但栅格数据表达精度不高,数据存储量大,工作效率较低。如果要提高一倍的表达精度(栅格单元减小一半),数据量就需增加 3 倍,同时也增加了数据的冗余。因此,对于基于栅格数据结构的应用来说,需要根据应用项目的自身特点及其精度要求来恰当地平衡栅格数据的表达精度和工作效率两者之间的关系。另外,因为栅格数据结构的简单性(不经过压缩编码),其数据格式容易为大多数程序设计人员和用户所理解,基于栅格数据结构基础之上的信息共享也较矢量数据容易。最后,遥感影像本身就是以像元为单位的栅格结构,所以,可以直接把遥感影像应用于栅格结构的地理信息系统中,也就是说栅格数据结构比较容易和遥感相结合。

矢量数据结构类型具有位置明显、属性隐含的特点,它操作起来比较复杂,许多分析操作(如叠置分析等)用矢量数据结构难以实现;但它的数据表达精度较高,数据存储量小,输出图形美观且工作效率较高。

栅格数据结构和矢量数据结构的比较如表 3-12 所示。

表 3-12 栅格数据结构和矢量数据结构的比较

| | 优 点 | 缺 点 |
|---|---|---|
| 矢量数据结构 | 1. 数据结构严密，冗余度小，数据量小；<br>2. 空间拓扑关系清晰，易于网络分析；<br>3. 面向对象目标的，不仅能表达属性编码，而且能方便地记录每个目标的具体的属性描述信息；<br>4. 能够实现图形数据的恢复、更新和综合；<br>5. 图形显示质量好、精度高 | 1. 数据结构处理算法复杂；<br>2. 叠置分析与栅格图组合比较难；<br>3. 数学模拟比较困难；<br>4. 空间分析技术上比较复杂，需要更复杂的软、硬件条件；<br>5. 显示与绘图成本比较高 |
| 栅格数据结构 | 1. 数据结构简单，易于算法实现；<br>2. 空间数据的叠置和组合容易，有利于与遥感数据的匹配应用和分析；<br>3. 各类空间分析，地理现象模拟均较为容易；<br>4. 输出方法快速，成本低廉 | 1. 图形数据量大，用大像元减小数据量时，精度和信息量受损失；<br>2. 难以建立空间网络连接关系；<br>3. 投影变化实现困难；<br>4. 图形数据质量低，地图输出不精美 |

目前，大多数地理信息系统平台支持这两种数据结构，而在应用过程中，应该根据具体的目的，选用不同的数据结构。例如，在集成遥感数据以及进行空间模拟运算（如污染扩散）等应用中，一般采用栅格数据为主要数据结构；而在网络分析、规划选址等应用中，通常采用矢量数据结构。

（2）矢栅一体化数据结构。

矢量和栅格数据结构各有优缺点。如何充分利用两者的优点，在同一个系统中将两者结合起来，是 GIS 中的一个重要理论与技术问题。为将矢量与栅格数据更加有效地结合与处理，龚建雅（1993）提出了矢栅一体化数据结构。这种数据结构既具有矢量实体的概念，又具有栅格覆盖的思想。其理论基础是多级格网方法、三个基本约定和线性四叉树编码。

多级格网的方法是将栅格划分成多级格网，即粗格网、基本格网和细分格网，如图 3-9 所示。粗格网用于建立空间索引，基本格网的大小与通常栅格划分的原则基本一致，即基本栅格的大小。基本栅格的分辨率较低，难以满足精度要求，所以在基本格网的基础上又细分为 $256 \times 256$ 或 $16 \times 16$ 个格网，以增加栅格的空间分辨率，从而提高点、线的表达精度。粗格网、基本格网和细分格网都采用了线性四叉树编码的方法，用 3 个 Morton 码（$M_0$、$M_1$、$M_2$）表示。$M_0$ 表示点或线所通过的粗格网的 Morton 码，是研究区的整体编码；$M_1$ 表示点或线所通过的基本格网的 Morton 码，也是研究区的整体编码；$M_2$ 表示点或线所通过的细分格网的 Morton 码，是基本栅格内的局部编码。

以上编码是基于栅格的，因而据此设计的数据结构必定具有栅格的性质。为了使之具有矢量的特点，对点状地物、线状地物和面状地物进行了如下约定。

①点状地物仅有空间位置而无形状和面积，在计算机中仅有一个坐标数据。

②线状地物有形状但无面积，除了要记录节点坐标之外，还要记录线状路径通过的栅格单元。

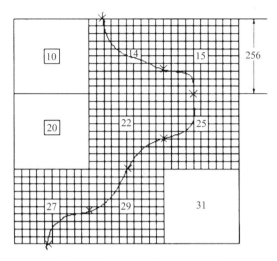

**图 3-9　一体化数据结构细分格网**

③面状地物有形状和面积，除了记录多边形边界，还要记录内部填充栅格单元。

据此，点状地物、线状地物和面状地物的数据组织方式如下。

点状地物：用（$M_1$，$M_2$）代替矢量数据结构中的（$x$，$y$）。

线状地物：用 Morton 码代替（$x$，$y$）记录原始采样的中间点的位置；必要时，还可记录线目标所穿过的基本网格的交线位置。

面状地物：除用 Morton 码代替（$x$，$y$）记录面状地物边界原始采样的中间点位置，以及它们所穿过的所有基本网格的交线位置之外，还要用链指针记录多边形的内部栅格。必要时还可以记录边界所穿过的所有基本网格的交线位置。

因此，点状地物、线状地物和面状地物不仅具有如同矢量数据结构的位置坐标，还有类型编码、属性值和拓扑关系，因而具有完全的矢量特性。与此同时，由于用栅格单元表达了点、填充了线性目标、多边形边界及其内部（空洞除外），实际是进行了栅格化，因而可以进行各种栅格操作。

**3. 空间数据源种类**

数据源是指建立地理信息系统数据库所需要的各种类型数据的来源，主要包括以下几种。

（1）地图。

各种类型的地图是 GIS 最主要的数据源。因为地图是地理数据的传统描述形式，包含着丰富的内容，不仅含有实体的类别或属性，而且对于实体的类别或属性，还可以用各种不同的符号加以识别和表示。我国大多数 GIS 系统的图形数据大部分来自地图，主要包括普通地图、地形图和专题图。但由于地图具有以下特点，应用时需要加以注意。①地图存储介质的缺陷。地图多为纸质，由于存放条件的不同，都存在不同程度的变形，在具体应用时，需要对其进行操作。②地图现势性较差。传统地图更新需要的周期较长，造成现存地图现势性不能完全满足实际的需要。③地图投影的转换。地图投影的存在，使得不同地图投影的地图数据在进行交流前，需要先进行地图投影的转换。

（2）遥感影像数据。

遥感数据是一种大面积的、动态的、近实时的数据源，是 GIS 的重要数据源。遥感数据含有丰富的资源与环境信息。在 GIS 的支持下，可以与地质、地球物理、地球化学、地球生物和军事应用等方面的信息进行信息复合和综合分析。

（3）社会经济数据。

社会经济数据是 GIS 的数据源，尤其是 GIS 属性数据的重要来源。

（4）实测数据。

各种实测数据特别是一些 GNSS、大比例尺地形图测量数据和实验观测数据等常常是 GIS 的一个很准确和很现实的资料。

（5）数字数据。

随着各种 GIS 系统的建立，直接获取数字图形数据和属性数据的可能性越来越大，数字数据成为 GIS 信息源不可缺少的一部分。

（6）各种文本资料。

文本资料是指各种行业、各部门的有关法律文档、行业规范、技术标准和条文条例等，如边界条约等，这些都属于 GIS 的数据。各种文字报告和立法文件在一些管理类的 GIS 系统中有很大的应用，如在城市规划管理信息系统中，各种城市管理法规及规划报告在规划管理工作中起着很大的作用。

**4. 地图矢量化**

地图矢量化是重要的地理数据获取方式之一。所谓地图矢量化，就是把栅格数据转换成矢量数据的处理过程。当纸质地图经过计算机图形、图像系统光—电转换量化为点阵数字图像，经图像处理和曲线矢量化或者直接进行手扶跟踪数字化后，生成可以为地理信息系统显示、修改、标注、漫游、计算、管理和打印的矢量地图数据文件。这种与纸质地图相对应的计算机数据文件称为矢量化电子地图。

### 3.1.3　任务实施

**1. 任务内容**

随着社会的发展和计算机技术的普及，传统的生活方式正逐渐改变。在许多领域，人们需要使用计算机技术模拟显示现实世界中的各种信息，并对信息进行查询和处理。由此需要对实际信息进行数字化处理，即进行各种数据的采集和矢量化处理。通过对以上空间数据采集的学习，在 SuperMap iDesktop 平台下完成地形图这一幅地图的扫描矢量化任务。

**2. 任务实施步骤**

1）数据导入

SuperMap iDesktop 支持多种格式的数据导入，包括矢量文件格式、栅格文件格式和模型文件格式等。

根据项目2的内容，新建一个数据源，将其命名为校园底图。

通过数据转换功能将不同数据格式的数据集导入某一数据源。根据 SuperMap iDesktop 提供的两种方式打开数据导入对话框。

一是在开始选项卡→数据处理组→数据导入下拉菜单中，如图3-10所示，点击任意一种要导入的数据格式。

实训5
栅格数据的加载

图 3-10　选项卡导入数据集

二是将光标移至数据源处，然后点击鼠标右键，如图 3-11 所示，在右键菜单中选择导入数据集命令。

图 3-11　右键菜单导入数据集

SuperMap iDesktop 支持 50 种常用格式的导入，包括 ArcGIS 格式、CAD 格式、MapGIS 格式、MapInfo 格式、Google 格式、电信格式和其他格式等。

下面以 *.shp 文件和 *.csv 文本文件的导入为例，介绍数据导入的方法。

(1) 导入 *.shp 文件。

①打开示范数据 World.smwu，将光标移至工作空间管理器中的 World.udbx 数据源，点击鼠标右键，在右键菜单中选择导入数据命令，如图 3-12 所示，弹出数据导入对话框。

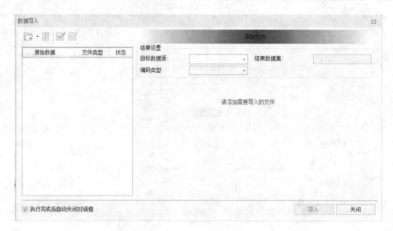

**图 3-12　数据导入对话框及添加文件按钮**

②点击添加文件按钮，选择要导入的 *.shp 文件。

③选择 World 数据源为目标数据源。

④其他参数采用默认值。点击导入按钮，执行导入数据集的操作。

(2) 导入 *.csv 文本文件。

①在当前工作空间中新建一个 UDB 数据源，数据源名称为 import，将 CSV 文件导入该数据源。要导入的 CSV 文件内容如图 3-13 所示。

```
X,Y,省,省会
87.57610581,43.78178997,新疆,乌鲁木齐
91.16312836,29.71037376,西藏,拉萨
101.7971228,36.59340862,青海,西宁
103.5840653,36.11886865,甘肃,兰州
104.0352774,30.71410964,四川,成都
106.5188187,29.47889416,重庆,重庆
106.6677791,26.45736362,贵州,贵阳
102.7265903,24.96947098,云南,昆明
106.1669056,38.59824521,宁夏,银川
108.9667451,34.27595737,陕西,西安
108.233607,22.74845231,广西,南宁
110.3458093,19.97015552,海南,海口
113.22623,23.18322701,广东,广州
112.9474634,28.16993877,湖南,长沙
115.8931706,28.6523839,江西,南昌
119.2461518,26.0708673,福建,福州
121.5029007,25.00841307,台湾,台北
120.1823809,30.33058083,浙江,杭州
121.4490026,31.25334117,上海,上海
114.2160869,30.57921643,湖北,武汉
117.2617032,31.83829671,安徽,合肥
118.8050511,32.08496676,江苏,南京
113.6505812,34.74615805,河南,郑州
117.0477039,36.60822745,山东,济南
114.4776504,38.03304415,河北,石家庄
112.4825617,37.79816885,山西,太原
111.8422981,40.89543127,内蒙古,呼和浩特
117.3504381,38.92547804,天津,天津
```

**图 3-13　*.csv 文件示例**

②将光标移至 import.udbx 数据源处，点击鼠标右键，在右键菜单中选择导入数据命令，弹出数据导入对话框。

③在弹出的数据导入对话框中点击添加文件按钮，选择要导入的 *.csv 文本文件。

④应用程序会自动读取分隔符，默认为英文逗号(,)。勾选首行为字段信息，表示 CSV 文件中的首行内容将作为属性表的字段名称导入。

⑤点击导入按钮，执行导入 CSV 文本文件的操作。

2) 栅格矢量化

在进行一些应用分析时，需要对栅格数据进行矢量

化。相对于栅格数据而言,矢量数据具有数据结构紧凑、冗余度低,有利于网络和检索分析,图形显示质量好、精度高等优点。SuperMap iDesktop 提供了半自动栅格矢量化的矢量化线和矢量化面功能。

矢量化线与矢量化面的操作方式基本相同,下面以矢量化线为例进行说明。

(1) 在地图窗口中打开一幅配准好的栅格(或影像)底图,同时将 CAD 图层加载至当前地图窗口,并将其设置为可编辑状态。

(2) 依次点击对象操作选项卡→栅格矢量化→设置按钮,如图 3-14 所示,在弹出的栅格矢量化对话框中,对矢量化的相关参数进行设置。

图 3-14 栅格矢量化设置

①在栅格地图图层下拉列表中选择栅格矢量化的底图。

②以默认的白色作为背景色,在栅格矢量化过程中,将不会追踪栅格地图的背景色。

③以默认值 32 作为颜色容限值,则误差在栅格值的容限内,系统会沿此颜色方向继续跟踪。

④在过滤像素数文本框中设置去锯齿过滤参数为 0.5,过滤参数越大,过滤掉的点越多。

⑤在进行栅格矢量化时,需要进行光滑处理,设置的光滑系数为 3。

⑥勾选自动移动地图,当矢量化至地图窗口边界上时,窗口会自动移动。

(3) 设置完成后点击确定按钮,将光标移至需要矢量化的线上,点击鼠标左键开始矢量化该线对象。

(4) 矢量化至断点或者交叉口,矢量化会停下来,等待下一次矢量化操作。此时跨过断点或者交叉口,将光标移至前进方向的底图线上,双击鼠标左键,矢量化过程会继续,直到再次遇到断点或交叉口处停止。

(5) 遇到线段端点,点击鼠标右键进行反向追踪,重复该操作,直至完成一条线的矢量化操作。

(6) 在矢量化跟踪过程中,由于栅格底图原因,可能对某些矢量化效果不太满意,可以点击矢量化线回退按钮,回退一部分线,可再点击鼠标左键确定或点击鼠标右键,回到当前矢量化绘制状态。

（7）再次点击鼠标右键结束矢量化操作，重复步骤（4）～步骤（6）的操作，直至完成该底图的矢量化操作。栅格矢量化结果如图 3-15 所示，其中红色线为矢量化完成的一条数据。

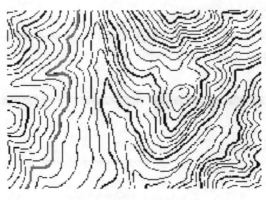

图 3-15　栅格矢量化结果

### 3.1.4　技能训练

数字校园是以网络为基础，利用先进的信息化手段和工具，实现从环境、资源到活动的全部数字化。基于 GIS 的数字校园建设中，校园环境的数字化是一个重要的方面，而校园 GIS 构建的首要任务就是如何高效地获取校园的地理空间数据。

**1. 野外数据采集**

利用全站仪、RTK 进行学校碎部点数据采集。

**2. 内业数据采集**

利用南方 CASS 软件和 SuperMap iDesktop 软件实现学校地形图碎部点成果成图。

**3. 扫描矢量化**

利用 SuperMap iDesktop 软件实现学校原有地形图或总体平面规划图的扫描矢量化。

## 任务 3.2　属性数据采集

### 3.2.1　任务描述

属性数据是空间数据的重要组成部分，属性数据是地理信息系统进行应用分析的核心对象，如何采集、整理、录入属性数据是数据采集过程中必不可少的内容。本任务需要收集智慧校园建设所需要的属性数据，如校园内建筑、道路等的名称、用途等属性信息，并录到平台中。

### 3.2.2 任务分析

属性数据在 GIS 中是空间数据的组成部分。例如，道路可以数字化为一组连续的像素或矢量表示的线实体，并可用一定的颜色、符号把 GIS 的空间数据表示出来，这样，道路的类型就可用相应的符号来表示。而道路的属性数据则是指用户还希望知道道路的宽度、表面类型、建筑方法、建筑日期、人口覆盖、水管、电线、特殊交通规则和每小时的车流量等。这些数据都与道路这一空间实体相关。这些属性数据可以通过给予一个公共标识符与空间实体联系起来。

属性数据的录入主要采用键盘输入的方法，有时也可以借助于字符识别软件。

当属性数据的数据量较小时，可以在输入几何数据的同时，用键盘输入属性数据；但当数据量较大时，一般与几何数据分别输入，并检查无误后转到数据库中。

为了把空间实体的几何数据与属性数据联系起来，必须在几何数据与属性数据之间加入公共标识符。公共标识符可以在输入几何数据或属性数据时手工输入，也可以由系统自动生成（如用顺序号代表标识符）。只有当几何数据与属性数据有一共同的数据项时，才能将几何数据与属性数据自动地连接起来；当几何数据和属性数据之间没有公共标识符时，只有通过人机交互的方法，如选取一个空间实体，再指定其对应的属性数据表来确定两者之间的关系，同时自动生成公共标识符。

**1. 属性数据的来源**

属性数据获取的方法如下。
（1）摄影测量与遥感影像判读获取。
（2）实地调查或研讨。
（3）其他系统属性数据共享。
（4）数据通信方式获取。

**2. 属性数据的分类**

属性数据根据其性质可分为定性属性、定量属性和时间属性。
①定性属性是描述实体性质的属性，如建筑物结构、植被种类和道路等级等属性。
②定量属性是量化实体某一方面量的属性，如质量、重量、年龄和道路宽度等属性。
③时间属性是描述实体时态性质的属性。该属性可单独作为描述空间实体的一个方面提出，如空间数据可分为几何数据、属性数据和时态数据等。

**3. 属性数据的编码**

对于要直接记录到栅格或矢量数据文件中的属性数据，必须先对其进行编码，将各种属性数据变为计算机可以接收的数字或字符形式，便于 GIS 存储管理。

下面主要从属性数据的编码原则、编码内容和编码方法等方面作以说明。

1) 编码原则

属性数据编码一般要基于以下 5 个原则。

①编码的系统性和科学性。编码系统在逻辑上必须满足所涉及学科的科学分类方法，以体现该类属性本身的自然系统性。另外，还要反映同一类型中不同的级别特点。这是一个编码系统有效运作的核心。

②编码的一致性。一致性是指对象的专业名词、术语的定义等必须一致，对代码所定义的同一专业名词、术语必须是唯一的。

③编码的标准化和通用性。为满足未来有效的信息传输和交流，所制订的编码系统必须在有可能的条件下实现标准化。

④编码的简洁性。在满足国家标准的前提下，每一种编码都应该是以最小的数据量载负最大的信息量，这样既便于计算机存储和处理，又具有相当的可读性。

⑤编码的可扩展性。虽然代码的码位一般要求紧凑经济，减少冗余代码，但考虑到实际使用时往往会出现新的类型需要加到编码系统中，因此编码的设置应留有扩展的余地，避免新对象的出现而使原编码系统失效，造成编码错乱的现象。

2) 编码内容

属性编码一般包括以下 3 个方面的内容。

①登记部分：用来标识属性数据的序号，可以是简单的连续编号，也可划分不同层次进行顺序编码。

②分类部分：用来标识属性的地理特征，可以采用多位代码来反映多种特征。

③控制部分：用来通过一定的查错算法，检查在编码、录入和传输中的错误，在属性数据量较大的情况下具有重要意义。

3) 编码方法

编码的一般步骤是如下。

①列出全部制图对象清单。

②制订对象分类、分级原则和指标将制图对象进行分类、分级。

③拟定分类代码系统。

④设定代码及其格式。设定代码使用的字符和数字、码位长度和码位分配等。

⑤建立代码和编码对象的对照表。这是编码最终成果档案，是数据输入计算机进行编码的依据。

属性的科学分类体系无疑是 GIS 中属性编码的基础。目前，较为常用的编码方法有层次分类编码法与多源分类编码法两种基本类型。

①层次分类编码法。层次分类编码法是将初始的分类对象按所选定的若干个属性或特征一次性分成若干层目录，并编制成一个有层次、逐级展开的分类体系。其中，同层次类目之间存在并列关系，不同层次类目之间存在隶属关系，同层次类目互不交叉、互不重复。层次分类编码法的优点是层次清晰，使用方便；缺点是分类体系确定后，不易改动，当分类层次较多时，代码位数较长。考虑到用户对图形符号等级的感受，分级数不宜超过 8 级。编码的基础是分类分级，而编码的结果是代码。代码的功能体现在 3 个方面，即代码表示对象的名称是对象唯一的标志；代码可作为区分分类对象类别的标志；代码可以作为区别对象排序的

标志。如图 3-16 所示,以土地利用类型的编码为例,说明层次分类编码法所构成的编码体系。

②多源分类编码法。多源分类编码法又称独立分类编码法,是指对于一个特定的分类目标,根据诸多不同的分类依据分别进行编码,各位数字代码之间并没有隶属关系。如表 3-13 所示,以河流为例,说明了属性数据多源分类编码法的编码方法。

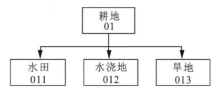

图 3-16　土地利用类型编码

表 3-13　河流编码的标准分类方法

| 通航情况 | 流水季节 | 河流长度 | 河流宽度 | 河流深度 |
| --- | --- | --- | --- | --- |
| 通航:1 | 常年河:1 | <1km:1 | <1m:1 | 5～10m:1 |
| 不通航:2 | 时令河:2 | <2km:2 | 1～2m:2 | 10～20m:2 |
| | 消失河:3 | <5km:3 | 2～5m:3 | 20～30m:3 |
| | | <10km:4 | 5～20m:4 | 30～60m:4 |
| | | >10km:5 | 20～50m:5 | 60～120m:5 |
| | | | >50m:6 | 120～300m:6 |
| | | | | 300～500m:7 |
| | | | | >500m:8 |

例如,1234 表示常年河,通航,河流长 2km,宽 2～5m,深度为 30～60m。由此可见,该种编码方法一般具有较大的信息载量,有利于对于空间信息的综合分析。

在实际工作中往往将以上两种编码方法结合使用,以达到更理想的效果。

### 3.2.3　任务实施

**1. 任务内容**

在空间数据库系统中,一般采用分离组织的方法存储图形数据与属性数据,以增强整个系统数据处理的灵活性,尽可能减少不必要的上机时长与空间上的开销。然而,地理数据处理又要求对区域数据进行综合性处理,包括图形数据与属性数据的综合性处理。因此,图形数据与属性数据的连接是很重要的。SuperMap 提供了强大的属性数据管理功能,在平台上可以对已导入数据的属性表进行查看、编辑和修改。

**2. 任务实施步骤**

1)数据集属性

用光标在工作空间管理器中选择了一个或者多个数据集后,如图 3-17 所示,点击鼠标右键,在弹出的右键菜单中选择属性项,在地图右侧弹出数据集属性面板,初始显示的是当前选中数据集的相关信息。

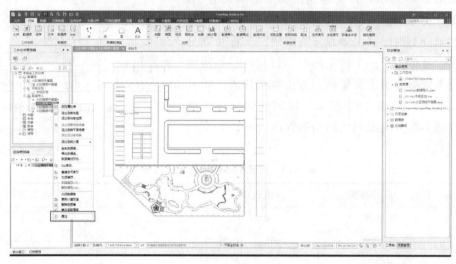

图 3-17 打开属性面板

属性面板不仅可以用来显示工作空间管理器中选中的一个或多个数据集的信息，还可以显示工作空间和数据源等属性信息。如果用户选中工作空间管理器中的工作空间，那么该属性面板将显示该工作空间的相关信息；如果用户选中工作空间管理器中的一个或者多个数据源，那么该属性面板将显示选中的数据源的相关信息。

属性面板的上侧显示选择数据集列表目录，下侧的目录树会根据所选择的数据集的类型的不同而有所差异，主要分为 3 种形式，即矢量数据集、栅格数据集和影像数据集。

以 SampleData \ World \ World.udbx 数据源为例，分别查看栅格数据集 LandCover、影像数据集 Image 和矢量数据集 Country 的属性信息，如图 3-18 所示。

图 3-18 栅格、影像和矢量数据集的属性面板

矢量数据集属性面板中显示了数据集、坐标系、矢量、属性表和值域五个面板，如图 3-19 所示，每个面板都显示了属性面板数据节点中选中的数据集信息。点击属性表面板，在窗口右侧区域显示了 Country 数据集的各个属性字段、别名和字段类型等信息。这些字段为系统默认生成的字段。可通过属性表结构编辑工具栏中的添加、插入、修改和删除等按钮对字段属性进行管理。

2) 属性表操作

【属性表】选项卡是上下文选项卡，如图 3-20 所示，其与矢量数据集的属性表或纯属性数据集进行绑定，只有应用程序中当前活动的窗口为矢量数据集的属性表或为纯属性数据集时，该选项卡才会出现在功能区上。

【属性表】选项卡主要提供了矢量数据集的属性表或纯属性数据集的属性信息输出功能、浏览功能和统计分析功能，这些功能分别被组织在【属性表】选项卡相应的组中。

图 3-19 查看和修改属性表字段

图 3-20 【属性表】选项卡

(1) 浏览属性数据。

①准备数据，打开工作空间 Changchun.smwu。

②在工作空间管理器中，选择需要浏览属性的数据集名【RoadLine1】，单击鼠标右键，在弹出的快捷菜单中选择【浏览属性表】，如图 3-21 所示。

对于当前工作空间中的任一数据集，都可以打开对应的属性表而无须打开地图窗口。使用这种方式打开的属性表，只能对其进行浏览、查询等操作，而不能将其与地图中对应的图层相关联。

(2) 关联浏览属性数据。

对于当前地图窗口的任意图层来说，可以通过多种方式打开一个与之相关联的属性表。属性表中的记录通过唯一的 ID 与地图窗口相对应图层的相应对象一一关联。

①准备数据，打开工作空间 Changchun.smwu。

②在图层管理器中，选中需要浏览属性数据的图层名【RoadLine1】，单击鼠标右键。

图 3-21 浏览属性表

③在弹出的快捷菜单中选择【关联浏览属性数据】。如图 3-22 所示，下表为与图中全部对象关联的属性表。

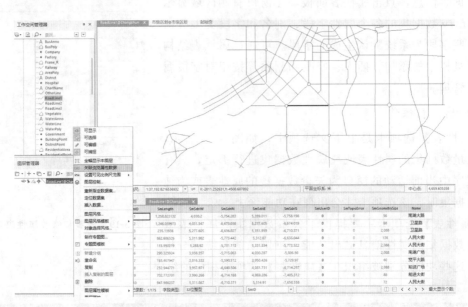

图 3-22 关联浏览属性数据

（3）编辑属性表。

右键单击数据集，选择【浏览属性表】，打开属性表后出现【属性表】选项卡。如图 3-20 所示，【属性表】选项卡的【编辑】组中具有对矢量数据集的属性表和纯属性数据集的数据进行编辑的功能，可以对属性表中的行和列数据进行整体和批量更新。

①删除行。

【删除行】选项用于删除矢量数据集的属性表或纯属性数据集中选中的一行或多行属性记录。

具体操作步骤如下：

a. 打开需要进行删除行操作的属性表，可以是矢量数据集属性表，也可以是纯属性数据集。

b. 选中矢量数据集的属性表或纯属性数据集中的一行或多行属性记录，或选中要删除行中的单元格。

c. 单击右键，选择【删除行】选项，弹出【删除行】对话框，如图 3-23 所示。

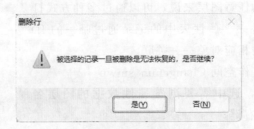

图 3-23 【删除行】对话框

d. 点击【是】，即可删除选中的行或选中的单元格对应行的属性记录。

> **小提示**
> a. 若使用【删除行】按钮删除矢量数据集的属性表中的属性记录，被删除的记录对应的几何对象也会被一并删除，所以【删除行】按钮要慎用。
> b. 只有矢量数据集或纯属性数据集为非只读状态，【删除行】选项才可用，否则该选项会一直显示灰色，即为不可用状态。

②添加行。

【添加行】选项用于在纯属性数据集中添加属性记录。【添加行】选项只有在当前属性表窗口中是纯属性数据集时，才为可用状态。

具体操作步骤如下：

a. 打开需要进行添加行操作的纯属性数据集。

b. 点击【添加行】选项，即可在当前纯属性数据集的最后添加一行空的属性记录。

③更新列。

【更新列】选项可以实现快速地按一定的条件或规则统一修改当前属性表中多条记录或全部记录的指定属性字段的值，方便用户对属性表数据的录入和修改。

具体操作步骤如下：

a. 打开要进行更新的属性表，可以是矢量数据集属性表，也可以是纯属性数据集。

b. 在属性表中设置属性表的更新范围，如果用户使用整列更新的方式，可以选中整个待更新列，也可以不选择，在之后的操作中指定；如果用户使用更新选中部分的更新方式，此步骤应选择要进行更新的单元格。

c. 选中某列或某个单元格，单击右键选择【更新列】选项。

d. 弹出更新列对话框，在该对话框中设置待更新单元格值的运算表达式，即设置更新规则，如图 3-24 所示。

图 3-24 更新列对话框

e. 设置完成后，单击更新列对话框中的【应用】按钮，执行更新属性表的操作。

f. 更新完毕后，单击更新列对话框中的【关闭】按钮，关闭对话框。

④重做/撤销。

【重做】选项/【撤销】选项，用来回退和重做之前对某个属性表的更新操作。点击【编辑】组的【设置】选项，弹出编辑组的对话框，在此可以设置属性表编辑操作中重做和撤销操作的最大回退次数。

最大回退次数：勾选最大回退次数复选框，最大回退次数的设置有效，其右侧的文本框用来输入用户设置的最大重做和撤销属性表编辑操作的次数。

单次回退最大对象数：勾选单次回退最大对象数复选框，单次回退最大对象数的设置有效，其右侧的文本框用来输入用户设置的一次回退操作可以作用的最大对象数。

显示不能回退警告：勾选显示不能回退警告复选框，在用户进行属性表编辑操作时，如果编辑操作的次数或者单次编辑操作作用的记录数超过了上面所设置的限制，从而导致编辑操作不能回退，则将弹出提示对话框，询问用户是否继续操作。

> **小提示**
>
> 在编辑属性表时需要注意以下两点：
> a. 只能编辑非系统字段以及可编辑系统字段的属性值。
> b. 要注意字段的类型以及字段的长度。例如往文本型字段输入属性，假设给该字段设定的长度为 40 个字节，如果输入超出设定长度，系统不会保存该属性。

此外，【属性表】选项卡中还包括【浏览】、【统计分析】组，前者组织了浏览矢量数据集的属性表以及纯属性数据集的功能，后者组织了对矢量数据集的属性表以及纯属性数据集的几种主要的统计分析功能。

完成属性表编辑后，可用【另存为数据集】功能输出属性表。

### 3.2.4 技能训练

校园 GIS 除具有准确的图形数据外，还应该具有详尽丰富的属性数据，这样才能为管理决策提供足够的信息。在校园 GIS 建设过程中，在采集整理图形数据的同时还应采集图形数据对应的属性数据。

**1. 建立属性数据表**

通过对学校基建科、教务处、网络中心和后勤等管理部门的实际工作进行调研，收集、整理数据资料，建立属性数据表。

**2. 输入属性数据**

将整理好的属性数据输到 SuperMap 软件中。

## 任务 3.3 数据格式转换

### 3.3.1 任务描述

地理信息系统经过 30 多年的发展，其应用已经相当广泛，并积累了大量的 GIS 数据资源。由于使用了不同的 GIS 软件，数据存储的格式和结构有很大的差异，为多源数据综合利用和数据共享带来不便。在这一任务当中解决空间数据格式转换的问题，为实现空间数据的共享和利用提供方便。

### 3.3.2 任务分析

**1. 空间数据交换模式**

1) 基于通用数据交换格式的数据转换共享模式

在地理信息系统发展的初期，地理信息系统的数据格式被当作一种商业秘密，因此对地理信息系统数据进行交换使用几乎是不可能的。为了解决这一问题，通用数据交换格式的概念便被提了出来（J. Raul Ramirez，1992）。目前，国内外 GIS 软件都提供了图形标准数据交换格式（.dxf）的输入输出功能，实现了不同 GIS 软件数据交换，如图 3-25 所示。

图 3-25 基于通用数据交换格式的数据转换

2) 基于外部文本文件的数据转换共享模式

考虑到商业秘密或安全等原因，用户难以读懂 GIS 软件本身的内部数据格式文件，为促进软件的推广应用，部分 GIS 软件向用户提供了外部文本文件。通过该文本文件，不同的 GIS 软件也可实现数据的转换。根据 GIS 软件本身的功能不同，数据转换的次数也有差别，如图 3-26 所示。

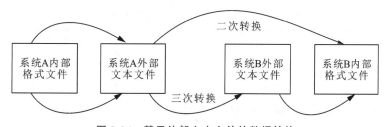

图 3-26 基于外部文本文件的数据转换

3）基于直接数据访问的共享模式

直接数据访问是指在一个 GIS 软件中实现对其他软件数据格式的直接访问。对于一些典型的 GIS 软件，尤其是国外 GIS 软件，用户可以在一个 GIS 软件中存取多种其他格式的数据，如 Intergraph 公司的 Geomedia 软件可存取其他各种软件的数据，如图 3-27 所示。直接访问可避免烦琐的数据转换，为信息共享提供了一种经济实用的模式。但这种模式的信息共享要求建立在对宿主软件的数据格式充分了解的基础之上。如果宿主软件的数据格式发生变化，则需要对数据转换的功能进行升级或改善。一般，这种数据转换功能要通过 GIS 软件开发商的相互合作来实现。

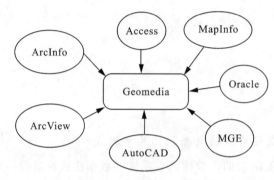

图 3-27 基于直接访问的共享模式

4）基于通用转换器的数据转换共享模式

由加拿大 SafeSoftware 公司推出的 FME（Feature Manipulate Engine）universal translator 可实现不同数据格式之间的转换。该方法是基于 OpenGIS 组织提出的新的数据转换理念语义转换，通过在转换过程中重构数据的功能，实现了不同空间数据格式之间的相互转换。由于 FME 在数据转换领域的通用性，它正在逐渐成为业界在各种应用程序之间共享地理空间数据的事实标准。作为 FME 的旗舰产品，FME universal translator 是一个独立运行的强大的 GIS 数据转换平台，它能够实现 100 多种数据格式（如 .dwg/.dxf、.dgn、Arc/Info Coverage、ShapeFile、ArcSDE 和 Oracle SDO 等格式）的相互转换。从技术层面上说，FME 不再将数据转换问题看作从一种格式到另一种格式的变换，而是完全致力于将 GIS 要素同化并向用户提供组件以使用户能够将数据处理为所需要的表达方式。FME Universal Translator 支持的常用空间数据格式之间的转换及效果如表 3-14 所示。

表 3-14 FME Universal Translator 常用数据模式转换

| 转 换 格 式 | | 转 换 效 果 |
| --- | --- | --- |
| dgn→ArcSDE | dgn→dwg | 保证属性信息和图形信息一致 |
| ArcSDE→dgn | E00→dgn | 保证转换前后图面内容一致 |
| dgn→MapInfo | dng→EOO | 转换不丢失信息 |
| MapInfo→dgn | EPSW→dgn | 自动进行坐标系转换 |

续表

| 转 换 格 式 | | 转 换 效 果 |
|---|---|---|
| MapInfo→Arc/Info | dgn→EPSW | 自动进行投影变换 |
| Arc/Info→MapInfo | VirtuoZo→dgn | 可以完成比较复杂的数据处理过程， |
| dwg→dgn | | 比如给数据加属性值等 |

5）基于国家空间数据转换标准的数据转换共享模式

为了更方便地进行空间数据转换，也为了尽量减少空间数据转换损失的信息，使之更加科学化和标准化，许多国家和国际组织制定了空间数据交换标准，如美国的 STDS。中国也制定了相应的空间数据交换格式标准（CNSDTF）。有了空间数据交换的标准格式后，每个系统都提供读写这一标准格式空间数据的程序，如图 3-28 所示，从而避免大量的编程工作。但目前国内 GIS 软件较少具备国家空间数据交换格式读写功能。

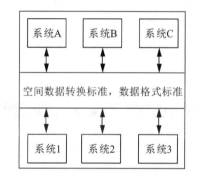

图 3-28 基于空间数据转换标准的数据转换

## 2. 数据转换内容

（1）图形数据。

图形数据格式转换要求如下。

①图形数据没有丢失坐标，形状不发生变化。

②数据分层有一一对应的转换关系。

③拓扑结构不发生变化。

（2）属性数据。

空间数据转换为其他平台的数据时，其图形数据对应的属性数据无错漏。

（3）满足图形要求成面、封闭、接边、符号化等制图要求。

## 3. 空间数据转换途径

基于以上数据转换模式，几乎所有的 GIS 软件都提供了面向其他平台的双向转换工具，例如，ArcInfo 提供了 AutoCAD、MapInfo 等格式的双向转换工具，MapInfo 提供了对 ArcInfo 和 .dwg/.dxf 格式数据的双向转换工具，国产软件如 MapGIS、SuperMap 等软件提供了和大多数其他格式数据交换的转换工具。

### 3.3.3 任务实施

**1. 任务内容**

随着各行各业数字化进程的不断推进，各类 GIS 软件在不同领域的应用日益广泛，GIS 软件数据格式转换问题也越来越突出。目前，各类 GIS 软件都自带了与当前主流 GIS 软件的数据格式转换功能。通过对上述空间数据格式转换知识的学习，在 SuperMap 平台上完成数据格式之间的转换。

**2. 任务实施步骤**

实训7
空间数据类型
转换

SuperMap 平台中，不同数据格式之间的转换可通过数据导出功能实现。数据导出提供了将数据源下的一个或者多个数据集导出的功能，方便进行数据共享和备份。SuperMap iDesktop 提供了两种打开数据导出对话框的方式。

一是依次点击开始选项卡→数据处理组→数据导出按钮，如图 3-29 所示，弹出数据导出对话框。

实训8
点、线、面、
文本数据类型
转换

图 3-29　选项卡数据导出

二是用光标选中一个或者多个要导出的数据集，点击鼠标右键，在右键菜单中选择导出数据集命令，弹出数据导出对话框。

SuperMap iDesktop 支持 31 种常用数据格式的导出，包括 Arcgis 格式、CAD 格式、MapInfo 格式、Google 格式、电信格式和其他格式等。

下面以 *.img 栅格文件的导出为例，介绍数据导出的方法。

①打开示范数据 World.udbx，同时选中栅格数据集 LandCover 和 Image，点击鼠标右键，在弹出的菜单中选择导出数据集命令，弹出数据导出对话框，如图 3-30 所示。

图 3-30　数据导出窗口

②由于同时导出多个文件，可使用工具栏中的统一赋值按钮，对转出类型、导出目录以及是否强制覆盖项进行统一修改。

③选中目标文件名双击鼠标左键，修改导出的文件名。

④点击导出按钮，执行导出数据集的功能。

SuperMap iDesktop 支持多种不同数据类型的相互转换，包括点、线、数据互转，属性数据与空间数据互转，CAD 数据、复合数据与简单数据互转，二维数据与三维数据互转，面数据与模型数据互转以及网络数据转点/线数据等。

### 3.3.4　技能训练

在校园 GIS 建设中，DWG 格式的校园地形图是最主要的一种空间数据，通过数据格式转换，可将其转换到 MapGIS、SuperMap 和 ArcGIS 等平台。

### 思政故事

在课程教学中，将适时结合以下法律法规的相关内容进行讲解说明，以培养学生的法律意识、安全意识和职业素养：《中华人民共和国国家安全法》《中华人民共和国地图编制出版管理条例》《国家基本比例尺地形图图式》（GB/T 20257 系列标准）《测绘作业人员安全规范》（CH 1016—2008）《联合国海洋法公约》。

测绘法规典型案例

为充分发挥典型案例的示范引导作用，大力推进测绘地理信息行政执法工作，保障测绘地理信息事业健康发展，国家测绘地理信息局向社会公布近年来（2016—2023 年）测绘地理信息违法典型案件，涵盖非法测绘、数据安全、成果质量等多个方面。

1. 非法测绘类案例

• 贵州某公司无资质测绘案（2022 年）某公司在未取得测绘资质的情况下，擅自使用 RTK 设备开展地形测量，涉及面积达 5 平方千米。经查，该公司通过挂靠方式借用其他单位资质投标，实际作业人员均无测绘作业证。依据《测绘法》第五十五条，被没收违法所得 28.6 万元，并处罚款 15 万元，同时列入失信联合惩戒名单。

• 新疆蒙古国公民非法测绘案（2016 年）蒙古国公民阿某以旅游名义入境，在阿勒泰地区使用高精度手持 GPS 接收机采集了 37 个坐标点，涉及边境线 20km 范围。其行为违反《测绘法》第七条关于涉外测绘审批规定，被处以没收设备、销毁数据并罚款 1 万元。该案凸显了边境地区地理信息安全监管的重要性。

2. 超资质测绘类案例

- 陕西平利县房地产交易所超资质测绘案（2016年）该所仅具丁级资质，却承接建筑面积6.3万平方米的商业综合体项目，远超丁级资质"单栋2万平方米以下"的限定。调查发现其通过拆分报告规避监管，最终被没收违法所得6042元并处等额罚款，相关责任人被约谈3。

- 贵州某公司超范围使用无人机测绘案（2022年）该公司虽具有工程测量资质，但未取得"测绘航空摄影"专项许可，擅自使用大疆M300RTK无人机对矿山进行1∶500地形测绘，累计飞行27架次。依据《测绘资质管理办法》第三十二条，被处以10万元罚款。

3. 测绘成果质量问题

- 山西大同宏达测绘公司虚假整改案（2021年）在第三次国土调查中，该公司对87个问题图斑未实地核查即标注"已整改"，导致国家核查发现错误率超标。经立案调查，其测绘资质被吊销，并列入"黑名单"管理，相关技术人员被注销注册测绘师资格。

- 四川地质调查院成果不合格案（2016年）该院承担的西南地区地质灾害监测项目，其1∶2000DEM数据平面精度超限达1.2m（规范要求0.8m），DOM存在明显拼接痕迹。因成果质量严重影响灾害评估，被责令全部重测并停业整顿1个月。

4. 地理信息安全类案例

- 全国首例非法获取地理信息数据案（2021年）张某等人通过破解某省级CORS账号，非法获取差分定位数据并转售给20余家单位，涉案金额超300万元。该团伙以破坏计算机信息系统罪被判处3~5年有期徒刑，开创了测绘数据安全刑事追责先例。

- 浙江湖州Q公司数据被窃案（2020年）黑客利用该公司VPN漏洞入侵内网，窃取包括地下管线数据在内的2TB测绘成果，后在地下黑市以200万元价格交易。该案促使自然资源部出台《测绘地理信息数据安全分级指南》，强化数据全生命周期管理。

5. 其他违法行为

- 广西尺度测绘公司未备案财政项目案（2023年）该公司承担的乡村振兴规划测绘项目（合同金额185万元）未按《测绘地理信息项目备案管理办法》备案，被处以警告并限期补办手续，项目负责人被扣信用分10分。

- 宁波某企业非法采矿案（2023年）虽非直接测绘案件，但涉事企业伪造测绘报告虚增矿区范围，非法开采建筑石料50万吨。案件移送司法机关后，测绘报告编制单位被吊销资质，2名注册测绘师被终身禁业。

这些案例反映了当前测绘执法重点从传统资质监管向数据安全、成果质量等深层次问题延伸的趋势。

# 项目 4　空间数据处理

## 教学目标

空间数据源的复杂性以及面临问题的多样性，使 GIS 中数据源种类繁多，表达方法各不相同。数据源中往往还存在着比例尺及投影坐标不统一、数据结构类型不一致、数据冗余和数据错误等一系列问题，需要通过空间数据处理实现数据的规范化。

本项目由空间数据编辑、空间数据投影变换和误差校正等 3 个学习型工作任务组成，需要学生掌握空间数据处理的方法并利用软件进行实际操作。

## 思政目标

1. 培养学生严格执行标准和规范作业的意识。
2. 培养学生按软件操作流程进行作业的习惯。

## 项目概述

现有省级行政数据集和中国数据集，但是二者的空间坐标系不一致，且行政边界存在缺失。

# 任务 4.1　空间数据编辑

## 4.1.1　任务描述

由于各种空间数据源本身的误差以及数据采集过程中不可避免的错误，使获得的空间数据不可避免地存在各种错误。为了净化数据，满足空间分析与应用的需要，在采集完数据之后，必须对数据进行必要的检查，包括空间实体是否遗漏，是否重复录入某些实体，图形定位是否错误，属性数据是否准确以及与图形数据的关联是否正确等。数据编辑是数据处理的主要环节，贯穿于整个数据采集与处理过程。

## 4.1.2　任务分析

地理信息系统中对空间数据的编辑主要是对输入的图形数据和属性数据进行检查、改错、更新和加工，以完成 GIS 空间数据在输入 GIS 地理数据库前的准备工作，是实现 GIS 功能的基础。

1）图形数据错误

在空间数据采集的过程中，人为因素是造成图形数据错误的主要原因，如数字化过程中手的抖动、2 次录入之间图纸的移动都会导致位置不准确，并且在数字化过程中难以实现完全精确的定位。常见的数字化错误有线条连接过头和不及两种情况。此外，在数字化后的地图上，经常出现的错误有以下几种，如图 4-1 所示。

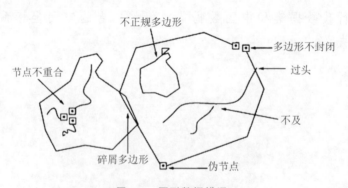

图 4-1　图形数据错误

(1) 伪节点（pseudo node）：当一条线没有一次性录入完毕时，就会产生伪节点。伪节点使一条完整的线变成两段。

(2) 悬挂节点（dangling node）：当一个节点只与一条线相连接，那么该节点称为悬挂节点。悬挂节点有过头和不及、多边形不封闭以及节点不重合等几种情形。

(3) 碎屑多边形（sliver polygon）：碎屑多边形也称为条带多边形。因为前后两次录入同一条线的位置不可能完全一致，就会产生碎屑多边形，即由重复录入而引起。另外，当用不同比例尺的地图进行数据更新时也可能产生碎屑多边形。

（4）不正规的多边形（weird polygon）：在输入线的过程中，点的次序倒置或者位置不准确会引起不正规的多边形。

2）图形数据错误的检查方法

一般会在建立拓扑的过程中发现上述错误。其他图形数据错误包括遗漏某些实体、重复录入某些实体、图形定位错误等的检查一般可采用如下方法进行。

（1）叠合比较法。把成果数据打印在透明材料上，然后与原图叠合在一起，在透光桌上对其进行仔细观察和比较。叠合比较法是检查空间数据数字化正确与否的最佳方法，可以观察出来空间数据的比例尺不准确和空间数据的变形。如果数字化的范围比较大，那么分块数字化时，除检查一幅（块）图内的错误外，还应检查已存入计算机的其他图幅的接边情况。

（2）目视检查法。用目视检查的方法检查一些明显的数字化误差与错误。

（3）逻辑检查法。根据数据拓扑一致性进行检验，如将弧段连成多边形和数字化节点误差的检查等。

3）图形数据编辑

图形数据编辑是纠正数据采集错误的重要手段，图形数据的编辑可分为图形参数编辑和图形几何数据编辑，通常用可视化编辑修正。图形参数主要包括线性、线宽、线色、符号尺寸和颜色、面域图案及颜色等。图形几何数据的编辑内容较多，包括点的编辑、线的编辑和面的编辑等，编辑命令主要有增加数据、删除数据和修改数据 3 类。编辑的对象是点元、线元、面元和目标等。点的编辑包括点的删除、移动、追加和复制等，主要用来消除伪节点或者将两弧段合并等。线的编辑包括线的删除、移动、复制、追加、剪断和使光滑等，而面的编辑包括面的删除、面形状变化和面的插入等。编辑工作的完成主要利用 GIS 的图形编辑功能来完成，如表 4-1 所示。

表 4-1　地理信息系统的图形编辑功能

| 点 编 辑 | 线 编 辑 | 面 编 辑 | 目 标 编 辑 |
| --- | --- | --- | --- |
| 删除 | 删除 | 弧段加点 | 删除目标 |
| 移动 | 移动 | 弧段删点 | 旋转目标 |
| 拷贝 | 拷贝 | 弧段移动 | 拷贝目标 |
| 旋转 | 追加 | 删除弧段 | 移动目标 |
| 追加 | 旋转（改向） | 移动弧段 | 放大目标 |
| 水平对齐 | 剪断 | 插入弧段 | 缩小目标 |
| 垂直对齐 | 光滑 | 剪断弧段 | 开窗口 |
| 节点平差 | 求平行线 | | |

节点是线目标（或弧段）的端点，节点在 GIS 中的地位非常重要，它是建立点、线、面关联拓扑关系的桥梁和纽带。GIS 中编辑得相当多的工作是针对节点进行的。在此，主要对

节点编辑进行介绍，针对节点的编辑主要分为以下几类。

（1）节点吻合。

节点吻合（snap）又称为节点匹配和节点符合。例如，3个线目标或多边形的边界弧段中的节点本来应是一点，坐标一致，但是由于数字化的误差，3个点的坐标不完全一致，导致它们之间不能建立关联关系。为此需要经过人工或自动编辑，将这3个点的坐标匹配成一致，或者说将这3个点吻合成一个点。

节点匹配有多种方法。第一种方法是节点移动，分别用鼠标将其中两个节点移动到第三个节点上，使3个节点匹配一致；第二种方法是用鼠标拉一个矩形，落入这种矩形中的节点坐标符合成一致，即求它们的中点坐标，并建立它们之间的关系；第三种方法是通过求交点的方法，求两条线的交点或延长线的交点，即是吻合的节点；第四种方法是自动匹配，给定一个容差，在图形数字化时或图形数字化之后，在容差范围之内的节点自动吻合在一起，如图4-2所示。一般来说，如果节点容差设置合适，大部分节点能够互相吻合在一起，但在有些情况下还是需要使用前三种方法进行人工编辑。

（2）节点与线的吻合。

在数字化过程中，经常遇到一个节点与一个线状目标的中间相交，这时由于测量误差，它也可能不完全交于线目标上，而需要进行编辑，称为节点与线的吻合，如图4-3所示。编辑的方法也有多种。一是节点移动，将节点移动到线目标上。二是使用线段求交，求出 $AB$ 与 $CD$ 的交点。第三种方法是使用自动编辑的方法，在给定的容差内，将它们自动求交并吻合在一起。

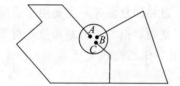    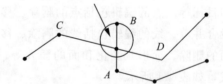

图4-2  没有吻合在一起的三个节点　　　图4-3  节点与线的吻合

节点与节点的吻合以及节点与线目标的吻合有两种情况需要考虑。一种情况是仅要求它们的坐标一致，而不建立关联关系；另一种情况是不仅要求坐标一致，还要建立它们之间的空间关联关系。在后一种情况下，在图4-3中，$CD$ 所在的线目标要分裂成两段，即增加一个节点，再与节点 $B$ 进行吻合，并建立它们之间的关联关系。但对于前一种情况，线目标 $CD$ 不变，仅对 $B$ 点的坐标做一定的修改，使其位于直线 $CD$ 上。

（3）清除假节点。

仅有两个线目标相关联的节点称为假节点，如图4-4所示。有些系统要将这种假节点清除掉（ARC/INFO），即将线目标 $a$ 和 $b$ 合并成一条，使它们之间不存在节点。但有些系统不要求清除假节点，如 Geo Star 等，因为这些所谓的假节点并不影响空间查询、空间分析和制图。

（4）删除与增加一个节点。

如图4-5（a）所示，删除顶点 $d$ 后，后线目标的顶点个数比原来少，所以该线目标不用整体删除，只是在原来存储的位置重新写一次坐标，拓扑关系不变。相反，对有些系统来

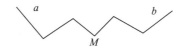

图 4-4 两个目标线之间的假节点

说,如果要在 cd 之间增加一个顶点,则操作和处理都要复杂得多。在操作上,首先要找到增加顶点 k 对应的线 cd,如图 4-5(b)所示,这时 7 个顶点的线目标变成了由 8 个顶点组成的线目标,由于增加了一个顶点 k,它不能重写于原来的存储位置(指文件管理系统而言),而必须给一个新的目标标识号,重写一个线状目标,而将原来的目标删除,此时需要做一系列处理,调整空间拓扑关系。

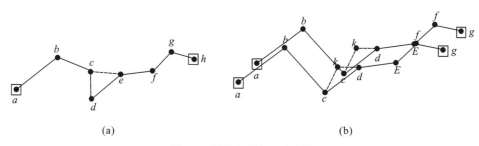

图 4-5 删除与增加一个顶点

(5)移动一个顶点。

移动一个顶点比较简单,因为只改变某个点的坐标,不涉及拓扑关系的维护和调整。如图 4-6 所示,将 b 点移到 p 点所在位置,所有关系不变。

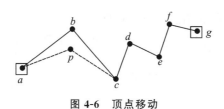

图 4-6 顶点移动

4)属性数据编辑

属性数据校核包括以下两个部分。

(1)属性数据与空间数据是否正确关联,标识码是否唯一,不含空值。

(2)属性数据是否准确,属性数据的值是否超过其取值范围等。

对属性数据进行校核很难,因为不准确性可能归结于许多因素,如观察错误、数据过时和数据输入错误等。属性数据错误检查可通过以下方法完成。

①利用逻辑检查,检查属性数据的值是否超过其取值范围,属性数据之间或属性数据与地理实体之间是否有荒谬的组合。在许多数字化软件中,这种检查通常使用程序来自动完成。例如有些软件可以自动进行多边形节点的自动平差和属性编码的自动查错等。

②把属性数据打印出来进行人工校对，这和用校核图来检查空间数据准确性相似。

对于属性数据的输入与编辑，一般在属性数据处理模块中进行。为了建立属性描述数据与几何图形的联系，通常需要在图形编辑系统中设计属性数据的编辑功能，主要是将一个实体的属性数据连接到相应的几何目标上，亦可在数字化及建立图形拓扑关系的同时或之后，对照一个几何目标直接输入属性数据。一个功能强大的图形编辑系统可提供删除、修改和拷贝等功能。

### 4.1.3 任务实施

**1. 任务内容**

对采集后的数据进行编辑操作是丰富和完善空间数据以及纠正错误的重要手段。空间数据的编辑主要包括点、线、面和弧段的编辑。通过对上述基础知识的学习，在 SuperMap 平台完成空间数据编辑。

**2. 任务实施步骤**

1）确定数据编辑的目的和标准

目的：利用计算机在屏幕上套合检查，要求图内各要素表示清楚、正确和合理，图内各要素代码及附属信息完整、正确。

（1）点要素正确无误，如名称注记正确，符号定位的位置正确等。

（2）线状要素连续、位置正确，符合限差要求，如道路、河流和境界的走向、名称和等级一致，等高线连续以及位置正确等。

（3）面状地物闭合，位置正确，如水域、植被、房屋及大型工矿建筑物等闭合。

（4）图内各要素代码及附属信息完整、正确。

标准：图内要素分层正确合理，文件名称正确合理，图形要素编辑合理，属性数据正确。

2）基本编辑操作

在对象操作选项卡的对象操作组中有 8 种几何对象的编辑操作，用于在地图上编辑各类几何对象，具体包括粘贴、剪贴、复制、删除、撤销、重做以及风格刷和属性刷等操作。这些操作只有在当前的矢量图层为可编辑的状态才能进行。

（1）开启图层编辑。

可编辑命令用于控制该矢量图层是否可编辑，即图层中的对象是否可以被编辑。选中图层管理器中的矢量图层节点，点击鼠标右键，在弹出右键菜单中点击选择可编辑命令，如图 4-7 所示。

（2）开启多图层编辑。

多图层编辑功能方便了用户对地图窗口中不同图层的编辑，减少用户的操作。在对象操作选项卡中，多图层编辑复选框是用来控制当前地图窗口是否开启多图层编辑的，如图 4-8 所示。勾选表示开启当前地图窗口的多图层编辑状态，不勾选则表示当前地图窗口只能有一个图层为编辑状态。应用程序默认不开启多图层编辑。

图 4-7 可编辑命令　　　　图 4-8 多图层编辑复选框

（3）指定当前图层。

在进行多图层编辑时，可通过当前图层指定当前编辑和操作的图层。点击右侧下拉按钮，即可在下拉菜单中切换当前编辑的图层。若选中的图层未开启可编辑状态，将当前图层切换为该图层时，会自动将该图层切换为可编辑状态。

3）设置捕捉

在编辑和制图时，常常需要定位到特定位置处，但通常在实际制图时使用手工很难准确地定位到这些特定位置。基于这种需求，SuperMap 提供了强大的图形捕捉功能，由系统进行智能捕捉定位。这不仅可以提高编辑和制图的精度和效率，还能避免出错。实际操作时，我们可以自由选择捕捉类型。当启用捕捉功能时，当前绘制的节点会自动捕捉到容限范围内的边、其他节点或者其他几何要素。

（1）点击对象操作选项卡的捕捉设置按钮，如图 4-9 所示。

图 4-9 捕捉设置按钮

（2）点击捕捉设置按钮，弹出捕捉设置对话框，如图 4-10 所示。用户可以对捕捉的类型和捕捉的参数进行相关的设置。捕捉设置用于设置矢量图层是否可捕捉，即当在矢量图层中进行选择和编辑等操作时，鼠标是否可以捕捉到该矢量图层中的对象。

图 4-10 捕捉设置对话框

①选中图层管理器中的矢量图层节点，点击鼠标右键，在弹出右键菜单中点击选择可捕捉命令。

②点击后，如果可捕捉命令前面出现 符号，则表示被激活，表示使图层可捕捉，即图层中的对象可以被鼠标捕捉到，否则不可捕捉。

（3）在图层属性中勾选可捕捉复选框，则图层中的对象可以被鼠标捕捉到。

4）对象绘制

SuperMap 提供了绘制对象和编辑对象的功能。绘制对象功能包括点、线、面和文本对象的绘制，根据要绘制的对象的不同，提供了不同的绘制方法，可以满足不同的绘制需求。

各种几何对象的绘制都在图层可编辑的状态下进行的，可同时设置多个图层可编辑，但是在创建点、线、面或文本对象时，只针对当前选中的图层进行几何对象绘制。因此，如果想要对某个图层创建新对象，就必须点击图层管理器中的相应图层，将该图层设置为当前图层。

（1）绘制点对象。

点对象通常被用来表示一些点状地物，如省市县驻地、地名和交通站点等。应用程序提供了创建单个点对象的方法，具体绘制方法如下。

①创建一个新的点数据集 New_Point，如图 4-11 所示。可以在当前可编辑的图层为点图层或 CAD 图层时绘制点对象。

图 4-11　创建新的点数据集

②点击对象操作选项卡下的点按钮，如 4-12 所示。将鼠标移至地图窗口中，随着鼠标的移动，会出现两个参数输入框，用来显示和设置当前鼠标位置的坐标值。在输入框中输入 $X$、$Y$ 坐标值作为绘制的点对象位置，最后按 Enter 键确认绘制，就会在地图窗口中显示绘制的点对象。

③重复上一步骤，可绘制多个点对象；点对象绘制完成后，点击鼠标右键结束绘制。

（2）绘制线对象。

应用程序提供了常用的四类可直接在地图窗口中绘制的线对象，包括折线、直线、曲线和圆弧。下面介绍两种绘制线对象的绘制方式。

第一种方式是直接绘制所需的线对象。

①创建一个新的线数据集 New_line。用鼠标点击指定起点、终点绘制单直线。

②直接用鼠标点击起点、转折点和终点绘制折线。

③绘制平行线时，点击鼠标左键确定起点，移动鼠标调整平行线的宽度和角度，再次点击鼠标左键确定平行线的长度，点击鼠标右键确定即可。

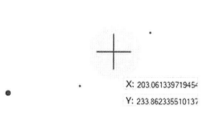

图 4-12　绘制点对象

④绘制圆弧时，点击鼠标左键确定起点，移动鼠标调整长度和角度；移动鼠标确定椭圆弧的宽度；点击鼠标左键确定圆弧的起始点，再次点击鼠标左键确定终点。

⑤绘制三点弧，即点击三个点来创建一段弧线。

⑥绘制自由曲线，按住鼠标左键不放，移动鼠标即可完成绘制。

第二种方式是通过输入参数绘制线对象。

①绘制直线。

(a) 点击对象绘制选项卡下的线按钮，选择绘制直线。

(b) 点击绘制设置下的参数化绘制按钮，如图 4-13 所示。

(c) 点击键盘的 Tab 键，直接输入直线的起点、终点参数，完成绘制。

②绘制折线。

(a) 点击对象绘制的线按钮，如图 4-14 所示，在折线组合框中，选择折线（长度、角度）选项，出现折线光标。

图 4-13　参数化绘制按钮

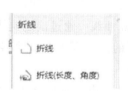

图 4-14　折线组合框

(b) 在地图窗口中移动光标，在其后的参数输入框中输入折线起点的坐标值，确定折线的起始位置。

(c) 继续移动光标，在参数输入框中输入起点与下一节点连线的长度，以及其连线与 X 轴正向之间的夹角。输入完成后按 Enter 键确认，便完成折线的第一段线的绘制。

(d) 用上述同样的方式，输入长度和角度参数，完成折线的第二段线的绘制，如图 4-15 所示。

(e) 点击鼠标右键结束绘制。

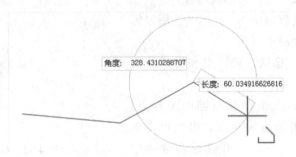

图 4-15 长度、角度方式绘制的折线

③绘制平行线。

应用程序提供了通过输入坐标值以及通过输入长度和角度两种绘制平行线的方式，同时具有绘制多条平行线的功能，如图 4-16 所示。

④绘制曲线。

应用程序支持绘制多种曲线，如图 4-17 所示，包括贝兹曲线、B 样条曲线、Cardinal 曲线、自由曲线和测地线等。

图 4-16 多平行线绘制图　　　　　　图 4-17 曲线组合框

（a）Cardinal 曲线：通过确定曲线上的各控制点来绘制曲线，曲线的其他点是根据所有控制点拟合而成的。至少需要 3 个控制点才能完成一段 Cardinal 曲线的绘制，如图 4-18 所示。

（b）贝兹曲线：由不在曲线上的 2 个起始节点和 2 个终止节点控制曲线的走向，通过在曲线上的其他控制点拟合出曲线的各中间点。至少需要 6 个控制点才能完成一段贝兹曲线的绘制，如图 4-19 所示。

（c）自由曲线：长按鼠标左键，自由拖动鼠标绘制得到的一段曲线，如图 4-20 所示。绘制自由曲线在创建不规则边界或使用数字化仪追踪时非常有用。

（d）B 样条曲线：使用曲线上首尾两个控制点，以及不在曲线上的各中间控制点绘制而成的。曲线上的其他点都根据曲线上的中间控制点拟合得到。至少需要 4 个控制点才能完成一段 B 样条曲线的绘制，如图 4-21 所示。

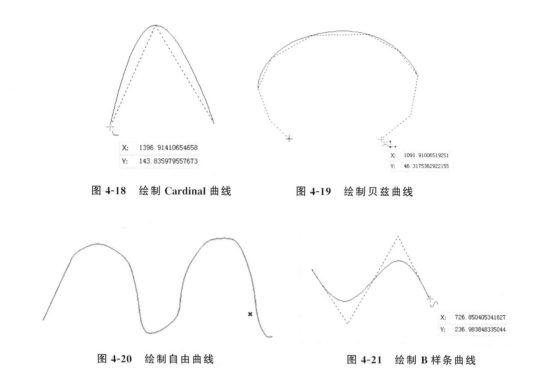

图 4-18 绘制 Cardinal 曲线　　　图 4-19 绘制贝兹曲线

图 4-20 绘制自由曲线　　　图 4-21 绘制 B 样条曲线

（e）测地线：沿地球表面弧度的曲线，可以最准确地表示地球表面任意两点之间的最短距离。测地线常应用于绘制全球航海或航空的航线，需要开启全球连贯漫游才可进行测地线绘制操作。

⑤绘制圆弧。

应用程序提供了三种常用的绘制圆弧的方式，如图 4-22 所示，有三点弧、正圆弧和椭圆弧。

（a）绘制正圆弧，确定圆心，输入圆的半径绘制临时图；最后输入圆弧的起始角度和终止角度即可，如图 4-23 所示。

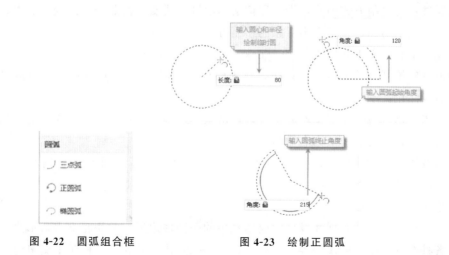

图 4-22 圆弧组合框　　　图 4-23 绘制正圆弧

(b) 点击鼠标左键,确定椭圆弧位置;移动鼠标确定圆弧的角度和长度;点击鼠标左键确定椭圆弧的起始点和终止点。得到的结果如图 4-24 所示。

(3) 绘制面对象。

应用程序提供了多类常用的可直接在布局窗口中绘制的面对象,包括多边形、圆、矩形、扇形和椭圆等。多边形常常被用来标识各种面对象,如行政区、土壤、植被和湖泊等。应用程序提供了两种绘制多边形的方法,一种是直接输入多边形各个节点的坐标值;另外一种是通过输入参数绘制多边形。下面以第二种方式为例,介绍绘制多边形的方法。

①创建一个新的面数据集 New_Region。

②点击对象操作选项卡下的对象绘制组按钮,选择多边形组合框中的多边形(长度、角度)项,出现多边形光标,如图 4-25 所示。

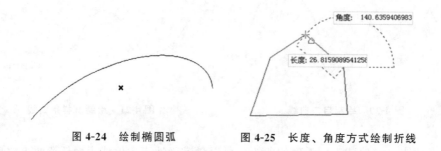

图 4-24 绘制椭圆弧　　图 4-25 长度、角度方式绘制折线

③在地图窗口中移动光标,在参数输入框中输入多边形第一个顶点的坐标值,确定多边形的起始位置。

④继续移动光标,在参数输入框中输入第一个顶点与下一个顶点连线的长度,及其连线与 X 轴正向之间的夹角,输入完成后按 Enter 键确认,便完成了多边形的第一条边的绘制。重复该步骤,绘制多边形的其他边。最后点击鼠标右键结束绘制。

(4) 绘制文本对象。

SuperMap 提供了两种绘制文本的方式:普通文本绘制和沿线注记文本绘制。普通文本对象只能通过普通绘制方式创建,沿线注记文本绘制方式支持沿曲线方向绘制文本。下面以沿线注记文本绘制为例,介绍文本对象的绘制方法。

①创建一个新的文本数据集 New_Text。

②点击对象绘制组的文本下拉按钮,出现两种方式,如图 4-26 所示。选择沿线注记选项,出现沿线注记文本光标。

③在地图上创建沿线注记文本的位置,点击鼠标左键,确定沿线注记文本的起始点,然后绘制线的形状,最后点击鼠标右键结束。

④弹出沿线注记对话框,如图 4-27 所示在文本框中输入沿线注记文本内容。点击确定按钮,完成沿线注记文本的绘制。

(5) 绘制正交多边形。

正交多边形是在房屋规划和设计中应用较多的一种多边形。常用正交多边形来表现规则的房屋或者具有正交结构的模型等。SuperMap 支持绘制正交多边形和新正交多边形,两者都可以完成正交多边形的绘制,只是在绘制方式上有所不同。正交多边形命令在绘制过程中需要多次输入矩形的边长，而新正交多边形命令则需要输入矩形对角线一个角点的坐标值。

图 4-26　文本下拉按钮　　　　图 4-27　沿线注记对话框

①点击对象绘制的正交多边形按钮，选择正交多边形选项，出现正交多边形光标。

②将光标移至地图窗口中，可以看到，随着光标的移动，其后的参数输入框中会实时显示当前光标位置的坐标值。在参数输入框中输入正交多边形第一条边的起点坐标（可以通过按 Tab 键，在两个参数输入框间切换）后按 Enter 键，便确定了正交多边形的起始位置。

③移动光标，可以看到随着光标的移动，地图窗口中会实时标识光标位置与起点连线的长度及其与 X 轴正向之间的夹角（可以通过按 Tab 键，在两个参数输入框间切换），在参数输入框中输入长度和角度值，按 Enter 键，便完成了正交多边形第一条边的绘制。

④此时移动光标会出现与第一条边正交的蓝线。可以在第一条边正交的方向移动（90°或 270°方向），在参数输入框中输入第二条边的长度，按 Enter 键执行输入，便完成了正交多边形的第二条边的绘制。输入正值表示垂直于上一条边向左绘制，输入负值表示垂直于上一条边向右绘制。此时点击鼠标右键，结束绘制后，便得到一个矩形。

图 4-28　绘制正交多边形

⑤用同样的方式可以继续绘制正交多边形的下一条边。最后点击鼠标右键即可结束当前的绘制操作。

### 4.1.4　技能训练

我国土地管理部门为了解决与土地管理相关的计算机制图问题，利用 AutoCAD 等制图软件生产出大量矢量图形数据，在土地利用信息化建设进程中，迫切需要将这些信息转化成可供土地利用信息系统利用的空间数据。

（1）将 .dxf 格式的数据转换成 SuperMap 数据格式。

（2）在 SuperMap 平台上进行点编辑、线编辑和面编辑。

## 任务 4.2　空间数据投影变换

### 4.2.1　任务描述

地理空间数据具有三维空间分布特征，需要一个空间定位框架，即统一的地理坐标和平面坐标系。没有合适的投影或坐标系的空间数据不是高质量的空间数据，甚至是没有意义的空间数据,因此必须对空间数据进行投影变换。

## 4.2.2 任务分析

空间数据处理的一项重要内容是地图投影变换。这是因为 GIS 用户主要是在平面上对地图要素进行处理。这些地图要素代表地球表面的空间要素,地球是一个椭球体。在 GIS 应用中,地图的各个图层应具有相同的坐标系统。实际上,不同的制图者和不同的 GIS 数据生产者使用数百种不同的坐标系。例如,一些数字地图使用经纬度值度量,而另一些地图用不同的坐标系,这些坐标系只适用于各自的 GIS 项目。如果这些数字地图要放在一起使用,就必须在使用前对其进行投影或投影变换处理。

**1. 地图投影的基本原理**

1) 地图投影的实质

地球椭球体面是一个不可展曲面,而地图是一个平面,为解决由不可展的地球椭球面投影到地图平面上的矛盾,采用几何透视或数学分析的方法,将地球上的点投影到可展的曲面(平面、圆柱面或椭圆柱面)上。由此而建立该平面上的点和地球椭球面上的点的一一对应关系的方法称为地图投影。但是,从地球表面到平面的转换总是带有变形,没有一种地图投影是完美的。每种地图投影都在保留了某些空间性质的同时牺牲了另一些性质。

现代投影方法是在数学解析基础上建立的,是建立地球椭球面上的点的坐标 $(\varphi, \lambda)$ 与平面上坐标 $(x, y)$ 之间的函数关系。地图投影的一般方程式的数学表达式如下。

$$\begin{cases} x = f_1(\varphi, \lambda) \\ y = f_2(\varphi, \lambda) \end{cases}$$

当给定不同的具体条件时,就可得到不同种类的投影公式。GIS 软件提供了多种投影以供选择。

2) 地图投影的分类

地图投影的种类很多,分类方法不尽相同,通常采用的分类方法有两种。一是按变形的性质进行分类,二是按承影面不同(或正轴投影的经纬网形状)进行分类。

(1) 按变形性质分类。

按地图投影的变形性质,地图投影一般分为等角投影、等(面)积投影和任意投影 3 种。

等角投影:没有角度变形的投影。等角投影地图上两微分线段的夹角与地面上相应两线段的夹角相等,能保持无限小图形的相似,但面积变化很大。要求角度正确的投影常采用此类投影。这类投影又叫正形投影。

等积投影:一种保持面积大小不变的投影,这种投影使梯形的经纬线网变成正方形、矩形或四边形等形状,虽然角度和形状变形较大,但都保持投影面积与实地相等,在该类型投影上便于进行面积的比较和量算。因此自然地图和经济地图常用此类投影。

任意投影:长度、面积和角度都存在变形的投影,但角度变形小于等积投影的角度变形,面积变形小于等角投影的面积变形。要求面积、角度变形都较小的地图常采用任意投影。

（2）按承影面不同分类。

按承影面不同，地图投影分为圆柱投影、圆锥投影和方位投影等，如图 4-29 所示。

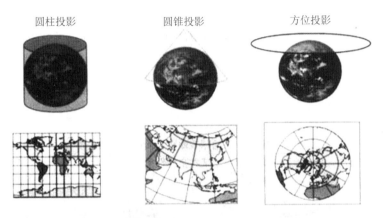

图 4-29　圆柱投影、圆锥投影和方位投影示意图

① 圆柱投影。它是以圆柱作为投影面，将经纬线投影到圆柱面上，然后将圆柱面切开展成平面而成的。根据圆柱轴与地轴的位置关系，可分为正轴、横轴和斜轴 3 种不同的圆柱投影，圆柱面与地球椭球体面可以相切，也可以相割，如图 4-30（a）所示。其中，广泛使用的是正轴、横轴切或割圆柱投影。正轴圆柱投影中，经线表现为等间隔的平行直线（与经差相应），纬线为垂直于经线的另一组平行直线，如图 4-30（b）所示。

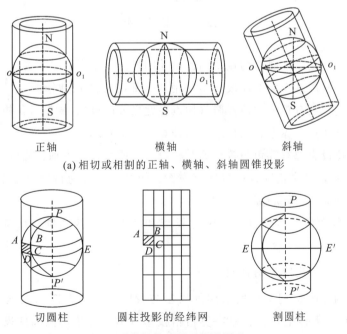

(a) 相切或相割的正轴、横轴、斜轴圆锥投影

(b) 正轴圆柱投影及投影图形

图 4-30　圆柱投影

②圆锥投影。它以圆锥面作为投影面，将圆锥面与地球相切或相割，将其经纬线投影到圆锥面上，然后把圆锥面展开成平面而成的。这时圆锥面又有正位、横位及斜位等几种不同位置的区别，制图中广泛采用正轴圆锥投影，如图4-31所示。

在正轴圆锥投影中，纬线为同心圆圆弧，经线为相交于一点的直线束，经线间的夹角与经差成正比。

在正轴切圆锥投影中，切线无变形，相切的那一条纬线叫标准纬线或单标准纬线，如图4-31（a）所示；在割圆锥投影中，割线无变形，两条相割的纬线叫双标准纬线，如图4-31（b）所示。

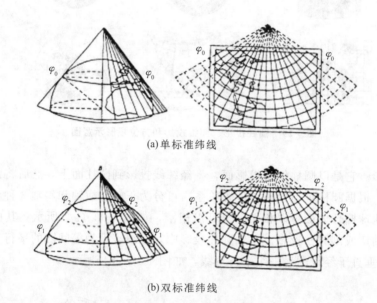

(a)单标准纬线

(b)双标准纬线

图 4-31 圆锥投影

③方位投影。它是以平面作为投影面进行地图投影。承影面（平面）可以与地球相切或相割，将经纬线网投影到平面上而成（多使用切平面的方法）。同时，根据承影面与椭球体间位置关系的不同，又有正轴方位投影（切点在北极或南极）、横轴方位投影（切点在赤道）和斜轴方位投影（切点在赤道和两极之间的任意一点上）之分。

上述3种方位投影都有等角与等积等几种投影性质之分。正轴、横轴和斜轴3种投影的例子如图4-32所示，其中正轴方位投影（左图）的经线表现为自圆心辐射的直线，其交角即经差，纬线表现为一组同心圆。

此外，尚有多方位、多圆锥、多圆柱投影和伪方位、伪圆锥、伪圆柱等许多类型的投影。

3）我国基本比例尺地形图使用投影

一般，我国的GIS应用工程所采用的投影与我国基本地形图系列地图投影系统一致，大中比例尺（1∶50万以上）采用高斯-克吕格投影（横轴等角切椭圆柱投影），小比例尺时采用兰勃特（Lambert）投影（正轴等角割圆锥投影）。

(a) 正轴位投影　　　　(b) 横轴方位投影　　　　(c) 斜正轴方位投影

图 4-32　方位投影及投影后的经纬网图形

(1) 正轴等角割圆锥投影。

20 世纪 70 年代以前，我国 1∶100 万地形图一直采用国际百万分之一投影，现改用正轴等角割圆锥投影。正轴等角割圆锥投影是按纬差 4°分带，各带投影的边纬与中纬变形绝对值相等，每带有 2 条标准纬线。长度与面积变形的规律是，在 2 条标准纬线（$\varphi_1$，$\varphi_2$）上无变形，在 2 条标准纬线之间为负（投影后缩小），在标准纬线之外为正（投影后增大），如图 4-33 所示。

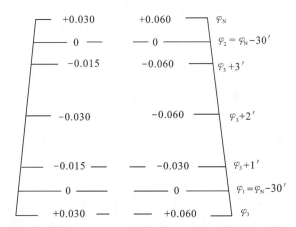

图 4-33　我国 1∶100 万地形图正轴割圆锥投影的变形

(2) 1∶50 万～1∶5000 地形图投影。

我国 1∶50 万和更大比例尺地形图统一采用了高斯-克吕格投影。

①高斯-克吕格投影的基本概念。高斯-克吕格投影是由德国数学家、物理学家、天文学家高斯于 19 世纪 20 年代拟定，后经德国大地测量学家克吕格于 1912 年对投影公式加以补充得到的，故称为高斯-克吕格投影（以下简称高斯投影）。在投影分类中，该投影是横轴切圆柱等角投影。

高斯投影的中央经线和赤道为互相垂直的直线，其他经线均为凹向，并对称于中央经线的曲线，其他纬线均是以赤道为对称轴向两极弯曲的曲线，经纬线成直角相交，如图 4-34 所示。高斯投影的变形特征是，在同一条经线上，长度变形随纬度的降低而增大，在赤道处为最大；在同一条纬线上，长度变形随经差的增加而增大，且增大速度较快。在 6°带范围内，长度最大变形不超过 0.14%。

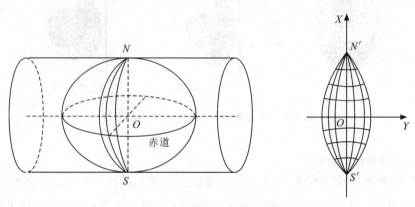

图 4-34　高斯-克吕格投影

②分带规定。为了控制变形，采用分带投影的办法，规定 1∶2.5 万～1∶50 万地形图采用 6°分带；1∶1 万及更大比例尺地形图采用 3°分带，以保证必要的精度。

6°分带法：从格林尼治 0°经线起，自西向东按经差每 6°为一投影带，全球共分为 60 个投影带，如图 4-35 所示。我国位于东经 72°～136°，共包括 11 个投影带，即 13～23 带，各带的中央经线分别为 75°，81°，87°，…，135°。

3°分带法：从东经 1°30′算起，自西向东按经差每 3°为一投影带，全球共分为 120 个投影带。我国位于 24～46 带，各带的中央经线分别为 72°，75°，78°，…，138°。

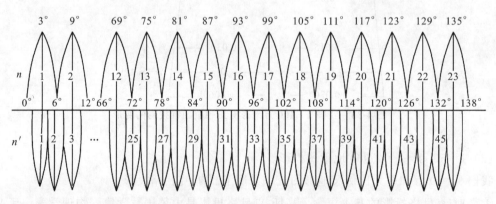

图 4-35　高斯-克吕格投影分带示意图

③高斯-克吕格投影性质。高斯投影将中央经线投影为直线，其长度没有变形，与球面实际长度相等，其余经线为向极点收敛的弧线，距中央经线愈远，变形愈大。赤道线投影后是直线，但有长度变形。除赤道外的其余纬线，投影后为凸向赤道的曲线，并以赤道为对称轴。经线和纬线投影后仍然保持正交。所有长度变形的线段，其长度变形比均大于1，越远离中央经线，面积变形就越大。若采用分带投影的方法，投影边缘的变形不会过大。我国各种大、中比例尺地形图采用了不同的高斯-克吕格投影带。大于 1∶1 万的地形图采用 3°带投

影，1∶2.5 万至 1∶5 万的地形图采用 6°带投影。

4) 中国全图常用投影

中国全图常用的地图投影有斜轴等积方位投影、斜轴等角割方位投影和斜轴等距方位投影等。根据它们的投影特征及变形规律，分别用于编制不同内容的地图。

(1) 正轴等面积割圆锥投影。

该投影无面积变形，常用于行政区划图及其他要求无面积变形的地图，如土地利用图、土地资源图、土壤图和森林分布图等。中国地图出版社出版的中国全国和各省、自治区或大区的行政区划图，都采用这种投影。

(2) 正轴等角割圆锥投影。

该投影保持了角度无变形的特性，常用于我国的地势图与各种气象、气候图以及各省、自治区或大区的地势图。

(3) 斜轴等面积方位投影。

我国编制的中国全图以及亚洲图或半球图常采用该投影。

**2. 投影变换**

地理信息系统的数据大多来自各种类型的地图资料，这些不同的地图资料根据成图的目的与需要的不同采用不同的地图投影。为保证同一地理信息系统内（甚至不同地理信息系统之间）的信息数据能够实现交换、配准和共享，在将不同地图投影地图的数据输入计算机前就必须进行投影变换，以共同的地理坐标系统和直角坐标系统作为参照来记录存储各种信息要素的地理位置和属性。

因此，地图投影变换对数据输入和数据可视化都具有重要意义，投影参数不准确定义所带来的地图记录误差会使所有基于地理位置的分析、处理与应用都没有意义。

地图投影的方式有多种类型，它们都有不同的应用目的。当系统使用的数据取自不同地图投影的图幅时，需要将一种投影的数字化数据转换为所需要的投影的坐标数据。

在地图数字化完毕后，经常需要进行坐标变换，得到经纬度参照系下的地图。对各种投影进行坐标变换的主要原因是，输入的地图是一种投影，而输出的地图产物是另外一种投影。进行投影坐标变换有两种方式：一种是利用多项式拟合，类似于图像几何纠正；另一种是直接应用投影变换公式进行变换。

1) 投影转换的方法

投影转换的方法可以采用正解变换、反解变换和数值变换。

(1) 正解变换。

正解变换是通过建立一种投影变换为另一种投影的严密或近似的解析关系式，直接由一种投影的数字化坐标 $(x, y)$ 变换到另一种投影的直角坐标 $(X, Y)$。

(2) 反解变换。

反解变换即由一种投影的坐标反解出地理坐标 $(x, y \rightarrow B, L)$，然后将地理坐标代入另一种投影的坐标公式中 $(B, L \rightarrow X, Y)$，从而实现由一种投影的坐标到另一种投影坐标的变换 $(x, y \rightarrow X, Y)$。

(3) 数值变换。

数值变换是根据两种投影在变换区内的若干同名数字化点，采用插值法、有限差分法、或有限无法或待定系数法等，从而实现由一种投影的坐标到另一种投影坐标的变换。

2) 地理信息系统中投影配置

地理信息系统中地图投影配置的一般原则如下。

(1) 所配置的地图投影应与相应比例尺的国家基本图（基本比例尺地形图基本省区图或国家大地图集）投影系统一致。

(2) 系统一般只采用两种投影系统，一种服务于大比例尺的数据输入输出，另一种服务于中小比例尺。

(3) 所用投影以等角投影为宜。

(4) 所用投影应能与格网坐标系统相适应，即所用的格网系统在投影带中应保持完整。

目前，大多数的 GIS 软件系统都具有地图投影选择与变换功能，对于地图投影与变换的原理的深刻理解是灵活运用 GIS 地图投影功能与开发的关键。

### 4.2.3 任务实施

**1. 任务内容**

投影变换是将当前地图投影坐标转换为另一种投影坐标。它包括坐标系的转换、不同投影系之间的变换以及同一投影系下不同坐标的变换等多种变换。投影变换有 3 个重要的功能，即单个文件的投影变换、成批文件的投影变换和用户文件投影变换。通过对以上基础知识的学习，在 SuperMap 平台上进行投影变换。

**2. 任务实施步骤**

SuperMap 提供了数据源和数据集的投影信息设置、投影转换以及投影信息管理的功能。应用程序的坐标系分为 3 类，分别为平面直角坐标系、地理坐标系和投影坐标系。

实训9
坐标转换

1) 投影设置

投影设置功能支持对任何数据源和数据集的重新设置投影，既支持常用的坐标系统的设置，也支持用户自定义坐标系的设置。

(1) 打开示范数据 Word 数据源，在该数据源中新建一个数据集 New_Region，其投影信息与数据源的投影信息保持一致，均为 Beijing 1954 地理坐标系。

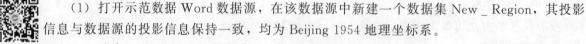
实训10
动态投影

(2) 选中 New_Region 数据集，点击开始选项卡的数据处理组选项下的投影设置按钮，在弹出的坐标系设置对话框中进行设置。

(3) 如图 4-36 所示，在坐标系设置对话框窗口左侧为投影信息管理目录树，点击投影信息管理目录树中的某一文件夹节点，在右侧的文件列表区域可显示该文件夹下所有投影信息文件。根据数据源当前的坐标系为地理坐标系，则选择地理坐标系节点，选择与数据源一致的地理坐标系完成设置。

2) 投影转换

由于地理数据的获取方式不同，在数据处理过程中，经常会遇到数据的坐标系不同的问

图 4-36 坐标系设置

题。此时，为了方便不同投影坐标系数据之间的处理、分析和显示等操作，可以通过 SuperMap 提供的投影转换功能，对数据进行投影变换。应用程序提供 5 种投影转换方式，即坐标点转换、数据集投影转换、批量投影转换、四参数转换以及转换模型参数计算。

（1）坐标点转换。

若用户需要将某一点的坐标转换为另一坐标系下的坐标，可通过坐标点转换功能进行转换，得到该点在其他坐标系下的坐标值，坐标点转换可以在两个地理坐标系下进行坐标点的转换，也可以在两个投影坐标系下进行坐标点的转换，也可以在地理坐标系与投影坐标系之间进行坐标点的转换。

①点击开始选项卡的数据处理组投影转换按钮，点击坐标点转换按钮，弹出坐标点转换对话框。在源坐标点选项处直接输入点的经纬度或 X/Y 坐标值，若源坐标点投影为地理坐标系，还可勾选以度：分：秒形式显示复选框，输入点坐标经纬度具体的度分秒数值。

②设置源坐标系：可在源坐标系处设置源数据的坐标系，提供了 3 种设置方式：选择来自数据源单选框，点击组合框下拉按钮；选择一个数据源，将该数据源的坐标系设置为源坐标系；选择投影设置单选框，在弹出投影设置窗口中设置投影。

③导入投影文件：勾选导入投影文件单选框，点击其右侧的按钮，在弹出的选择窗口中，选择投影信息文件并导入即可。

④设置目标坐标系：可在目标坐标系处设置结果坐标点投影坐标，将结果坐标系设置为与源坐标系不同的一种地理坐标系或投影坐标系，设置方式与源坐标系投影设置方式一致。

⑤参照转换设置：点击转换方法标签右侧的下拉按钮，弹出的下拉菜单列表显示了系统提供的 6 种投影转换的方法，用户可选择一种合适的投影转换方法。

⑥投影转换参数设置：选择不同的转换方法，在投影转换对话框中可以自定义的参数不同。完成各项投影转换参数设置后，点击转换按钮，即可完成坐标点转换的操作。

(2) 数据集投影转换。

单个数据集进行投影转换，矢量数据转换后的结果数据可另存为一个数据集，也可直接转换源数据集的投影；栅格或影像数据集转换投影后，结果数据集需要另存为新的数据集。

①在工作空间管理器中选择需要转换投影的数据集，点击开始选项卡的数据处理选项中的投影转换下拉按钮，选择数据集投影转换项，弹出数据集投影转换对话框，如图 4-37 所示。

图 4-37 投影转换对话框

②在源数据处设置需要进行投影转换的数据集及其所在的数据源。

③在源坐标系处显示了源数据集坐标系的详细描述信息。

④参照系转换设置：点击转换方法标签右侧的下拉按钮，弹出的下拉菜单列表显示了系统提供的 6 种参系转换的方法，选择一种合适的参考系转换方法。并在投影转换参数设置对话框中设置自定义的参数。

⑤在结果另存为处，可设置投影转换后的结果数据集保存名称及其所保存在的数据源。

⑥设置目标坐标系：提供了来自数据源、投影设置和导入投影文件等 3 种设置方式。

⑦在坐标系信息处显示目标坐标系的详细参数信息。完成各项投影转换参数设置后，点击转换按钮，即可完成投影转换的操作。

(3) 动态投影转换。

动态投影是当地图窗口中加载了坐标系不同的两个或者多个数据集时，对其中的一个或多个数据集进行动态的坐标系转换，使它们的坐标系暂时保持一致。

①选择两个坐标系不一致的数据集，如江苏省行政区划图和 China。这时系统会自动弹出提示框，如图 4-38 所示点击否按钮，手动设置动态投影。

②点击属性选项中的地图属性，选择坐标系选项卡，勾选动态投影选项即可实现两个数

据集坐标系的统一，如图 4-39 所示。

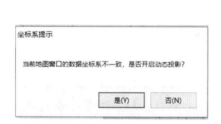
图 4-38 坐标系提示框

图 4-39 地图属性对话框

③点击转换参数按钮，弹出参数设置的对话框。设置完转换方法及相关的参数后，点击确定按钮完成设置，如图 4-40 所示。

图 4-40 投影转换参数设置

3）投影管理

投影管理包括新建坐标系、修改坐标系、将投影文件添加到收藏夹和导出投影等功能。

## 4.2.4 技能训练

现有同一地区的地貌图、土壤图和植被图，三者比例尺分别为 1∶1 万、1∶2 万、1∶2.5 万，椭球参数均为北京 54 坐标系，坐标系均为投影平面直角坐标系，其他地图参数都相同。利用 SuperMap 平台将其组合为一个 1∶1 万的土地类型图。

（1）整图变换：将土壤图和植被图的比例尺都变换成 1∶1 万。

(2) 投影变换：将原始坐标——投影平面直角坐标系转换成大地坐标系。

# 任务 4.3　空间数据误差校正

## 4.3.1　任务描述

在矢量化的过程中，由于操作误差、数字化设备精度和图纸变形等因素，输入后的图形与实际图形所在的位置往往有偏差；由于有些图元的位置发生偏移，虽经编辑很难达到实际要求的精度，说明图形经扫描输入或数字化输入后，存在变形或畸变，必须经过误差校正，清除输入图形的变形，才能使之满足实际要求分类。

## 4.3.2　任务分析

一个地理信息系统所包含的空间数据都应具有同样的地理数学基础，包括坐标系统和地图投影等。扫描得到的图像数据和遥感影像数据往往会有变形，与标准地形图不符，这时需要对其进行几何纠正。当在一个系统内使用不同来源的空间数据时，它们之间可能会有不同的投影方式和坐标系统，需要进行坐标变换使它们具有统一的空间参照系。统一的数学基础是运用各种分析方法的前提。

**1. 误差种类**

图形数据误差可分为源误差、处理误差和应用误差3种类型。源误差是指数据采集和录入过程中产生的误差；处理误差是指数据录入后进行数据处理过程中产生的误差；应用误差不属于数据本身的误差，因此误差校正主要是来校正数据源误差。这些误差的性质有系统误差、偶然误差和粗差。各种误差的存在，使得地图各要素的数字化数据转换成图形时不能套合，不同时间数字化的成果不能精确联结，以及相邻图幅不能拼接。所以数字化的地图数据必须经过编辑处理和数据校正，消除输入图形的变形，才能使之满足实际要求，进行应用或入库。

一般情况下，数据编辑处理只能消除或减少数字化过程中因操作产生的局部误差或明显误差，但因图纸变形和数字化过程的随机误差所产生的影响，必须经过几何校正，才能消除这些误差。由于造成数据变形的原因很多，对于不同的因素引起的误差，其校正方法也不同，具体采用何种方法应根据实际情况而定。因此，设计系统时应针对不同的情况，应用不同的方法来实施校正。

从理论上讲，误差校正是根据图形的变形情况，计算出其校正系数，然后根据校正系数来校正变形图形。但在实际校正过程中，造成变形的因素很多，有机械的，也有人工的，因此校正系数很难估算。

**2. 误差校正的适用范围**

对那些由于机械精度、人工误差和图纸变形等造成的整幅图形或图形中的一块或局部图元发生位置偏差，而与实际精度不相符的图形，都称为变形的图形，如整图发生平移、旋变、交错和缩放等。发生变形的图形都属校正范围之列。但对于那些由于个别因素，造成的少点、多边、接合不好等局部误差或明显差错，只能进行编辑修改，不属校正范围。校正是针对整幅图的全体图元或局部图元块而言，而非针对个别图元。

图中若发现仅某条弧段上的某点或某段数据发生偏移，则只需要经编辑、移动点或移动弧段即可得到数据纠正。但若是这部分图形都发生位置偏移，此时可以对这部分图形进行校正。图中所进行的校正表示将图形校正到标准网格中。

**3. 误差校正种类和方法**

由于误差的存在，扫描得到的地形图数据和遥感数据存在变形，因此必须加以纠正。地形图的实际尺寸发生变形。在扫描过程中，工作人员的操作会产生一定的误差，例如，扫描时地形图或遥感影像没被压紧、产生斜置或扫描参数的设置不恰当等，都会使被扫入的地形图或遥感影像产生变形，直接影响扫描质量和精度。遥感影像本身就存在着几何变形。地图图幅的投影与其他资料的投影不同，需要将遥感影像的中心投影或多中心投影转换为正射投影等。扫描时受扫描仪幅面大小的影响，有时需要将一幅地形图或遥感影像分成几块扫描，这样难以保证地形图或遥感影像在拼接时的精度。

1）几何纠正

对扫描得到的图像进行纠正，主要是建立要纠正的图像与标准的地形图或地形图的理论数值或纠正过的正射影像之间的变换关系，消除各类图形的变形误差。目前，主要的变换函数有仿射变换、双线性变换、平方变换、双平方变换、立方变换和四阶多项式变换等，具体采用哪一种则要根据纠正图像的变形情况、所在区域的地理特征及所选点数来决定。

2）地形图的纠正

对地形图的纠正，一般采用四点纠正法或逐网格纠正法。

（1）四点纠正法：一般是根据选定的数学变换函数，输入需要纠正地形图的图幅行、列号、地形图的比例尺和图幅名称等，生成标准图廓，分别采集四个图廓控制点坐标来完成。

（2）逐网格纠正法：是在四点纠正法不能满足精度要求的情况下采用的纠正方法。这种方法和四点纠正法的不同点就在于采样点数目的不同，它是逐方里网进行的，也就是说，对每一个方里网，都要采点。具体采点时，一般要先采源点（需要纠正的地形图）后采目标点（标准图廓），先采图廓点和控制点后采方里网点。

3）遥感影像的纠正

对于遥感影像的纠正，一般选用与遥感影像比例尺相近的地形图或正射影像图作为变换标准，选用合适的变换函数，分别在要纠正的遥感影像和标准地形图或正射影像图上采集同名地物点。

在具体采点时，要先采源点（影像），后采目标点（地形图）。选点时，要注意选点的均匀分布，点不能太多。如果在选点时没有注意点位的分布或点太多，这样不但不能保证精度，反而会使影像产生变形。另外，应选择由人工建筑构成的并且不会移动的地物点，如渠或道路交叉点和桥梁等，尽量不要选河床易变动的河流交叉点，以免点的移位影响配准精度。

### 4.3.3 任务实施

**1. 任务内容**

存在几何畸变或变形的影像数据、扫描数据等需要通过数据配准将其纠正到地理坐标系或投影坐标系等参考系统中。配准是指通过参考数据集对配准数据集进行空间位置纠正和坐标变换的过程。通过确定的配准算法和控制点信息，对配准数据集进行配准，可以得到与参考数据集坐标系一致的配准结果数据集。配准之后生成的地图具有真实的地理坐标，此时，可继续对其进行数字化操作，分别提取地图中的铁路、河流和公路等信息。

现有一份预配准数据，为江苏某区域的矢量数据，其中包含铁路数据和道路数据集等。由于数据发生了偏移，无法表示其真实位置；现在要对该数据进行配准，以纠正偏移误差。

**2. 任务实施步骤**

实训11.1
地图配准——
单图层配准

主要的操作内容包括新建配准、选择控制点及刺点、计算误差和执行配准4个部分。

1）新建配准

（1）在应用程序中打开配准数据和参考数据所在的数据源，即配准数据（本地数据源）。

（2）点击开始选项卡的数据处理选项中的配准按钮下的新建配准选项，弹出数据配准的向导对话框，根据向导提示进行数据配准的操作。

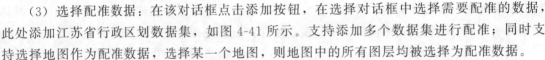
实训11.2
地图配准——
参考图层配准

（3）选择配准数据：在该对话框点击添加按钮，在选择对话框中选择需要配准的数据，此处添加江苏省行政区划数据集，如图4-41所示。支持添加多个数据集进行配准；同时支持选择地图作为配准数据，选择某一个地图，则地图中的所有图层均被选择为配准数据。

实训11.3
地图配准——
批量配准

图4-41 选择配准数据

（4）选择参考数据：支持选择某一数据集，同时支持选择工作空间中已配置好的地图作为参考数据。此处选择铁路数据集，点击完成按钮即可，如图4-42所示。

（5）选择配准算法：在运算组中选择二次多项式配准（至少7个控制点），如图4-43所示。

图 4-42　选择参考数据　　　　　　　　　图 4-43　选择配准算法

（6）点击完成按钮，完成新建配准的向导操作，进入配准状态。界面会自动切换到配准选项卡下的配准窗口，如图 4-44 所示。

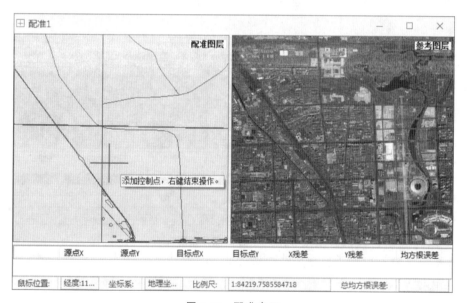

图 4-44　配准窗口

（7）设置影像拉伸方式：当用户的配准图层或参考图层中存在影像数据时，支持在配准选项卡的影像拉伸选项组，分别对配准图层和参考图层的影像数据设置拉伸方式，以便用户在配准刺点过程中获得最佳的图层显示效果。

2）选择控制点及刺点

在配准过程中，选择控制点是非常重要的步骤。由于配准图层和参考图层反映了相同或部分的空间位置的特征，因此需要在配准图层的特征点位置选择配准控制点，同时在参考图层的相应特征位置寻找该点的同名点，即配准控制点（RCP）。

对于控制点，一般应选择标志较为明确、固定，并且在配准图层和参考图层上都容易辨认的突出地图特征点，比如道路的交叉点、河流主干处和田地拐角等，且需要在图层上均匀分布。应用程序提供了4种配准算法，下面以二次多项式的配准算法为例对配准数据集进行配准。

①在配准窗口，可通过配准选项卡浏览组中，使用放大、缩小或者漫游等按钮进行浏览操作，还可修改配准窗口及参考窗口的背景色。

②在配准选项卡控制点设置中，点击刺点按钮，光标状态变为十字光标，找准定位的特征点位置，点击鼠标左键，完成一次刺点操作。在光标点击位置，可以看到用蓝色十字丝标记（默认当前所刺的控制点为选中状态）。同时在控制点列表中，系统会自动给配准控制点编号，同时将其坐标值显示在控制点列表中，即源点 $X$ 和源点 $Y$ 两列中的内容。

③采用上述同样的操作方法，在参考图层的同名点位置，点击鼠标左键，完成参考图层的一次刺点操作。在光标点击位置，可以看到用蓝色十字丝标记（默认当前所刺的控制点为选中状态）。同时在控制点列表中，系统会自动给配准控制点编号，同时将其坐标值显示在控制点列表中，即目标点 $X$ 和目标点 $Y$ 两列中的内容。

④重复②、③步的操作过程，完成多个控制点的刺点操作。根据此次实例中采用的配准算法，至少需要选择4个控制点，这些点的分布情况如图4-45所示。

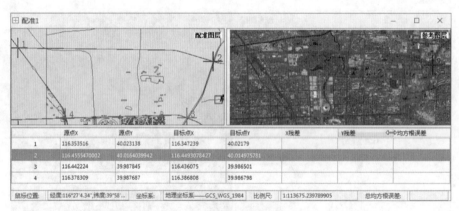

图 4-45　控制点分布图

3）计算误差

计算误差功能用于计算控制点列表中所有控制点的误差，包括 $X$ 残差、$Y$ 残差以及均方根误差。只有当控制点列表中的控制点数目满足当前配准算法的要求的最少控制点数目时，计算误差按钮才为可用状态。

①选择配准算法：在配准选项卡运算组中，应用程序提供了常用的4种算法，即线性配准、二次多项式配准、矩形配准和偏移配准。用户可以根据实际需要，选择合适的算法，对待配准数据集进行配准操作。不同算法对配准控制点数要求不同。

②在配准选项卡的运算组中，点击计算误差按钮，进行误差计算，同时在控制点列表中列出了各个控制点的误差。这些误差包括 $X$ 残差、$Y$ 残差以及均方根误差，同时在配准窗

口中的状态栏会输出总均方根误差值，如图 4-46 所示。

**图 4-46　控制点误差信息**

③误差的单位和当前数据平面坐标系的单位是一致的。通常情况下，配准的精度要求是小于 0.5 个像元。如果影像的分辨率是 30 米，那么要求总均方根误差小于 15 米。

④在配准精度的要求上，各个项目的要求是不同的。当某些控制点的均方根误差大于可接受的总均方根误差时，可以通过删除或重新编辑该控制点来减小总体均方根误差，以达到提高配准精度的目的。此操作可通过右键菜单对控制点进行编辑和删除。对于控制点位置精度，再次进行误差计算，直至误差在精度要求范围内。

⑤将光标移至控制点列表中的任意位置，点击鼠标右键，在弹出的右键菜单中选择导出配准信息命令，将所有控制点的配准信息保存为配准信息文件。下次使用只需要将保存的配准信息文件导入即可。

4）执行配准

配准选项卡中运算组的配准按钮用来执行配准功能。只有当控制点列表中的控制点数目满足当前配准算法的要求的最少控制点数目时，配准按钮才为可用状态。

①在配准选项卡的运算组，点击配准按钮，弹出配准结果设置对话框。如果是对栅格/影像数据集进行批量配准，用户还需要设置是否进行重采样，重采样的模式以及像素大小等内容。

②执行配准：如果要进行矢量配准，并且配准方式为线性配准或者二次多项式配准，在配准结束后，应用程序会在输出窗口中显示配准转换的公式及各个参数值，以便用户查阅，如图 4-47 所示。

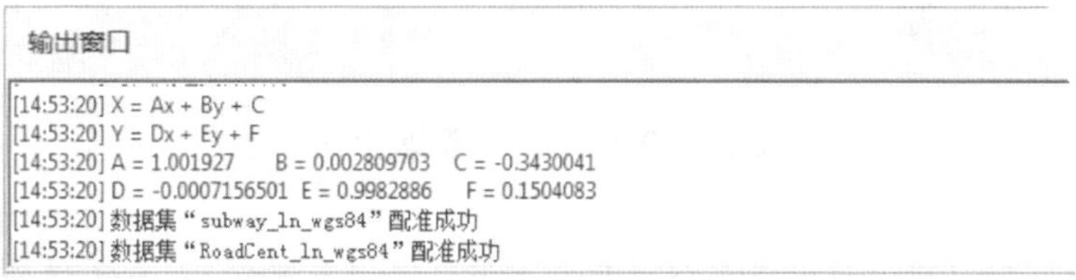

**图 4-47　配准转换的公式及参数值**

③将配准后的矢量数据叠加在影像上，查看配准结果，放大至道路交叉口，可看到配准前道路偏移严重，而配准后与影像道路重合，配准成功，如图 4-48 所示。

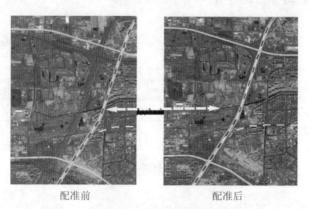

配准前　　　　　　　　配准后

图 4-48　配准结果对比图

5）导入/导出配准信息文件

配准信息文件保存了配准算法信息以及控制点的信息等内容。每个控制点信息节点下都包含源点的 $X$ 坐标和 $Y$ 坐标信息，以及目标点的 $X$ 坐标和 $Y$ 坐标信息。

应用程序支持利用已有的控制点信息对配准窗口中的图层进行配准，用户只需导入已有控制点的配准信息文件即可。导入口有 2 处。

①在配准选项卡运算组中，点击导入按钮，导入配准信息文件。

②在配准窗口下的控制点列表中右键，在右键菜单中选择导入配准信息文件选项。

同时支持对配准窗口的控制点信息文件进行导出保存，方便用户在进行同一区域或快速配准文件时使用该控制点信息，免去了用户重复刺点的过程。导出当时请参看导入配准信息文件。

### 4.3.4　技能训练

GIS 的数据精度是一个关系到数据可靠性和系统可信度的重要问题，与系统的成败密切相关。利用 SuperMap 创建 3 个文件（实际线文件、理论控制点线文件和实际控制点线文件），进行误差校正。

 思政故事

**"布鞋院士"李小文　一蓑烟雨任平生**

李小文（1947—2015），四川自贡人，籍贯安徽贵池（今池州），著名遥感学家、地理学家，中国国内遥感领域泰斗级专家。1968 年，李小文毕业于成都电讯工程学院（今电子科技大学）；1985 年，获美国加州大学圣巴巴拉分校地理学博士学位；2001 年，当选为中国科学院院士；2015 年 12 月，入围"感动中国 2015 年度人物"。

李小文致力于地物光学遥感和热红外遥感的基础研究和应用研究，创建了植被二向性反射几何光学模型，并入选国际光学工程学会"里程碑系列"。在普朗克定律的地表遥感尺度

效应研究方面,建立了适用于非同温地表热辐射方向性的概念模型,首次提出了普朗克定律用于非同温黑体平面的尺度修正公式及一般的非同温三维结构非黑体表面热辐射在像元尺度上的方向性和波谱特征的概念模型。

1978年,他成功考上中科院遥感所杨世仁教授的研究生,又成为改革开放后中国第一批公派留学生,在美国加利福尼亚大学圣巴巴拉分校师从美国著名遥感专家Strahler教授。

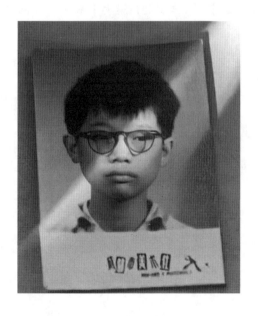

李小文认为科学本身就应该追求简单性原则,任何事情都是越简单越好,够了就行。

或许就连李小文都没有想过,因为一张网络照片,一向低调的自己会被"暴露"在全国

李小文，中国科学院院士，北京师范大学遥感与地理信息系统研究中心主任，地理学与遥感科学学院教授，博士生导师

人民面前。2014年4月，他在中国科学院大学讲座的一张照片流传网络，照片中，蓄着胡须的李小文穿着黑色外套，没穿袜子的脚上蹬着一双布鞋，不经意地跷着二郎腿，低头念着发言稿。

可惜天不假年，没等治理母亲河的愿望实现，李小文院士于2015年1月10日因病医治无效在北京逝世，享年67岁。

斯人已逝，但科学精神与人格魅力长存。

时隔多年，与他一起奋斗过的同事和受他教导过的学生，仍会追念他对科学持之以恒的深耕以及倡导学术自由的赤子之心。而他的那些故事和传说，人们尤难忘怀。正如他的一位大学校友所言，"李小文的言行，维护了传统知识分子的风骨，本色、随性，这种影响甚至比他在遥感领域做出的贡献更可贵"。他逍遥和侠气的鲜明个性，极度简单的生活方式，对国家科技发展的赤子之心以及对个人名利的淡然与超脱……使他回归了学者本色，也因此成为时代的一个传奇。

# 项目 5　空间数据拓扑处理

## 📖 教学目标

拓扑是不同地理实体几何关系的表征，它定义了各要素之间空间关联方式的一组规则。利用拓扑可以提高空间数据的维护质量，因此空间数据的拓扑关系对于 GIS 数据处理和空间分析具有重要的意义。用拓扑关系表示的邻接、关联、包含等关系不随地图投影而变化，比几何关系具有更大的稳定性，能从质的方面和整体概念上反映空间实体的空间结构关系。因此，要求学生掌握建立实体要素之间正确的拓扑关系的方法。

## 📖 思政目标

1. 了解进口软件存在的国家信息安全隐患，明白自主可控的国产软件对于维护国家地理信息安全的重要保障作用，增强学生的保密意识，维护国家地理信息安全。

2. 培养学生精益求精的精神，增强测绘、地理信息行业人员的服务意识，培养职业自豪感。

## 📖 项目概述

现有一个包含省和海岸线的地理数据库，在对省边界数据进行更新时，想要通过建立各省边界的多边形之间不能相互重叠以及海岸线必须与省的边界一致的拓扑规则，来消除各省之间相互重叠或省与海岸线不吻合的错误。

# 任务 5.1 拓扑检查

## 5.1.1 任务描述

在 GIS 中，为了真实地反映地理实体，不仅要包括实体的位置、形状、大小和属性，还必须反映实体之间的拓扑关系。拓扑关系是对图形数据进行空间查询、分析等操作的基础，拓扑关系的建立是 GIS 数据管理和更新的重要内容。

## 5.1.2 任务分析

**1. 拓扑关系的基本内容**

1）拓扑关系的含义

拓扑学是研究图形在保持连续状态下变形时的那些不变的性质，也称橡皮板几何学。在拓扑空间中对距离或方向参数不予考虑。拓扑关系是一种对空间结构关系进行明确定义的数学方法，是指图形在保持连续状态下变形而图形关系保持不变的性质。可以假设图形绘在一张高质量的橡皮平面上，将橡皮板任意拉伸和压缩，但不能扭转或折叠，这时原来图形的有些属性保留，有些属性发生改变，前者称为拓扑属性，后者称为非拓扑属性或几何属性。这种变换称为拓扑变换或橡皮变换。

2）拓扑元素的种类

点（节点）、线（链、弧段、边）和面（多边形）3 种要素是拓扑元素。

（1）节点。

节点是指地图平面上反映一定意义的零维图形，如孤立点，线要素的端点、连接点以及面要素边界线的首尾点等。

（2）链。

链是指两节点间的有序线段，如线要素、线要素的某一段和面要素边界线。

（3）面。

面是指一条或若干条链构成的闭合区域，如面要素以及线要素和面边界围成的区域。

3）拓扑关系种类和表示

拓扑关系指拓扑元素之间的空间关系，如图 5-1 所示，具有以下几种拓扑关系。

（1）拓扑邻接：存在于空间图形的同类元素之间的拓扑关系。节点之间邻接关系有 $N_1/N_4$、$N_1/N_2$ 等，多边形（面）之间邻接关系有 $P_1/P_3$、$P_2/P_3$ 等。

（2）拓扑关联：存在于空间图形的不同类元素之间的拓扑关系。节点与弧段（链）关联关系有 $N_1/C_1$、$C_3$、$C_6$、$N_2/C_1$、$C_2$、$C_5$ 等，多边形（面）与线段（链）的关联关系有 $P_1/C_1$、$C_5$、$C_6$、$P_2/C_2$、$C_4$、$C_5$、$C_7$ 等。

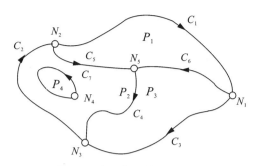

图 5-1 空间数据的拓扑关系

（3）拓扑包含：存在于空间图形的同类但不同级的元素之间的拓扑关系。多边形（面）$P_2$ 包含多边形（面）$P_4$。

在目前的 GIS 中，拓扑关系主要表示基本的拓扑关系，而且表示方法不尽相同。在矢量数据中拓扑关系可以由图 5-2 中的 4 个表格来表示。

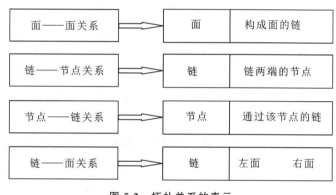

图 5-2 拓扑关系的表示

4）拓扑关系的意义

空间数据的拓扑关系对于 GIS 数据处理和空间分析具有重要的意义。

（1）拓扑关系能清楚地反映实体之间的逻辑结构关系，它比几何关系具有更大的稳定性，不随地图投影的变化而变化。

（2）有助于空间要素的查询，利用拓扑关系可以解决许多实际问题。如某县的邻接县、面面相邻问题；又如供水管网系统中某段水管破裂找关闭它的阀门，就需要查询该线（管道）与哪些点（阀门）关联。

（3）根据拓扑关系可重建地理实体。例如，根据弧段构建多边形，实现面域的选取；根据弧段与节点的关联关系重建道路网络，进行最佳路径选择等。

**2. 拓扑关系的建立**

1）点、线拓扑关系的建立

点线拓扑关系的实质是建立节点-弧段、弧段-节点的关系表格，有如下两种方案。

（1）在图形采集与编辑时自动建立。主要记录两个数据文件。一个记录节点所关联的弧段，即节点弧段列表；另一个记录弧段的两个端点（起始节点）的列表。数字化时，自动判断新的弧段周围是否已存在的节点。若有，将其节点编号登记；若没有，产生一个新的节点，并进行登记。

（2）在图形采集和编辑后自动建立。

2）多边形拓扑关系的建立

多边形有 4 种基本图形，如图 5-3 所示。

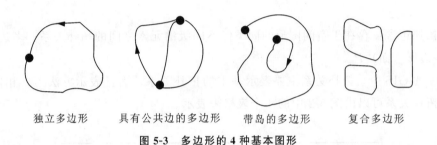

独立多边形　　具有公共边的多边形　　带岛的多边形　　复合多边形

图 5-3　多边形的 4 种基本图形

第一种是独立多边形，它与其他多边形没有共享边界，如独立房屋、独立水塘等。这种多边形在数字化过程中直接生成，因为它仅有一条周边弧段，该弧段就是多边形的边界。

第二种是具有公共边的多边形，在数据采集时，采集弧段数据，然后用一种算法，自动将多边形的边界聚合起来，建立多边形文件。

第三种是带岛的多边形，除了要按第二种多边形的建立方法建立以外，还要考虑多变形的内岛。

第四种是复合多边形，它是由两个或多个不相邻的多边形组成的，对这种多边形一般是在建立单个多边形以后，用人工或某一种规则组合成复合多边形。

3）多边形拓扑关系建立

建立多边形拓扑关系是矢量数据自动拓扑关系生成中最关键的部分，算法比较复杂。多边形矢量数据自动拓扑主要包括以下 4 个步骤。

（1）链的组织：主要找出在链的中间相交而不是在端点相交的情况，自动切成新链；把链按一定顺序存储（如按最大或最小的 $X$ 或 $Y$ 坐标的顺序），这样查找和检索都比较方便，然后把链按顺序编号。

（2）节点匹配：节点匹配是指把一定限差内的链的端点作为一个节点，其坐标值取多个端点的平均值。然后，对节点顺序编号。

（3）检查多边形是否闭合：检查多边形是否闭合可以通过判断一条链的端点是否有与之匹配的端点来进行，弧 $a$ 的端点 $p$ 没有与之匹配的端点，因此无法用该条链与其他链组成闭合多边形。多边形不闭合的原因可能是由于节点匹配限差的问题，造成应匹配的端点不匹配，或由于数字化误差较大，或数字化错误，这些都可以通过图形编辑或重新确定匹配限差来确定。另外，这条链可能本身就是悬挂链，不需要参加多边形拓扑，这种情况下可以作一标记，使之不参加下一阶段的拓扑建立多边形的工作。

（4）建立多边形拓扑关系：根据多边形拓扑关系自动生成的算法，建立和存储多边形拓扑关系表格。

### 5.1.3 任务实施

**1. 任务内容**

空间数据在采集和编辑过程中，会不可避免地出现一些错误，会导致采集的空间数据之间的拓扑关系和实际地物的拓扑关系不符合，会影响到后续的数据处理和分析工作，并影响到数据的质量和可用性。此外，这些拓扑错误量很大，也很隐蔽，不容易被识别出来，通过手工方法不易去除，因此，需要进行拓扑处理来修复这些冗余和错误。

目前，大多数 GIS 软件提供了完善的拓扑分析功能。SuperMap 所提供的拓扑处理方式主要有两种。一种就是线数据集的拓扑处理；另一种是拓扑检查，拓扑检查提供了详细的规则可以对点、线、面数据集进行更加细致的检查，系统会将拓扑错误保存至新的结果数据集上，用户可对照结果数据集自行修改。在操作过程中，拓扑处理只是一个中间过程，通常会与构建面数据集或构建网络数据集结合使用。

**2. 实施步骤**

（1）拓扑预处理。

点击数据选项卡的数据处理组选项。在使用拓扑数据集对关联数据集进行拓扑检查前，需要对拓扑检查数据进行拓扑预处理操作，如图 5-4 所示。通过预处理将那些在容限范围内的问题数据进行调整。不进行拓扑预处理，可能会导致拓扑检查的结果出现错误。拓扑预处理方式包括插入节点、节点和节点的捕捉以及多边形走向的调整。

实训12
拓扑生成

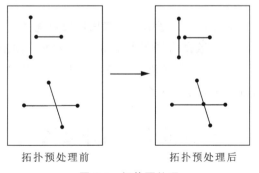

图 5-4　拓扑预处理

（2）线拓扑处理。

对线数据集或网络数据集进行拓扑检查和修复。拓扑错误处理选项包括去除假节点、去除冗余点、去除重复线、去除短悬线、去除长悬线、邻近端点合并和弧段求交等 7 种规则。线拓扑处理结果如图 5-5 所示。为更好地看出处理效果，我们将处理前后的数据集叠加，在

图 5-5 中，红色为线拓扑处理前的道路数据，蓝色为线拓扑处理后的道路数据，可以明显看出数据集经线拓扑处理后修复的拓扑问题。

图 5-5　线拓扑处理结果

（3）拓扑构面。

将线数据集或网络数据集通过拓扑处理构建为面数据集，如对道路数据集进行拓扑构面操作等。

（4）拓扑检查。

拓扑检查是为了检查出点、线、面数据集本身及不同类型数据集相互之间不符合拓扑规则的对象，主要用于数据编辑和拓扑分析预处理。

SuperMap iDesktop 拥有强大的拓扑检查功能，针对点、线、面数据集自身和不同类型的数据集之间分别提供了多种拓扑检查规则，基本能够满足所有的拓扑检查需求。下图为源数据和结果数据的叠加显示。

### 5.1.4　技能训练

农用地分等是在掌握农用地数量的基础上对农用地质量优劣进行全面、科学和综合的评定。农用地分等数据库中涉及的数据有图形数据和属性数据。图形数据包括基础地理数据（测量控制点、水系、地貌、境界、道路和注释等）和土地利用现状图等。在 SuperMap 平台上完成图形数据的输入后，建立拓扑关系。

## 任务 5.2　拓扑处理

### 5.2.1　任务描述

我们通过对简单数据集进行拓扑数据的检查，并且修改他们生成的拓扑错误，得到了正确的拓扑关系。但是在实际操作中，线数据集的拓扑处理才是构建面数据以及网络数据的基础，也是进行空间分析的前期准备。

## 5.2.2 任务分析

拓扑处理包括去除假节点、去除冗余点、去除重复线、去除短悬线、长悬线延伸、邻近端点合并和弧段求交等 7 种规则。在拓扑处理时，需要对不同规则设置相应的容限，以达到最佳处理效果。

**1. 拓扑容差**

拓扑容差是不重合的两个要素顶点间的最小距离，即处于拓扑容差范围内的顶点被认为是重合的而被系统捕捉到一起。默认的拓扑容差是系统根据诸如数据精度等因素计算出来的，大多数情况下是 $X$，$Y$ 分辨率距离（用于存储坐标的数值精度）的 10 倍。

**2. 拓扑规则**

1) 去除假节点

假节点是指连接两条弧段的点，如图 5-6（a）所示。当假节点没有实际意义时，可以进行去除假节点的操作，以去除该类假节点，并且把与该假节点相连的两条弧段合并为一条。去除点 $A$ 和点 $B$ 两个假节点后的结果如图 5-6（b）所示。

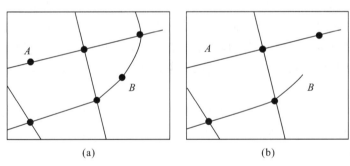

图 5-6 去除假节点示意图

2) 去除冗余点

在一个线对象上由于操作问题出现多个距离较近且意义相同的节点时，只有一个节点是正确的，其余节点均为冗余节点，简称冗余点。当一个线对象有两个或两个以上节点之间的距离小于或等于指定的节点容限时，进行拓扑处理后只保留一个节点，其他点作为冗余点将被去除。可以在线对象所在数据集的属性窗口中设置节点容限。

如图 5-7（a）所示，在线对象 $a$ 上，点 $A$ 和点 $B$ 之间的距离小于节点容限值，因此在拓扑处理时，点 $A$ 将作为冗余点被去除，仅保留点 $B$。同理，在线对象 $a$ 上，点 $C$ 和点 $D$ 之间的距离也小于节点容限值，在拓扑处理时点 $C$ 将作为冗余点被去除，结果如图 5-7（b）所示。

由于线对象 $b$ 的端点（即节点）$C'$ 与线对象 $a$ 的节点 $C$ 重合，且这两个线对象没有共用同一个交点，因此在拓扑处理时线对象 $b$ 不受影响。如果想在拓扑处理时去除点 $C$ 并且

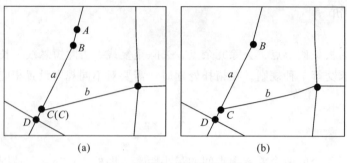

图 5-7 去除冗余点示意图

合并点 $C'$ 与点 $D$，需要同时选中去除冗余点和弧段求交两个操作。

关于假节点和冗余点的异同，去除冗余点和去除假节点都是去除多余的点；冗余点一定是多余的点，必须去除；而假节点在有意义时需要保留。冗余点一般是矢量化过程中在绘制线对象的时候鼠标连击所致，该点连接的是连续且完整的一个线对象；而假节点一般是临近端点合并或捕捉画线时产生的，该点连接的是两个线对象。冗余点是节点，即线对象上除首尾两个端点以外的点；假节点是节点，即线对象的端点。

3）去除重复线

在不考虑线对象方向的情况下，当两个线对象中的所有节点依次重合（即坐标相同）或节点间的距离小于节点容限时，则称这两个线对象重合，其中的一个线对象称为重复线。可以在线对象所在数据集的属性窗口中设置节点容限。为避免建立拓扑多边形时产生面积为零或面积极小的多边形面对象，两条重合的线对象将在拓扑处理后只保留其中一条，重复线将被删除。

如图 5-8（a）所示，线对象 $AB$ 与线对象 $A'B'$ 重合，其中 $A'B'$ 为重复线。为了更好地区分重复线，这里将 $A'B'$ 用其他颜色表示。拓扑处理后的右图，重复线 $A'B'$ 被去除。结果如图 5-8（b）所示。

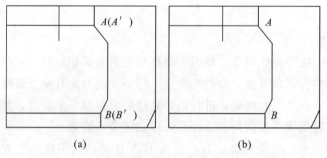

图 5-8 去除重复线示意图

4）去除短悬线

如果一条弧段的端点没有与其他任意一条弧段的端点相连，则这个端点称为悬点，含有悬点的弧段称为悬线。其中，短悬线是悬挂部分较短的线对象。勾选去除短悬线选项后，需要进行设置使该规则成立的容限范围,当悬挂部分的长度小于设置的容限范围时,拓扑处理后的悬挂部分将被删除。去除短悬线容限的设置范围小于悬线容限的 100 倍,如果容限设为 0,将按照默认容限处理。可在线对象所在数据集的属性窗口中设置悬线容限。

如图 5-9(a)所示,线对象 a、b、c 分别含有悬线,其中,a、b 为短悬线,且悬挂部分的长度小于设置的容限,拓扑处理后将被去除;而 c 的悬挂部分的长度大于设置的容限,拓扑处理后将被保留。而 c 的悬挂部分的长度大于设置的容限,拓扑处理后将被保留。结果如图 5-9(b)所示。

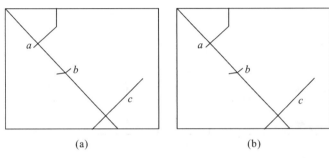

**图 5-9　去除短悬线示意图**

5) 长悬线延伸

如果一条弧段的端点没有与其他任意一条弧段的端点相连,则这个端点称之为悬点。含有悬点的弧段称为悬线。其中,长悬线是悬挂部分较长的线对象。勾选长悬线延伸选项后,需要设置使该规则成立的容限范围,当长悬线的端点延伸到最近的线对象的距离小于设置的容限范围时,拓扑处理后的长悬线将延伸至与最近线对象相交。长悬线延伸容限的设置范围要小于悬线容限的 100 倍,如果容限设为 0,将按照默认容限处理。可在线对象所在数据集的属性窗口中设置悬线容限。

如图 5-10(a)所示,线对象 a、b、c 分别长悬线,其中长悬线 a、b 延伸至最近的线对象 d 的距离小于设置的容限,拓扑处理后将这两条悬线延伸到线对象 d 上;而悬线 c 延伸至最近线对象 d 的长度大于设置的容限,拓扑处理后将被保留。结果如图 5-10(b)所示。

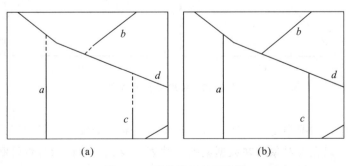

**图 5-10　长悬线延长示意图**

6）邻近端点合并

当多条弧段端点之间的距离小于节点容限时，这些端点被称为邻近端点。拓扑处理后，这些邻近端点将被合并为一个端点。可以在线对象所在数据集的属性窗口中设置节点容限。需要注意的是，如果仅有两个端点的距离小于节点容限，合并后将产生一个假节点。

如图 5-11（a）所示，A 处和 B 处均存在邻近端点，拓扑处理后将被合并为一个节点。其中，A 处合并后会得到一个假节点，需要再进行去除假节点操作。处理后的结果如图 5-11（b）所示。

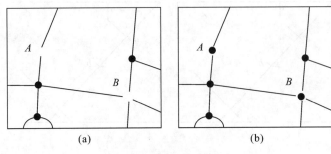

图 5-11　邻近端点示意图

7）弧段求交

当一个或多个线对象呈相交关系时，通过弧段求交操作可以将线对象从交点处打断，分解为多个有相连关系的简单线对象。通过弧段求交操作可以有效避免在建立拓扑多边形时漏掉面对象或者产生互相压盖的面对象。

如图 5-12（a）所示，线对象 a 和 b 相交，且分别与线对象 c 相交，拓扑处理后的这个线对象将从相交处被打断，产生多个线对象，同时产生了 3 个节点，即点 A、点 B 和点 C。结果如图 5-12（b）所示。

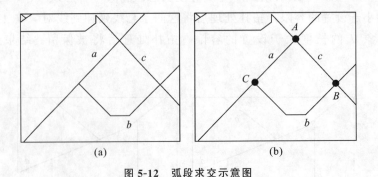

图 5-12　弧段求交示意图

在实际应用中，情况会复杂一些，有些相交的线对象需要保留其相交关系，不能在交点处被分解。这时可以在线对象所在数据集的属性表中设置一个记录是否打断线的字段，通过输入过滤表达式来控制线对象是否被打断。

非打断对象：设置过滤表达式以后，系统将对不满足该表达式的线对象进行打断处理。在

SQL 表达式对话框，用户可在该对话框中输入表达式。具体请参见 SQL 语句查询。

非打断位置：通过选择在 SQL 表达式对话框右侧下拉列表内列出的点数据集确定非打断位置，通过判断所选点数据集中的点对象与其相邻的线对象之间的距离是否在容限范围内，来决定线对象是否会被打断。

若不设置非打断对象，则默认所有线对象都进行弧段求交操作；若不设置非打断位置，则默认所有的线对象都进行弧段求交操作；若同时设置了非打断线对象和非打断位置，则系统会处理两者对象的并集。

### 5.2.3 任务实施

**1. 任务内容**

大多数 GIS 软件都提供了完善的拓扑分析功能。其中 SuperMap 所提供的线数据集的拓扑处理具有针对性，只针对线数据集（或者网络数据集）进行检查，随后系统会自行更正数据集中错误的拓扑关系。

**2. 实施步骤**

1）线数据集的拓扑处理

针对线数据集或者网络数据进行拓扑处理的具体操作步骤如下。

（1）点击功能区数据选项卡中的拓扑组的线拓扑处理按钮，弹出如下图 5-13 所示的对话框，按照实际需求选择拓扑处理的源数据集。

实训13
拓扑检查

（2）点击高级按钮，会弹出如图 5-14 所示的高级参数设置对话框，可以在该对话框中设置非打断线和相关拓扑处理规则的容限。

图 5-13　线拓扑处理对话框　　　　图 5-14　高级参数设置对话框

（3）点击确定按钮对所有的线数据集执行拓扑处理操作。

2）拓扑构面

拓扑构面的实质就是将线数据集或者网数据集通过拓扑处理构建为面数据集，具体步骤如下。

（1）点击功能区数据选项卡中的拓扑组的拓扑构面的按钮，会弹出如图 5-15 所示的线数据集拓扑构面对话框。在源数据区域选择要进行拓扑构面的数据集，可以选择线数据集或网络数据集。

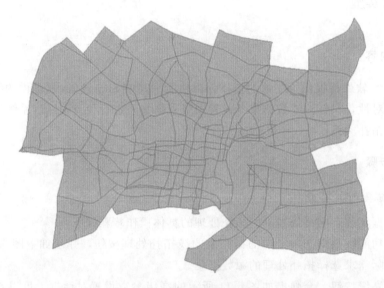

图 5-15　拓扑构面结果

（2）点击高级按钮，在弹出高级参数设置对话框中设置非打断线和相关拓扑处理规则的容限。

（3）在结果数据区域设置结果面数据集的名称和存放位置。点击确定按钮完成操作。

3）拓扑构网

拓扑构网就是根据指定的点数据集、线数据集或网络数据集联合生成网络数据集。具体的操作步骤如下。

（1）点击交通分析选择卡中的路网分析组的拓扑构网按钮，会弹出构建二维网络数据集的对话框。

（2）添加数据集。在列表框内添加用来构建网络数据集的数据。并且设置结果数据源和数据集，点击字段设置…按钮，在弹出的对话框中选择赋给新生成的网络数据集的字段信息。

（3）点击确定按钮完成操作。结果如图 5-16 所示。

图 5-16 拓扑构网结果

### 5.2.4 技能训练

完成项目概述中的任务。

## 任务 5.3 图形裁剪与合并

### 5.3.1 任务描述

在使用计算机处理图形信息时，计算机内部存储的图形往往比较大，而屏幕显示的只是图的一部分。为了确定图形中哪些部分落在显示区之内，哪些落在显示区之外，可以通过图形的裁剪与合并，使图形数据适用不同的应用目的。

### 5.3.2 任务分析

**1. 图形裁剪**

在计算机地图制图过程中，会遇到图幅划分及图形编辑过程中对某个区域进行局部放大的问题。这些问题要求确定一个区域，并使区域内的图形能显示出来，而将区域之外的图形删去（不显示或分段显示）。这个过程就是图形裁剪。这里提到的区域称为窗口，根据窗口形状分为矩形窗口或任意多边形。简而言之，图形裁剪就是描述某一图形要素（如直线、圆等）是否与一多边形窗口（如矩形窗口）相交的过程。

图形裁剪的主要用途是清除窗口之外的图形。在许多情况下需要用到图形的裁剪，包括窗口的开窗、放大、漫游显示，地形图的裁剪输出，空间目标的提取和多边形叠置分析等。

这里主要介绍多边形裁剪的基本原理和多边形的合并操作。

在图形裁剪时,首先要确定图形要素是否全部位于窗口之内,若只有部分在窗口内,要计算出图形元素与窗口边界的交点,正确选取显示部分内容,裁剪去窗口外的图形,从而只显示窗口内的内容。对于一个完整的图形要素,开窗口时可能使得其一部分在窗口之内,一部分位于窗口外,为了显示窗口内的内容,就需要用裁剪的方法对图形要素进行剪取处理。裁剪时开取的窗口可以为任意多边形。下面以矩形窗口为例进行介绍。

1)图形剪裁基本原理

对于矩形窗口,判断图形是否在窗口内,只需要进行4次坐标比较。满足条件的图形在窗口内,否则,图形不在窗口内。需要满足的条件如下:

$$(X_i \leqslant X \leqslant X_{ax})(Y_i \leqslant Y \leqslant Y_{ax}) \tag{5-1}$$

式(5-1)中,$(X,Y)$是被判别的点,$(X_i,Y_i)$及$(X_{ax},Y_{ax})$则是矩形窗口的最小大值和最大值坐标。

由于曲线是由一组短直线组成的,因而求直线与矩形窗口边界线交点,就是计算图形与矩形窗口的交点,其算法公式如下:

$$\begin{cases} X = X_s + (X_e - X_s)\lambda_x \\ Y = Y_s + (Y_e - Y_s)\lambda_y \end{cases} \tag{5-2}$$

且

$$\lambda_x = \frac{1}{D} \begin{bmatrix} (X_s - X_m) & - & (X_e - X_s) \\ (Y_s - Y_m) & - & (Y_e - Y_s) \end{bmatrix} \tag{5-3}$$

$$\lambda_y = \frac{1}{D} \begin{bmatrix} (X_n - X_m) & - & (X_e - X_m) \\ (Y_n - Y_m) & - & (Y_s - Y_m) \end{bmatrix} \tag{5-4}$$

$$D = \begin{bmatrix} (X_n - X_m) & - & (X_e - X_s) \\ (Y_n - Y_m) & - & (Y_e - Y_s) \end{bmatrix} \neq 0 \tag{5-5}$$

其中,$(X,Y)$是交点坐标,$(X_s,Y_s)$、$(X_e,Y_e)$为某一窗口边界线的端点,$(X_m,Y_m)$、$(X_n,Y_n)$为直线的两端点。

图形裁剪的原理并不复杂,但是图形裁剪的算法很复杂。在裁剪算法软件开发中最重要的是提高计算速度。

2)线段的裁剪算法

(1)线段的编码裁剪法。

在裁剪时不同的线段可能被窗口分成几段,但其中只有一段位于窗口内可见,这种算法的思想是将图形所在的平面利用窗口的边界分成的9个区,每一区都有一个四位二进制编码表示,每一位数字表示一个方位。其含义分别为上、下、右、左,以1代表"真",0代表"假",中间区域的编号为0000,代表窗口。这样,当线段的端点位于某一区时,该点的位置可以用其所在区域的四位二进制码来唯一确定,通过对线段两端点的编码进行逻辑运算,就可确定线段相对于窗口的关系。

如图5-17所示,编码顺序从右到左,每一编码对应线段端点的位置为第一位为1表示端点位于窗口左边界的左边,第二位为1表示端点位于右边界的右边,第三位为1表示端点位于下边界的下边,第四位为1表示端点位于边界的上边。若某位为0则表示端点的位置情况与取值1时相反。

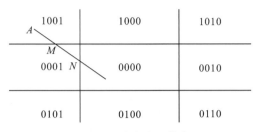

图 5-17　线段窗口裁剪

显然，如果线段的两个端点的四位编码全为 0，则此线段全部位于窗口内；若线段两个端点的四位编码进行逻辑乘运算的结果为非 0，则此线段全部在窗口外。对这两种情况无须做裁剪处理。

如果一条线段用上述方法无法确定是否全部在窗口内或全部在窗口外，则需要对线段进行裁剪分割，对分割后的每一子线段重复以上编码判断，把不在窗口内的子线段裁剪掉，直到找到位于窗口内的线段为止。

如图 5-17 所示中的线段 AB，第一次分割成了线段 AM 和 MB，利用编码判断可把线段 AM 裁剪掉，对线段 MB 再分割成子线段 MN 和 NB，再利用编码判断裁剪掉子线段 MN，而 NB 全部位于窗口内，即为裁剪后的线段，裁剪过程结束。

(2) 中点分割法。

中点分割法的基本原理是，将直线对半平分，用中点逼近直线与窗口边界点的交点，进而找到对应直线两端点的最远可见点（位于窗口内的点），而最远可见点之间的部分即是应取线段，其余的舍弃。

(3) 多边形的窗口裁剪。

多边形的窗口裁剪是以线段裁剪为基础的，但又不同于线段的窗口裁剪。多边形的裁剪比线段要复杂得多。因为经过裁剪后，多边形的轮廓线仍要闭合，而裁剪后的边数可能增加，也可能减少，或者被裁剪成几个多边形，这样必须适当地插入窗口边界才能保持多边形的封闭性。这就使得多边形的裁剪不能简单地用裁剪直线的方法来实现。在线段裁剪中，是把一条线段的两个端点孤立地考虑。而多边形裁剪是由若干条首尾相连的有序线段组成的，裁剪后的多边形仍应保持原多边形各自的连接顺序。另外封闭的多边形裁剪后仍应是封闭的，因此，多边形的裁剪应着重考虑以下问题：如何把多边形落在窗口边界上的交点正确、按序连接起来构成多边形，包括决定窗口边界及拐角点的取舍。

对于多边形的裁剪，人们研究出了多种算法，这里仅对较为常用的逐边裁剪法和双边裁剪法进行介绍，有兴趣的读者可以参阅相关的研究文章了解更多的算法。

其中常用的是萨瑟兰德-霍奇曼（Sutherland-Hodgman）提出的逐边裁剪法，它是根据相对于一条边界线裁剪多边形比较容易这一点，把整个多边形先相对于窗口的第一条边界裁剪，把落在窗口外部的图形去掉，只保留窗口内的图形，然后再把形成的新多边形相对于窗口的第二条边界裁剪，如此进行到窗口的最后一条边界，从而把多边形相对于窗口的全部边界进行了裁剪，最后得到的多边形即为裁剪后的多边形。

如图 5-18 所示，原始多边形为 $V_0V_1V_2V_3$，经过 4 次边界裁剪后得到多边形 $V_0V_1V_2V_3V_4V_5V_6V_7V_8$。在这个过程中，对于每一条窗口边框，都要计算其余多边形各条边的交点，然后把这些交点按照一定的规则连成线段。而与窗口边界不相交的多边形的其他部分则保留不变。

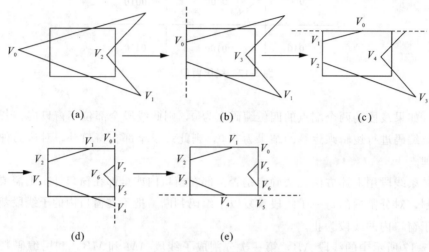

图 5-18 多边形裁剪示意图

## 2. 图形合并

在 GIS 中经常要将一幅图内的多层数据合并在一起，或者将相邻的多幅图的同一层数据或多层数据合并在一起，此时涉及空间拓扑关系的重建。但对于多边形数据，因为同一个多边形已在不同的图幅内形成独立的多边形，合并时需要去掉公共边界。跨越图幅的同一个多边形，在它左右两个图幅内，借助于图廓边形成了两个独立的多边形。为了便于查询与制图（多边形填充符号），现在要将它们合并在一起，形成一个多边形。此时，需要去掉公共边。实际处理过程是先删掉两个多边形，解除空间拓扑关系，然后删除公共边（实际上是图廓边），然后是重建拓扑关系。图形合并前、后的对比如图 5-19 所示。

## 5.3.3 任务实施

### 1. 任务内容

在实际应用中，用户可能只需要对地图中的某一块区域进行研究，此时，可以通过地图裁剪功能提取该区域的地图或数据。这样可以减小数据量，提高数据处理的效率。

合并前　　　　　　　合并后

图 5-19 多边形的合并

当地图窗口中存在一个或者多个图层时，可通过绘制矩形、圆形、多边形或者选中某一图层中的面对象对被裁剪图层进行裁剪操作。裁剪结果可以保存输出为一个新的数据集。被裁剪图层可以为点、线、面、CAD图层、文本图层或者栅格图层，裁剪图层（或者绘制的裁剪区域）必须是面图层。裁剪结果的类型最终和被裁剪图层保持一致。

以北京市某一块区域的高分影像数据为例，裁剪影像数据中的故宫博物院用于制作故宫博物院内部地图。

**2. 任务实施步骤**

（1）在当前地图窗口中加载故宫裁剪图层（故宫博物院范围）和待裁剪图层。

（2）依次点击地图选项卡→操作组→地图裁剪下拉按钮，在弹出的下拉菜单中选择选中对象区域裁剪。

（3）在地图窗口选中（故宫博物院范围）的面对象，点击鼠标右键结束选择，弹出地图裁剪对话框，进行进一步的参数设置：裁剪图层只保留需要的图层，裁剪方式选择区域内裁剪，其他参数保持默认。

（4）设置好以上参数之后，点击确定按钮，即可执行裁剪操作。裁剪前、后的图像如图5-20所示。

实训14
数据集裁剪

图 5-20 地图裁剪示意图

### 5.3.4 技能训练

从示例数据的影像数据中裁剪出天坛公园影像数据。

## 思政故事

**国家地理信息安全**

2018年，原国家测绘地理信息局（现为自然资源部）在全覆盖排查整治"问题地图"专项行动中，通报了第一批查处的8起典型案件。

这8起"问题地图"典型案件分别是：

——上海华与华营销咨询有限公司设计制作"问题地图"案：华与华营销咨询有限公司为某公司在动车组列车展牌媒体及航机杂志上设计广告中登载的地图存在问题。经查，该广告中使用的中国地图存在未将国界线完整、准确地表示，漏绘南海诸岛、钓鱼岛、赤尾屿等问题，严重损害了国家主权和利益，且当事人在后续相关广告设计中，在已知其广告地图绘制错误的情况下，仍坚持发布了该广告，客观上持续了违法行为，放任了危害后果的继续发生。

——东莞市龙昌数码科技有限公司生产销售"问题地球仪"案：龙昌数码科技有限公司涉嫌生产销售"问题地球仪"。经查，龙昌数码科技有限公司研发的中英文语音地球仪未依法送地图审核，同时存在"曾母暗沙"标注错误、配套说明册中登载的地图错绘国界线等严重问题。

——"红动中国网"登载"问题地图"案："红动中国网"公开登载的中国地图、世界地图存在问题。经查，"红动中国网"公开登载的4幅中国地图、3幅世界地图未经地图审核，且存在错绘国界线，漏绘钓鱼岛、赤尾屿和南海诸岛等严重问题。

——湖南师范大学出版社出版未经审核地图案：湖南师范大学出版社出版的部分教辅图书中地图未经地图审核。经查，湖南师范大学出版社于2016年12月第三次出版的《高中地理万能解题模板》和《初中地理万能解题模板》存在地图无审图号、无编制单位等问题。

——湖北蓓尔出版有限责任公司出版物登载"问题地图"案：汉阳区物外书店代销的地图产品存在问题。经查，该书店销售的地图文化创意产品"坤舆万国全图""武汉三镇市街实测详图""清国大地图"3种地图为无编制单位、无出版单位、无审图号的"三无产品"，并存在将西藏错误标注为英领地、将我国南海错误标注为支那海等严重问题。

——"凤凰网"登载"问题地图"案：凤凰网有关栏目登载"问题地图"。经查，凤凰网2017年5月16日发布的"交互式一带一路风险地图"以及凤凰国际智库微信公众号中登载的地图未经地图审核，并存在错绘国界线，漏绘我国钓鱼岛、赤尾屿和南海诸岛等重要岛屿等严重问题。

——二十一世纪出版社集团出版物登载"问题地图"案：二十一世纪出版社集团有关出版物及企业宣传视频中存在"问题地图"。经查，该集团引进版图书《熊猫地震求生记》中登载的一幅世界地图存在漏绘我国钓鱼岛、赤尾屿、南海诸岛，错绘我国藏南地区国界线，台湾省在地图上的表示违背"一个中国"原则的严重问题，同时还发现该集团制作的宣传视频中的地图存在漏绘南海诸岛、钓鱼岛、赤尾屿等问题。

——"无印良品"商店登载"问题地图"案：无印良品商店赠阅的《2017年秋冬家具目录册》中插附的地图存在问题。经查，该地图无审图号，存在错绘国界线，漏绘钓鱼岛、赤尾屿和南海诸岛等重要岛屿，海南岛与大陆不同色，台湾岛注记错误等严重错误。

2017年8月至10月，国土资源部、国家测绘地理信息局会同中央网络安全和信息化领导小组办公室等多部门在全国范围内组织开展了全覆盖排查整治"问题地图"专项行动，依法查处了一批"问题地图"违法违规案件。

# 项目 6　　空间数据查询与分析

## 📖 教学目标

地理信息系统（GIS）与 CAD、其他管理信息系统的主要区别是 GIS 提供了对原始空间数据实施转换以回答特定查询的能力，而这些变换能力中最核心的部分就是对空间数据的利用和分析，即空间分析能力。

本项目由空间数据查询、矢量数据空间分析和栅格数据空间分析 3 个学习型工作任务组成。本项目旨在让学生学习利用 GIS 软件进行空间数据查询，提取有用信息；并进行矢量数据分析、栅格数据分析和空间统计分析。为学生从事 GIS 数据分析岗位工作打下基础。

## 📖 思政目标

1. 培养学生科学抽象意识。将现实世界中复杂的空间问题转换为 GIS 可以解决的问题。
2. 培养学生借助各种资源自主学习能力以及团结互助的意识。

## 📖 项目概述

随着生活水平的提高，人们对住房条件的要求也越来越高。购房者不仅关注房价、房屋质量等传统因素，还更加重视居住环境、生活便利性和教育资源等方面。因此，科学合理的住房选址显得尤为重要。GIS 空间分析技术可以帮助购房者在复杂多样的城市环境中快速、准确地找到满足特定条件的理想住房地段。该项目通过综合多种空间分析手段，如缓冲区分析、叠加分析等，结合购房者的具体需求，在给定区域内找出最适宜的住房地段。

# 任务 6.1 空间数据查询

## 6.1.1 任务描述

对空间对象进行查询和度量是地理信息系统最基本的功能之一。在地理信息系统中,为了进行深层次分析,往往需要查询、定位空间对象,并用一些简单的量测值对地理分布或现象进行描述。实际上,空间分析始于空间数据查询和度量。空间数据查询是空间分析的定量基础。

## 6.1.2 任务分析

**1. 空间数据查询概述**

空间数据查询属于空间数据库的范畴,一般定义为从空间数据库中找出所有满足属性约束条件和空间约束条件的地理对象。空间数据查询的过程大致可分为以下 3 类。

(1) 直接复原数据库中的数据及所含信息,来回答人们提出的一些比较简单的问题。

(2) 通过一些逻辑运算完成一定约束条件下的查询。

(3) 根据数据库中现有的数据模型,进行有机组合并构造出复合模型,模拟现实世界的一些系统和现象的结构、功能,来"回答"一些复杂的问题,预测一些事件的发生、发展的动态趋势。空间数据查询的原理如图 6-1 所示。

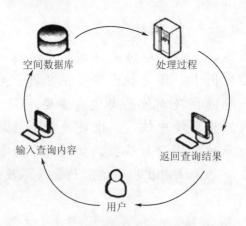

图 6-1 空间数据查询的原理

空间数据查询的方式主要有 2 大类,包括属性查图形和图形查属性。

(1) 属性查图形:主要是用 SQL 语句来进行简单和复杂的条件查询。例如,在中国经济区划图上查找人均年收入小于 6000 元人民币的城市,将符合条件的城市的属性与图形关联，然后在中国经济区划图上高亮度显示给用户。

(2) 图形查属性：可以通过点、矩形、圆和多边形等图形来查询所选空间对象的属性，也可以查找空间对象的几何参数，如两点间的距离、线状地物的长度和面状地物的面积等，一般的地理信息系统软件都提供了这些功能。在实际应用中，查找地物的空间拓扑关系非常重要，现在一些地理信息系统软件也提供了这些功能。

其实，空间数据查询的内容还有很多，比如可以查询空间对象的属性、空间位置、空间分布、几何特征以及和其他空间对象的空间关系。查询的结果可以通过多种方式显示给用户，如高亮度显示、属性列表和统计图表等。空间数据查询的方式、内容和结果的关系图如图 6-2 所示。

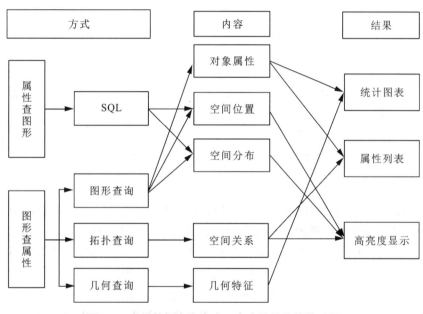

图 6-2 空间数据查询方式、内容及结果的关系图

**2. 属性查询**

属性查询是一种较常用的空间数据查询。属性查询又有简单的属性查询和基于 SQL 语言的属性查询。

1) 简单的属性查询

简单的属性查询的本质就是查找。该过程不需要构造复杂的 SQL 命令，只需要选择一个属性值，就可以找到对应的空间图形。例如，如果要在全国信息列表中任意选择一个省份的属性值，就会在全国区划图中高亮度显示出来。

2) SQL 查询

(1) SQL 查询。

地理信息系统软件通常都支持标准的 SQL 查询语言。SQL 的基本语法有如下 3 种。

Select<属性清单>
From<关系>
Where<条件>

例如,如果要查询"P101"地块的销售日期,SQL命令如下。

Select sale data
From parcel
Where PIN= "P101"

在执行了上述的命令后,就可以查询到"P101"地块的销售日期了。查询所需要的关联表如表6-1所示。

表6-1 查询所需要的关联表

| 地块标识 | 销售日期 | 面 积 | 代 码 | 分 区 |
|---|---|---|---|---|
| P101 | 1998—02—13 | 3.1 | 1 | 住宅区 |
| P102 | 1989—03—24 | 2.5 | 2 | 商用区 |
| P103 | 1993-12-03 | 4.6 | 3 | 农用区 |
| P104 | 1995-06-05 | 5.2 | 2 | 商用区 |
| P105 | 1978—08—30 | 2.7 | 3 | 农用区 |

(2) 扩展的 SQL 查询。

地理信息系统的空间数据库以空间(地理)目标作为存储集,与一般数据库的最大不同点是它包含空间(或几何)概念,而标准的 SQL 是关系代数模型中的一些关系操作及组合,适合于表的查询与操作,但不支持空间概念和运算。因此,为支持空间数据库的查询,需要在 SQL 上扩充谓词集,将属性条件和空间关系的图形条件组合在一起形成扩展的 SQL 查询语言。常用的空间关系谓词有相邻(adjacent)、包含(contain)、穿过(cross)、在内部(inside)和缓冲区(buffer)等。扩展的 SQL 查询给用户带来了很大的方便。

一般的地理信息系统软件都设计了较好的交互式选择界面,用户无须键入完整的 SQL 语句,向系统输入了相关内容和条件后,转化为标准的关系数据库 SQL 查询语句,由数据库管理系统执行,就能得到满足条件的空间对象。

**3. 图形查询**

图形查询是另一种常用的空间数据查询。一般的地理信息系统软件都提供了这项功能,用户只需要利用光标,用点选、画线、矩形、圆或其他不规则工具选中感兴趣的地物,就可以得到查询对象的属性、空间位置、空间分布以及与其他空间对象的空间关系。

1) 点查询

点击图中的任意一点,可以得到该点所代表空间对象的相关属性。如果点击全国行政区划图中任意一个省份,就得到该省份的相关信息,且会高亮度显示该省份。

2) 矩形或圆查询

对于矩形框查询,给定一个矩形窗口,可以得到该窗口内所有对象的属性列表。这种查询的检索过程比较复杂，往往需要考虑是只检索包含在窗口内的空间对象，还是只要是该窗口涉及的对象无论是被包含还是穿过都要进行检索。对于圆查询，给定一个圆，检索出该圆内的空间对象，可以得到空间对象的属性，其实现方法与矩形类似。

3) 多边形查询

给定一个多边形，检索出该多边形内的某一类或某一层空间对象。这一操作的工作原理与矩形查询相似，但又比矩形查询复杂得多。它涉及点在多边形内、线在多边形内以及多边形在多边形内的判别计算。

**4. 空间关系查询**

空间关系查询包括以下两种类型。

（1）拓扑关系查询。在地理信息系统中，凡是具有网状结构特征的地理要素，如交通网和各种资源的空间分布等，都存在节点、弧段和多边形之间的拓扑结构。具体又细分为以下3种拓扑关系。

①邻接关系查询。邻接关系可以是点与点的邻接查询、线与线的邻接查询，也可以是面与面的邻接查询。邻接关系查询涉及与某个节点邻接的线状地物和面状地物信息的查询，如查找与公园邻接的闲置空地和查找与洪水泛滥区域相邻的居民区等。

②包含关系查询。利用包含关系可以查询某一面状地物所包含的某一类地物，也可以查询包含某一地物的面状地物。被包含的地物可以是点状地物、线状地物或面状地物，如某一区域内商业网点的分布等。

③关联关系查询。关联关系查询的本质是空间不同元素之间拓扑关系的查询，可以查询与某点状地物相关联的线状地物的相关信息，也可以查询与线状地物相关联的面状地物的相关信息。例如，查询某一给定的排水网络所经过的土地的利用类型，先得到与排水网络相关联的土地图斑，然后可以利用图形查询得到各个土地图斑的属性。

（2）缓冲区查询。缓冲区查询的本质就是距离查询，是以 GIS 图层的图形为基础，计算其周围一定距离范围内的缓冲区多边形图层，然后通过分析该图层与目标图层的叠加和拓扑关系，进而得到所需要的结果。它是用来描述地理空间中两个物体距离相近程度的重要方法。

## 6.1.3 任务实施

**1. 任务内容**

空间数据的查询可以向用户提供与地理空间、时间空间相关的空间数据，或与其相关的属性数据。通过对空间数据查询基础知识的学习，在 SuperMap 平台上完成空间数据查询。

**2. 任务实施步骤**

1) SQL 查询

SQL 查询是指通过构建 SQL 查询表达式，根据数据属性表信息查询满足特定条件的数据。实际应用中，待查询数据信息可能存储在不同的数据集中，并且这些数据集具有公共的字段信息，这时可使用连接表的功能来实现不同数据集间的关联查询。

SQL 查询功能入口有以下两个。

（1）在空间分析选项卡的查询组中，点击 SQL 查询按钮。

（2）在工作空间管理器中，选中待查询的数据集，点击鼠标右键，选择 SQL 查询选项。

2）SQL 查询主要参数

（1）查询模式：提供了查询空间和属性信息、查询属性信息两种模式。前者的查询结果保留空间和属性信息，后者只保留属性信息；若不保存查询结果，后者的查询速度会快一些。

（2）运算符号、常用函数：提供了用于构造 SQL 查询条件的加、减、乘、除等运算符号，以及常用的聚合函数、数学函数和日期函数等，可以点击下拉列表，选择相应的运算符号和函数。

（3）获取唯一值：可获取选中字段的属性单值。

（4）查询字段：列出要查询的字段，各个字段以英文的逗号分隔，这些字段会保留在结果数据集中。

（5）查询条件：指定查询条件表达式。将光标定位到查询条件后的文本框中，可以直接输入，也可以通过从字段信息、运算符号和常用函数下拉列表框中选择相关信息来构造查询条件表达式。

（6）分组字段：根据指定的某个（或多个）字段对查询结果进行分组，将指定字段上有相同值的记录分在一组，再通过聚合函数、数学函数等函数对查询结果进行统计计算得到新的临时字段结果。

（7）排序字段：对于分组统计的结果，可以指定某一字段或几个字段进行升序或降序排列，便于查看结果。

3）SQL 查询常用表达式

SQL 语句是标准的计算机查询语句，SuperMap 中的许多查询功能都是通过构建 SQL 语句来完成的。一般情况下，SQL 表达式的语法为"Select…（需要输出的字段名）from…（数据集名）where…（查询条件）（order by…ascending/descending）（结果排序字段，可选）"。其中，Select，from，order by 等后面的参数都可以直接在 SQL 对话框中的列表或下拉列表中选择，而查询条件是需要用户自己构建的。

需要注意的是，由于文件型数据源中的属性信息是以 Access 存储的，所以在对文件型数据进行查询的时候使用的通配符可能与在 SQL 或 Oracle 数据库中查询使用的通配符不完全一致。

下面以示范数据 Population And Economy 数据源中的 Province＿R 和 Province Capital ＿P 数据集为例进行详细介绍。

（1）数值的查询：使用＝，＜＞，＞，＜，＜＝，＞＝，Between 等。

例如：Province＿R.GDP＿2014Between20000and50000，查询的是 GDP＿2014 字段值在 20000 到 50000 之间的省。

（2）模糊查询：使用 like，而且不同类型的数据源使用的匹配符不尽相同。

①部分匹配：使用＊，数据库型数据源及 UDB 数据源中的通配符为％，并且数据库型数据源使用单引号。

例如：Province_R.Name like ""山＊"" 或 Province_R.Name like '山％'，查询的是 Province_R 数据集中 Name 字段中以山开头的省份。

②完全匹配：数据库型数据源中只能使用单引号，UDB 数据源使用单引号或双引号均可。

例如：Province_R.Name like '北京市'，查询的是 Province_R 数据集中 Name 字段值为北京市的地区。

③单字匹配，使用 _，数据库型数据源和 UDB 数据源中的通配符都为 _。

例如：Province Capital_P.Name like '南_'，查询的是 Province Capital_P 数据集中 Name 字段值为南且后面仅加一个字符的省会城市。

④查询特定值：使用 in，确定表达式的值是否等于指定列表内若干值中的任意一个值。

例如：Province Capital_P.Name in（""北京""，""成都""），查询的是 World 数据集中 Name 字段值为北京、成都的城市。

⑤查询某个字段值是否为空：使用 is NULL（is not NULL）。

例如：Province_R.Pop_2014IsNULL，查询的是 Province_R 数据集中 Pop_2014 字段值为空的省份。

⑥通过构造语句进行查询。

例如：Province_R.Pop_2014/（Province_R.Sm Area/1000000）＞500，查询的是 World 数据集中，2014 年的时候每平方千米（因为属性表中 Area 单位为米，所以使用 Province_R.Sm Area/1000000 将其换算为平方千米）土地上人口大于 500 的省份。

⑦组合语句：使用 and，将两个或者多个查询语句组合起来。

例如：Province_R.Sm Area＞1000000000000ANDProvince_R.Pop_2014＜1000000，查询的是面积大于 100 万平方千米且 2014 年人口小于 100 万的省。

⑧比较运算符在字符型字段中的应用，如＞，＜，＞＝，＜＝，＜＞等。

例如：Province_R.Name＞＝"河北省"，查询的是 Province_R 数据集中 Name 字段值的首字母在 H 到 Z 之间的省。对于数据库型数据源，字符型字段的值只能使用单引号。

（3）空间查询

空间查询是指通过几何对象之间的空间位置关系构建过滤条件，从已有的数据中查询出满足过滤条件的对象。目前支持 8 种空间查询的基本算子，包括交叉、包含、被包含、重叠、分离、邻接、重合、相交。

以 Hunan 示范数据中的湖泊、行政区划图层（见图 6-3（a））为例，对其进行空间查询，查询湖南省共包含哪些湖泊，查询结果如图 6-3（b）所示。

## 6.1.4 技能训练

SuperMap 的查询功能可以完美地实现对空间实体的简单查找。根据光标所指的空间位置，系统可以查询该位置的空间实体和空间范围以及它们的属性，并显示出该空间对象的属

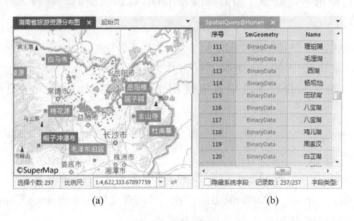

图 6-3 查询结果

性列表。利用 SuperMap 软件自带的 China 数据，完成以下查询训练操作。

**1. 地图目标图形信息的查询**

查询中国地图中河南省的省会位置、河南省的省界的长度和该省的面积。

**2. 地图目标属性信息的查询**

（1）单个目标的查询。查询中国地图中河南省的属性信息。
（2）多个目标的查询。查询中国地图中河南省及其相邻省份的属性信息。
（3）查询目标：根据属性信息查询满足以下条件的目标。
①1990 年人口大于 8000 万的省份。
②将查询结果存储为人口超过八千万的省份。
（4）查询目标：根据属性信息查询满足以下条件的目标。
①人口大于 3000 万的省份。
②将查询结果分别按升序、降序排列。
③将查询结果存储为人口大于三千万图。

# 任务 6.2　矢量数据空间分析

## 6.2.1　任务描述

空间分析是基于地理对象位置和形态的空间数据的分析技术，其目的在于提取和传输空间信息。强大的空间分析能力是 GIS 的主要特征。由于空间数据可以分为矢量数据和栅格数据两种类型，因此，GIS 的空间分析功能可划分为矢量数据的空间分析和栅格数据的空间分析，以及空间统计分析、水文分析等。

## 6.2.2 任务分析

**1. 缓冲区分析**

缓冲区是地理信息系统空间分析的核心功能之一。在地理信息系统中,为了进行隐含信息的提取,可以根据分析对象的点、线、面实体,自动建立它们周围一定距离的带状区,用以识别这些实体对邻近对象的辐射范围或影响度,以便为某项分析或决策提供依据。

1) 缓冲区分析的定义

邻近度(proximity)描述了地理空间中两个地物距离相近的程度。缓冲区分析是解决邻近度问题的空间分析工具之一。

所谓缓冲区就是地理空间目标的一种影响范围或服务范围,通常根据实体的类别来确定这个范围,以便为某项分析或决策提供依据。

缓冲区分析是指根据分析对象的点、线、面实体,自动建立它们周围一定距离的带状区,用以识别这些实体对邻近对象的辐射范围或影响度,以便为某项分析或决策提供依据。

2) 缓冲区的组成要素

在进行缓冲区分析时,通常将研究的问题抽象为以下3类要素,即主体、邻近对象和作用条件。

(1) 主体:表示分析的主要目标,一般分为点源、线源和面源3种类型。

(2) 邻近对象:表示受主体影响的客体,例如行政界线变更时所涉及的居民区,森林遭砍伐时所影响的水土流失范围等。

(3) 作用条件:表示主体对邻近对象施加作用的影响条件或强度。

3) 缓冲区分析方法

根据主体的类型,缓冲区分析可分为点缓冲区分析、线缓冲区分析和面缓冲区分析。

(1) 点缓冲区分析。

点缓冲区是选择单个点、一组点、一类点状要素或一层点状要素,按照给定的缓冲条件建立缓冲区,如图6-4所示。在不同的缓冲条件下,单个或多个点状要素建立的缓冲区不同。

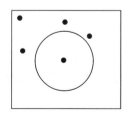
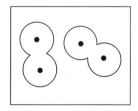
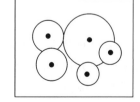

(a) 单个点缓冲区　　(b) 相同缓冲距离缓冲区　　(c) 属性值作距离参数缓冲区

**图 6-4　点缓冲区**

点缓冲区分析方法的应用是非常广泛的,例如要调查某地区的现有的小学能否满足社区需求,可运用点缓冲区分析方法确定各小学的服务范围,分析它们的重叠离散程度。重叠太大则说明小学分布可能不合理,离散太大则表明需要在服务空白区新建小学。

(2) 线缓冲区分析。

线缓冲区是选择一类或一组线状要素,按照给定的缓冲条件建立缓冲区结果,如图6-5所示。

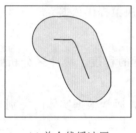
(a) 单个线缓冲区

(b) 多个线缓冲区

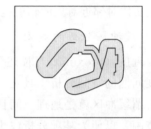
(c) 属性值作距离参数缓冲区

图6-5 线缓冲区

线缓冲区分析方法主要应用于线状地物如道路和河流对周围影响的分析。例如,为了防止水土流失,禁止砍伐河流两侧一定范围内的森林,这个范围的确定就可以运用线缓冲区分析。

(3) 面缓冲区分析。

面缓冲区是选择一类或一组面状要素,按照给定的缓冲条件建立缓冲区结果。由于自身缓冲区的建立,面缓冲区存在内缓冲区和外缓冲区之分。外缓冲区是仅仅在面状地物的外围形成缓冲区,内缓冲区则在面状地物的内侧形成缓冲区,同时也可以在面状地物的边界两侧形成缓冲区,如图6-6所示。

(a) 外缓冲区

(b) 内级冲区

(c) 内外缓冲区

图6-6 面缓冲区

很多情况采用面缓冲区分析方法建立其外侧缓冲区,例如,我们国家的洞庭湖和鄱阳湖,特别是有候鸟天堂之称的鄱阳湖,为了保护各种鸟类和生物,其周围要设置生态保护区,生态保护区范围的确定便可采用面缓冲区分析方法。

4) 缓冲区的建立

(1) 矢量数据缓冲区的建立。

从原理上来说,矢量数据缓冲区的建立相当简单。对于点状要素,直接以其为圆心,以要求的缓冲区距离大小为半径绘圆,所包容的区域即为所要求区域,因为点状要素是在一维区域里，所以较为简单。线状要素和面状要素缓冲区的建立是以线状要素或面状要素的边线为参考线，以作为其平行线，并考虑其端点处建立的原则，即可建立缓冲区，但是在实际中处理起来要复杂得多。

①角分线法。

首先，对中心线 $AB$ 与 $AC$ 分别作平行线；然后在线状要素的收尾点 $A$ 点与 $B$ 点处，作其垂线并按缓冲距离 $r$ 为半径截出左右边线的起始点；在其他的折点处，用于该点相关联的两段相邻线段平行线的交点来确定，如图 6-7 所示。

该方法的缺点是，在折点处无法保证双线的等宽性，而且折点处的夹角越大，误差也就越大。

②凸角圆弧法。

凸角圆弧法与角分线法类似，但是在其他折点处，要先判断该点的凹凸性，在凸侧用圆弧弥合，如图 6-8 所示，在凹侧则用该点相关联的两段相邻线段平行线的交点。

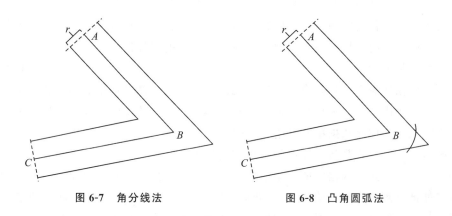

图 6-7　角分线法　　　　　　图 6-8　凸角圆弧法

该方法改进了角分线法的缺陷，最大限度地保证了双线的等宽性。可以采用凸角圆弧法建立简单对象的缓冲区。

值得注意的是，在建立缓冲区边界的情况相对复杂时，缓冲区会出现线自相交的问题，会产生若干个自相交多边形。其中，重叠多边形不是缓冲区边线的有效组成部分，最终不参与缓冲区的构建。但是，岛屿多边形是缓冲区边线的有效组成部分，当存在岛屿多边形与重叠多边形时，最终计算的边线被分为外部边线和若干岛屿。对于缓冲区边线绘制，只要把外围边线和岛屿轮廓绘出即可。

（2）栅格数据缓冲区的建立。

栅格数据表示为一个由二值（0，1）组成的矩阵（$M \times N$），其中"0"像元为空白位置，"1"像元为空间目标所占据的位置。经过距离变换，计算出每个"0"像元与最近的"1"像元的距离，即背景像元与空间目标的最小距离。假设给定缓冲区的宽度 $R=2$，则缓冲区边界就是距离小于或等于 2 的各个背景像元的集合。

栅格数据缓冲区建立的原理简单，但精度受栅格尺寸的影响，可以通过减小栅格的尺寸而获得较高的精度。但这样内存消耗就会很大，所以和矢量方法相比，该方法难以实现大数据量缓冲区分析。

## 2. 叠置分析

叠置分析即叠加分析，是地理信息系统中常用的提取空间隐含信息的方法之一。叠置分析是指在统一空间参照系统条件下，每次将同一地区两个地理对象的图层进行叠置，以产生空间区域的多重属性特征，或建立地理对象之间的空间对应关系。其结果综合了原来两个或多个层面要素所具有的属性，同时叠置分析不仅生成了新的空间关系，还将输入的多个数据层的属性联系起来产生新的属性关系。其中，被叠加的要素层面必须是基于相同坐标系的、基准面相同的、同一区域的数据。

从原理上来说，叠置分析是对新要素的属性按一定的数学模型进行计算分析，其中往往涉及逻辑交、逻辑并和逻辑差等运算。根据操作要素的不同，叠置分析可以分成点与多边形叠加、线与多边形叠加和多边形与多边形叠加；根据操作形式的不同，叠置分析可以分为图层擦除、识别叠加、交集操作、均匀差值、图层合并和修正更新。

（1）裁剪：是指裁剪数据集从被裁剪数据集中提取部分特征集合的操作。裁剪数据集中的多边形集合定义了裁剪区域，被裁剪数据集中凡是落在多边形区域内的特征要素都将被输入结果数据集中。同时属性表信息只保留被裁剪数据集的属性值。

（2）合并：是求两个数据集合并的操作。进行合并运算后，两个面数据集在相交处多边形被分割，重建拓扑关系，且两个数据集的几何和属性信息都被输出到结果数据集中。

（3）擦除：是用来去掉被擦除数据集中多边形重合部分的操作。擦除数据集中的多边形定义了擦除区域，被擦除数据中凡是落在这些多边形区域内的特征要素都将被去除，而落在多边形区域外的特征要素都将被输出到结果数据集中。

（4）求交：是求两个数据集的交集的操作。待求交数据集的特征对象在与交数据集中的多边形相交处被分割（点对象除外）。求交运算与裁剪运算得到的结果数据集的空间几何信息是相同的，但是裁剪运算不对属性表做任何处理，而求交运算可以让用户选择需要保留的属性字段。

（5）同一：操作结果图层范围与源数据集图层的范围相同，但是包含来自叠加数据集图层的几何形状和属性数据。同一操作就是源数据集与叠加数据集先求交，然后求交结果再与源数据集求并。

（6）对称差：是两个数据集的异或操作。操作的结果是，对于每一个面对象，去掉其与另一个数据集中的几何对象相交的部分，而保留剩下的部分。

（7）更新：是用更新数据集替换与被更新数据集重合的部分，是一个先擦除后粘贴的过程。结果数据集中保留了更新数据集的几何形状和属性信息。

## 3. 邻近分析

邻近分析主要是指泰森多边形和距离计算两个功能，常用于解决与空间上地物的位置、距离相关的问题。例如，可根据全国气象站点数据，对其构建泰森多边形，可将点数据中降水量信息反映到面对象中，得到每个气象站点构建区域的平均降雨量；某区域发生了泥石流，根据距离计算功能计算出泥石流灾害区域最近的居民点，及时对该居民点采取救灾措施。

1) 泰森多边形

荷兰气候学家泰森（A. H. Thiessen）提出了一种根据离散分布的气象站的降雨量来计算平均降雨量的方法，即将所有相邻气象站连成三角形，作这些三角形各边的垂直平分线，于是每个气象站周围的若干垂直平分线便围成一个多边形。用这个多边形内所包含的一个唯一气象站的降雨强度来表示这个多边形区域内的降雨强度，并称这个多边形为泰森多边形。泰森多边形构建的步骤如图6-9所示。泰森多边形每个顶点是每个三角形的外接圆圆心。泰森多边形也称为Dirichlet图或Voronoi图。泰森多边形具有如下特性。

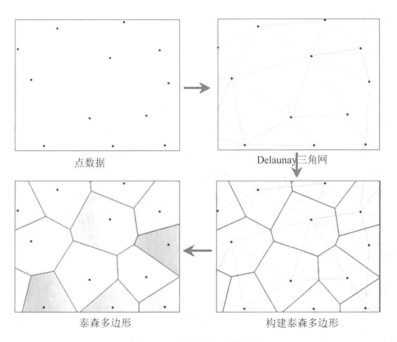

图 6-9 泰森多边形的建立

（1）每个泰森多边形内仅含有一个离散点数据。
（2）泰森多边形内的点到相应离散点的距离最近。
（3）位于泰森多边形边上的点到其两边的离散点的距离相等。
（4）泰森多边形的每个顶点是三角形外接圆的圆心。

泰森多边形可用于定性分析、统计分析和邻近分析等。可以用离散点的性质来描述泰森多边形区域的性质；可用离散点的数据来计算泰森多边形区域的数据；判断一个离散点的相邻离散点时，可根据泰森多边形直接得出，且若泰森多边形是$n$边形，则就与$n$个离散点相邻；当某一数据点落入某一泰森多边形中时，它与相应的离散点最邻近，无须计算距离。

泰森多边形有时会用于替代插值操作，以便将一组样本测量值概化到最接近它们的区域。使用泰森多边形可将取自一组气候测量仪的测量值概化到周围区域，还可为一组店铺快速建立服务区模型等。

2）距离计算

距离计算可用于计算点到点、点到线或点到面的距离，可计算指定查询范围内点、线或面到被计算点的距离，计算结果保存在一个新的属性表中，字段包括源数据点的ID、临近要素ID（点、线或面要素）以及它们之间的距离值。

距离计算功能可查看两组事物间的邻近性关系。例如，若需要比较多种类型的企业点（如影剧院、快餐店、工程公司和五金商店）与社区问题（乱丢废弃物、打碎窗玻璃和乱涂乱画）所在位置之间的距离，可将搜索限制为一千米来查找关系，计算出企业和社区问题的距离将保存到属性表中。该结果用于安排公用垃圾桶或巡警。还可查找与受污染井距离在指定范围内的所有水井及距离。

## 6.2.3 任务实施

**1. 任务内容**

某市民欲在A市一区域购房，需要综合考虑安全、户外活动和自然环境、生活设施以及教育设施等方面的影响。其中在生活设施方面，该市民考虑到为了方便入住后基本的生活需求，选址应靠近大型百货商场和超市，居住地点距离百货商场和超市不超过500米。基于生活设施方面的要求，请计算在该区域内超市的有效影响区域。该任务的内容如下：

（1）掌握缓冲区分析方法，为超市及商场等建立500m的缓冲区，即其影响范围。

（2）根据已有的数据，利用叠加分析计算该区域内超市的有效影响范围。

**2. 任务实施步骤**

1）缓冲区分析

以任务（1）为例，建立单缓冲区（指在点、线、面实体周围自动建立的一定宽度的多边形）的详细操作步骤如下。

实训15
缓冲区分析

（1）打开本任务需要的数据集。点击空间分析的缓冲区的下拉按钮，选择缓冲区项。随后会弹出生成缓冲区的对话框。生成缓冲区的对话框如图6-10所示。

图6-10　生成缓冲区对话框

（2）将该市的 supermarket 点数据载入；设置缓冲半径单位为米，数值型为 500。在结果设置处勾选合并缓冲区和在地图窗口中显示结果复选框，将生成结果直接添加到当前地图窗口中；设置结果数据的数据集命名为 supermarket_Buffer_1，如图 6-11 所示。

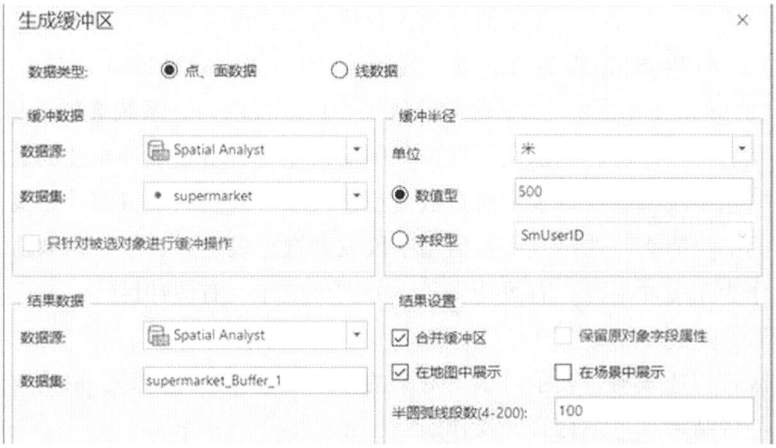

**图 6-11 缓冲区设置**

①数据类型。

可以选择对点、面数据集或线数据集生成缓冲区。当对线数据生成缓冲区时需要设置缓冲类型，可以是圆头缓冲或者平头缓冲，而对点、面数据生成缓冲区时则不需要。所以，在对线数据生成缓冲区时，生成缓冲区对话框中会多出一些选项。

②缓冲数据。

数据源选择要生成缓冲区的数据集所在的数据源；数据集选择要生成缓冲区的数据集。系统根据生成缓冲区的数据类型，自动过滤选中的数据源下的数据集，只显示该数据源下的线数据集。如果是对点、面数据生成缓冲区，则只会显示相应的数据源下的点或者面数据集。在选中某一数据集中对象的情况下，只针对被选中对象进行缓冲选项操作前面的复选框可用。勾选该项，表示只对选中的对象生成缓冲区，且不能设置数据源和数据集；若取消该项，表示对该数据集下的所有对象进行生成缓冲区的操作，可以更改生成缓冲区的数据源和数据集。

③缓冲类型。

圆头缓冲：在线的两边按照缓冲距离绘制平行线，并在线的端点处以缓冲距离为半径绘制半圆，连接生成缓冲区域。默认缓冲类型为圆头缓冲。

平头缓冲：生成缓冲区时，以线数据的相邻节点间的线段为一个矩形边，以左半径或者右半径为矩形的另外一边，生成形状为矩形的缓冲区域。

左缓冲：对线数据的左边区域生成缓冲区。

右缓冲：对线数据的右边区域生成缓冲区。

值得注意的是，只有同时勾选左缓冲和右缓冲两个选项，才会对线数据生成两边缓冲区。默认为同时生成左缓冲区和右缓冲区。

④缓冲单位。

缓冲距离的单位，可以为毫米、厘米、分米、米、千米、英寸、英尺、英里、度和码等。

⑤缓冲距离的指定方式。

数值型：勾选数值型选项，表示通过输入数值的方式设置缓冲距离大小。输入的数值为双精度型数字，小数点位数为 10 位。最大值为 $1.79769313486232E+308$，最小值为 $-1.79769313486232E+308$。如果输入的值不在以上范围内，系统会提示超出小数位数。

在左半径和右半径标签右侧的文本框中分别输入左边、右边缓冲半径的数值。

字段型：勾选字段型选项，表示通过数值型字段或者表达式设置缓冲距离大小。

点击右侧的下拉箭头，选择一个数值型字段或者选择表达式选项，以数值型字段的值或者表达式的值作为左缓冲半径、右缓冲半径，分别生成左、右缓冲区。

⑥结果设置。

合并缓冲区：勾选该项，表示对多个对象的缓冲区进行合并运算。取消勾选该项，表示保留生成的缓冲区结果，不进行合并操作。

保留原对象字段属性：勾选该项，表示生成的每一个缓冲区会保留相应的原对象的非系统属性字段信息。取消勾选该项将会丢失原对象的非系统字段属性信息。默认为勾选该项。当勾选合并缓冲区选项时，该项不可用。

在地图窗口中显示结果：勾选该项，表示在生成缓冲区后，会将其生成的结果添加到当前地图窗口中。取消勾选该项，则不会自动将结果添加到当前地图窗口中。默认为勾选该项。

半圆弧线段数（4～200）：用于设置生成的缓冲区边界的平滑度。数值越大，圆弧或弧段均分数目越多，缓冲区边界越平滑。取值范围为 4～200。默认的数值大小为 100。

⑦结果数据。

选择生成的缓冲区结果要保存的数据源。输入生成的缓冲区结果要保存的数据集名称。如果输入的数据集名称已经存在，则系统会提示数据集名称非法，需要重新输入。

(3) 点击确定按钮，即可对超市生成缓冲区，缓冲区结果会在地图窗口中打开，结果如图 6-12 所示。

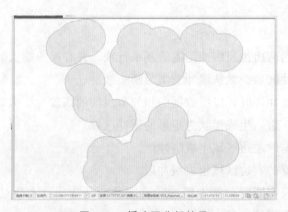

图 6-12　缓冲区分析结果

2)叠加分析

以任务(2)为例,使用上一步单重缓冲区分析结果数据,利用叠加分析计算该区域内超市的有效影响范围。以下是叠加分析的具体操作步骤。

(1)点击空间分析选项卡上的矢量分析组中的叠加分析按钮,弹出叠加分析对话框,如图 6-13 所示,对话框的具体说明如下。

图 6-13 叠加分析对话框

①源数据(叠加数据)。

数据源就是选择被操作的数据集所在的数据源,数据集是选择被操作的数据集(数据源下所有的点、线、面或者 CAD 数据集)。

② 结果设置。

容限是一个确定的值,在叠加操作后,若两个节点之间的距离小于此值,则将这两个节点合并。该值的默认值为源数据集的节点容限默认值(该值在数据集属性对话框的矢量数据集选项卡的数据集容限下的节点容限中设置)。

设置是否进行结果对比:勾选进行结果对比复选框,可将被叠加数据集、叠加数据集及结果数据集同时显示在一个新的地图窗口中,便于用户进行结果比较。

(2)在左侧的列表框中根据实际选择叠加方式。需要在弹出的对话框中选择求交选项。源数据选择缓冲区分析中生成的 supermarket_Buffer_1,叠加数据选择 area 选项,保存结果数据为 supermarket_valid_1。

(3)点击确定按钮,生成了如图 6-14 所示的结果,即超市的有效影响范围。

3)泰森多边形分析

本实验基于全国的气象站点数据,对其构建泰森多边形,将点数据中的属性反映到面对象的面对象中,得到每个气象站点构建区域的平均气压,对其制作分段专题图,分析各区域的气压情况。具体操作步骤为:

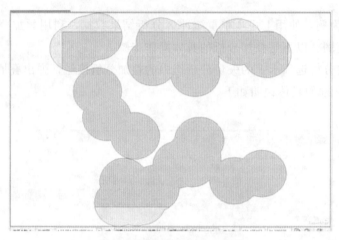

图 6-14 超市的有效影响范围

(1) 打开示范数据中的山西省部分区域数据,并新建一个文件型数据源,命名为 Thiessen。

(2) 全国气象站点气压观测数据为 Excel 数据,将其导入 Thiessen 数据源中,并将导入后的属性表数据集通过数据类型转换功能转换为点数据。

(3) 新建一个地图窗口,将山西省部分区域数据集添加到新建的地图窗口中,开启图层编辑功能,选中图层中的所有面对象,通过对象操作选项卡中的组合功能将所有面对象组合为一个面对象。

(4) 点击空间分析选项卡中矢量分析组中的邻近分析的下拉按钮,选择泰森边形选项,在打开的构建泰森多边形对话框中,对气象站点构建泰森多边形。在对话框中设置源数据集为气象站点数据,并通过选择面方式来设置分析区域,选择山西省部分区域中的组合面作为分析范围。勾选在地图中展示复选框,构建成功后的泰森多边形会自动添加到当前地图窗口中显示。

(5) 对构建的泰森多边形面数据制作分段专题图,在专题图属性面板中设置表达式为累年年平均本站气压字段,设置段数为 6 段,并重新设置段值,最终即可得到如图 6-15 所示的累计平均气压分布图。

## 6.2.4 技能训练

(1) 2008 年 5 月 12 日,我国四川省发生了特大地震,现运用缓冲区分析的知识进行以下分析。

①确定汶川和青川两个地震级别高的地震源的影响范围。

②确定汶川、北川和青川所组成的轴线上地震源轴线的影响范围。

③估算汶川地震中道路的损失情况。

(2) 某地区遭受洪涝灾害,给居民生活和财产造成巨大的损失,如图 6-16 所示,现运用叠置分析的知识进行以下分析。

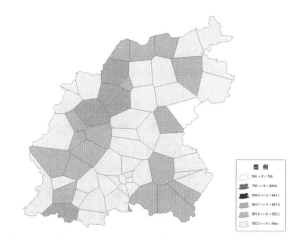

图 6-15 山西省部分地区累计平均气压分布图

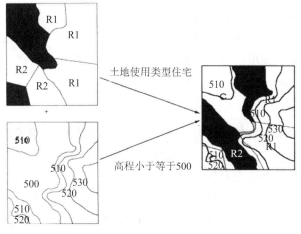

图 6-16 叠置分析实例

①确定洪水淹没的范围，高程大于 300m 的地区不受洪水的淹没。
②淹没范围内房屋的位置、类型及面积。
③淹没范围内农作物的损失情况。

## 任务 6.3 栅格数据空间分析

### 6.3.1 任务描述

栅格数据空间分析包括表面分析、栅格统计、矢栅转换、DEM 分析、距离栅格、密度分析、插值分析、太阳辐射和水文分析等内容。

## 6.3.2 任务分析

**1. 插值分析**

插值是利用已知的样点去预测或者估计未知样点的数值，包括内插和外推两种插值方式。由于地理空间要素之间存在着空间关联性，即相互邻近的事物通常具有相同或者相似的特征，可以利用已知地点的信息来间接获取与其相邻的其他地点的信息。

利用插值分析功能能够预测任何地理点数据的未知值，如高程、降雨量、化学物浓度和噪声级等。插值方法主要有距离反比权重法（IDW）和克吕金插值方法（Kriging）和径向基函数插值法（RBF）。选用何种方法进行内插，通常取决于样点数据的分布和要创建表面的类型。已知点的数据越多，分布越广，插值结果将越接近实际情况。

**2. 表面分析**

表面分析主要通过生成新数据集，如等值线、坡度和坡向等数据，获得更多反映原始数据集中所暗含的空间特征、空间格局等信息。SuperMap 的栅格数据表面分析功能，是根据栅格表面模型获得的信息或生成的表面，主要包括提取等值线和等值面、通视分析、坡度分析、坡向分析、填挖方、面填挖方、表面量算、剖面分析和生成三维晕渲图等。

1）提取等值线和等值面

（1）提取等值线。

等值线是地图上表示表面的常用方法之一。等值线是将数值相等的相邻点连接成光滑曲线。常用的等值线有等高线、等深线、等温线、等压线和等降水量线等。

等值线的分布反映了栅格表面值的变化情况。等值线分布越密集，表示栅格表面值的变化越剧烈。例如，等高线越密集，则坡度越陡峭。等值线分布较稀疏，表示栅格表面值的变化较小。若等高线稀疏，则表示坡度很平缓。通过提取等值线，可以找到高程、温度、降水等值相同的位置。同时等值线的分布状况也可以显示变化的陡峭区和平缓区。

提取等值线包括提取所有等值线、提取指定等值线、点选提取等值线和点数据集提取等值线等 4 种方式，具体说明如下。

①提取所有等值线：通过指定参数提取 DEM 或 Grid 数据集中符合条件的等值线，提取结果如图 6-17 所示。

②提取指定等值线：可以按照用户的需要提取一定数量的特定值的等值线。可以直接输入特定值；可以根据设置的范围和间隔自动生成系列特征值；还可以通过导入的方式，将存放在"*.txt"文件中的特定值导入。

③点选提取等值线：提取与光标点击位置处高程值相等的所有等值线，适用于 DEM 或 Grid 数据集。提取结果如图 6-18 所示。

④点数据提取等值线：提取点数据集等值线要先对点数据集进行插值分析，得到栅格数据集，将栅格数据集中相邻的具有相同高程值的点连接起来，提取高程值相等点的等值线。提取结果如图 6-19 所示。

 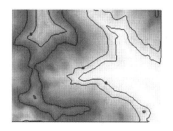 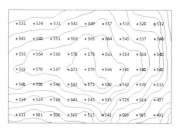

图 6-17 提取所有等值线结果　　图 6-18 点选提取等值线结果　　图 6-19 点数据提取等值线结果

（2）提取等值面。

等值面是由相邻的等值线封闭组成的面。等值面的变化可以很直观地表示出相邻等值线之间的变化，诸如高程、温度、降水、污染或大气压力等用等值面来表示是非常直观、有效的。等值面分布的效果与等值线的分布相同，也是反映了栅格表面上的变化，等值面分布越密集的地方，表示栅格表面值有较大的变化，反之则表示栅格表面值变化较少；等值面越窄的地方，表示栅格表面值有较大的变化，反之则表示栅格表面值变化较少。等值面的提取方法有提取所有等值面、提取指定等值面两种：

① 提取所有等值面：可以通过指定参数提取表面模型中符合条件的等值面。一般用基准值和等值距两个参数来控制提取的等值面。

② 提取指定等值面：根据设置的范围和间隔自动生成系列高程值，还可以通过导入的方式，将存放在"*.txt"文件中的特定值导入。

2）通视分析

通视分析亦称为视线图分析，实质上属于对地形进行最优化处理的范畴。通视分析在航海、航空以及军事方面有重要的应用价值，例如：设置雷达站、电视台的发射站、道路选择和航海导航等，在军事上如布设阵地、设置观察哨所和铺设通信线路等。有时还可能对不可见区域进行分析，例如，低空侦察飞机在飞行时，要尽可能避免敌方雷达的捕捉，飞机要选择雷达盲区飞行。通视分析的基本内容有可视域分析、两点可视性分析和多点可视性分析。

（1）可视域分析。

可视域是从一个或者多个观察角度可以看见的地表范围。可视域分析是在栅格数据集上，对于给定的一个观察点，基于一定的相对高度，查找给定的范围内观察点所能通视覆盖的区域，也就是给定点的通视区域范围，分析结果是得到一个栅格数据集。在确定发射塔的位置、雷达扫描的区域以及建立森林防火瞭望塔的时候，都会用到可视域分析。可视域分析在航海、航空以及军事方面有较为广泛的应用。

（2）两点可视性分析。

两点可视性分析用来分析栅格表面的任意两点之间是否可以相互通视，根据给定的观察点和被观察点，在输入的栅格表面上对这两个点之间能否相互通视进行分析。只有当当前地图窗口中必须存在 Grid 或 DEM 数据集时，才可以使用通视分析功能。

（3）多点可视性分析。

多点可视性分析是对多个观察点和被观察点，在输入的栅格数据表面上的通视性进行分析，即分析能否两两相互通视。

3）坡度分析

坡度分析用于计算栅格数据集（通常使用 DEM 数据）中各个像元的坡度值。在坡度图中，每个像元都有一个坡度值，值越大表示地势越陡峭，值越小表示地势越平坦。DEM 数据中的像元值即该点的高程值，通过高程值计算该点的坡度。在地形分析中，坡度表示经过地表某一点的切平面和水平面所形成的夹角。根据坡度图，可以了解到区域内各位置的地形的陡峭程度。

4）坡向分析

坡向分析在植被分析、环境评价等领域有重要的意义。地表面某一点的坡向表示经过该点的斜坡的朝向。在地形分析中，坡向表示经过地表某一点的切平面的法线在水平面的投影与经过该点正北方向的夹角。坡向表示该点高程值改变量的最大变化方向。坡向分析用于计算栅格数据集（通常使用 DEM 数据）中各个像元的坡度面的朝向。坡向计算的范围是 0°到 360°，以正北方 0°开始，按顺时针移动，回到正北方 360°结束。平坦的坡面没有方向，赋值为 -1。

5）剖面分析

剖面分析表示表面高程沿某条线（截面）的变化。剖面分析研究某个截面的地形剖面，概括研究区域的地势、地质和水文特征，包括区域内的地貌形态、轮廓形状、绝对与相对高度、地质构造、斜坡特征、地表切割强度和侵蚀因素等。剖面分析有利于修筑道路的难度评定或对沿指定路线铺设铁路线的可行性评估，也可作为计算土方量的依据。

剖面分析功能用来根据给定的线路查看栅格表面沿该线路的剖面，并得到剖面线和剖面采样点集合。栅格表面是连续的，但要连续地表达出给定路线上的所有位置是不太可能的，因此需要沿这条线选取一些特征点。这些特征点称为采样点。通过这些采样点所在位置的高程和坐标信息，来展现剖面效果。

### 3. 数字高程模型（DEM）分析

数字高程模型（digital elevation models，DEM）主要用于描述地面起伏状况，可以用于各种地形信息的提取，如坡度、坡向等，并进行可视化分析等应用分析。DEM 在测绘、资源与环境、灾害防治、国防和军事指挥等与地形分析有关的科研及国民经济的各领域发挥着越来越重要的作用。

1）DEM 及 DTM 概述

数字高程模型（digital elevation model，DEM）是通过有限的地形高程数据实现对地形曲面的数字化模拟，它是对二维地理空间上具有连续变化特征地理现象的模型化表达和过程模拟。

数字地形模型（digital terrain model，DTM）是利用一个任意坐标场中大量已知的 $x$、$y$、$z$ 坐标点，对连续地面的简单的统计表示，是带有空间位置特征和地形属性特征的数字描述。地形属性特征包括高程、坡度、坡向、土地利用和降雨等地面特征。

2）DEM 数据源及获取

DEM 最主要的数据源是从现有地形图数字化、地面测量或解析航空摄影测量得到的数字线化图（DLG）获得，此外，地面测量、声呐测量、雷达和扫描仪数据也可作为 DEM 的数据来源。其数据获取的主要方法有以下几种：

（1）直接地面测量。

直接利用 GPS、全站仪等在野外实测，量测计算目标点的 $x$、$y$、$z$ 三维坐标。这种方法适用于建立小范围大比例尺（比例尺大于 1∶5000）区域的 DEM，对高程的精度要求较高。

（2）现有地图数字化。

现有地图数字化是利用数字化仪对已有地图上的信息（如等高线）进行数字化的方法，目前常用的数字化仪有手扶跟踪数字化仪和扫描数字化仪。以大比例尺的国家近期的地形图为数据源，采用数字化的方法，采集已有地图上的有关信息（如等高线、高程值），从中量取中等密度地面点集的数据，并采集附加地形特征数据。该方法适用于各种尺度 DEM 的建立，但其所表示的几何精度和内容详尽程度有很大差别。

（3）数字摄影测量方法。

数字摄影测量方法是 DEM 数据采集较常用的方法。由航空或航天遥感立体像对，用摄影测量的方法沿等高线、断面线、地性线等进行采样或者直接进行规则格网采样，量取密集点的数据（平面坐标 $x$、$y$ 和高程 $z$）。该方法适用于高精度大范围的 DEM 的建立。

（4）空间传感器。

利用全球定位系统 GPS，结合雷达和激光测高仪等进行数据采集。LIDAR（light detection and ranging）也叫机载激光雷达，是一种安装在飞机上的机载激光探测和测距系统，是一种新型的快速测量系统，可以全天候、全天时、高速获取、高精度直接联测地面物体各个点的三维坐标。

3）DEM 的主要表示模型

（1）等高线模型。

等高线模型表示高程，高程值的集合是已知的，每一条等高线对应一个已知的高程值。这样一系列等高线集合和它们的高程值一起就构成了一种地面高程模型，如图 6-20 所示。

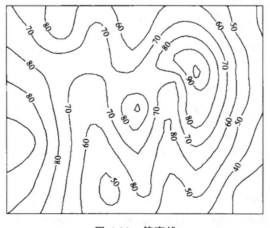

图 6-20　等高线

等高线通常被存为一个有序的坐标点对序列，可以认为是一条带有高程值属性的简单多边形或多边形弧段。由于等高线模型只表达了区域的部分高程值，往往需要一种插值方法来计算落在等高线外的其他点的高程，又因为这些点是落在两条等高线包围的区域内，所以通常只使用外包的两条等高线的高程进行插值。

(2) 规则格网模型。

规则网格通常是正方形，也可以是矩形、三角形等规则网格。规则网格将区域空间切分为规则的格网单元，每个格网单元对应一个数值。数学上可以表示为一个矩阵，在计算机实现中则是一个二维数组。每个格网单元或数组的一个元素对应一个高程值，如图 6-21 所示。

| 91 | 78 | 63 | 50 | 53 | 63 | 44 | 55 | 43 | 25 |
| --- | --- | --- | --- | --- | --- | --- | --- | --- | --- |
| 94 | 81 | 64 | 51 | 57 | 62 | 50 | 60 | 50 | 35 |
| 100 | 84 | 66 | 55 | 64 | 66 | 54 | 65 | 57 | 42 |
| 103 | 84 | 66 | 56 | 72 | 71 | 58 | 74 | 65 | 47 |
| 96 | 82 | 66 | 63 | 80 | 78 | 60 | 84 | 72 | 49 |
| 91 | 79 | 66 | 66 | 80 | 80 | 62 | 86 | 77 | 56 |
| 86 | 78 | 68 | 69 | 74 | 75 | 70 | 93 | 82 | 57 |
| 80 | 75 | 73 | 72 | 68 | 75 | 86 | 100 | 81 | 56 |
| 74 | 67 | 69 | 74 | 62 | 66 | 83 | 88 | 73 | 53 |
| 70 | 56 | 62 | 74 | 57 | 58 | 71 | 74 | 63 | 45 |

图 6-21 格网 DEM

对于每个网格的数值有 2 种不同的解释。第一种是格网栅格观点，认为该格网单元的数值是其中所有点的高程值，即格网单元对应的地面面积内高程是均一的高度，这种数字高程模型是一个不连续的函数。第二种是点栅格观点，认为该网格单元的数值是网格中心点的高程或该网格单元的平均高程值，这样就需要用一种插值方法来计算每个点的高程。计算任何不是网格中心的数据点的高程值，使用周围 4 个中心点的高程值，采用距离加权平均方法进行计算，当然也可使用样条函数和克里金插值方法。

格网 DEM 的优点有：①数据结构简单，便于管理；②有利于地形分析以及制作立体图。

格网 DEM 的缺点有：①格网点高程值的内插会损失精度；②不能准确表示地形的结构和细部。为避免这些问题，可采用附加地形特征数据，如地形特征点、山脊线、谷底线和断裂线，以描述地形结构；③如果不改变格网大小，就不能表达复杂的地表形状；④简单地区存在大量冗余数据；⑤在某些计算，如通视问题，过分强调网格的轴方向。

(3) 不规则三角网（TIN）模型。

不规则三角网（triangulated irregular network，TIN）模型是另外一种表示数字高程模型的方法，它是直接利用不规则分布的原始采样点进行地形表面重建，由连续的相互连接的三角形组成，如图 6-22 所示，三角形的形状和大小取决于不规则分布的采样点的密度和位置。

不规则三角网法随地形的起伏变化而改变采样点的密度和决定采样点的位置。因此，它既减少了规则格网方法带来的数据冗余，又能按照地形特征点、地形特征线等表示DEM的特征。不规则三角网优点有：①能充分利用地貌的特征点、线较好地表示复杂地形；②可根据不同地形，选取合适的采样点数；③进行地形分析和绘制立体图很方便。

(4) 层次地形模型。

层次地形模型（layer of details，LOD）是一种表达多种不同精度水平的数字高程模型。大多数层次模型是基于不规则三角网模型的，通常不规则三角网的数据点越多精度越高，数

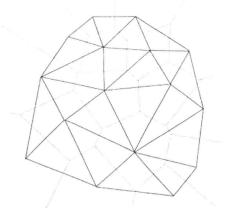

图 6-22　不规则三角网

据点越少精度越低，但数据点多则要求更多的计算资源。所以如果在精度满足要求的情况下，最好使用尽可能少的数据点。层次地形模型允许根据不同的任务要求选择不同精度的地形模型。在实际运用中必须注意几个重要的问题：①层次模型的存储问题，很显然，与直接存储不同，层次的数据必然导致数据冗余；②自动搜索的效率问题，例如，搜索一个点可能先在最粗的层次上搜索，再在更细的层次上搜索，直到找到该点；③三角网形状的优化问题，如可以使用Delaunay三角剖分；④模型可能允许根据地形的复杂程度采用不同详细层次的混合模型，例如，对于飞行模拟，近处时必须显示比远处更为详细的地形特征；⑤在表达地貌特征方面应该一致，例如，如果在某个层次的地形模型上有一个明显的山峰，在更细层次的地形模型上也应该有这个山峰。

这些问题目前还没有一个公认的最好的解决方案，仍需进一步深入研究。

4）DEM分析

基于DEM的信息提取，可以进行坡度分析、坡向分析、面积分析和体积分析（计算挖方、填方量）等。基于DEM的可视化，可以进行剖面分析和通视分析等。

5）DEM应用

DEM应用广泛，有许多用途，例如，在国家数据库中存储数字地形图的高程数据；计算道路设计、其他民用和军事工程中挖填土石方量；越野通视情况分析（也是为了军事和土地景观规划等目的）；规划道路线路、坝址选择等；不同地面的比较和统计分析；绘制坡度、坡向图，用于地貌晕渲的坡度剖面图；帮助地貌分析，估计侵蚀和径流等；显示专题信息或是将地形起伏数据与专题数据如土壤、土地利用、植被等进行组合分析的基础；提供土地景观和景观处理模型的影像模拟需要的数据；用其他连续变化的特征代替高程后，DEM还可以表示通行时间和费用、人口、直观风景标志、污染状况和地下水水位等。

## 6.3.3 任务实施

**1. 任务内容**

栅格数据是地理信息数据的一大类型,工作中经常会遇到各种基于栅格数据进行空间分析的需求,根据任务分析中了解的相关知识,在 SuperMap 平台中对案例数据进行插值分析、提取等值线、坡度分析、坡向分析以及 DEM 的构建。

**2. 任务实施步骤**

1) 插值分析

实训17
DEM提取等值线、等值面

以某区域的气象监测站的降水数据 Precipitation 为例,使用插值方法来得到该区域所有地方的降水量的估算数据。

(1) 以降水数据 Precipitation 作为数据源,双击打开该数据集。

(2) 在空间分析选项卡上的栅格分析组中,点击插值分析按钮,进入栅格插值分析对话框。在该对话框内选择距离反比权重插值方法,进入第一步,设置插值分析的公共参数(包括源数据、插值范围和结果数据),将插值字段设置为 Precipitation,将结果数据集命名为 Precipitation_IDW,其余参数为默认值,如图 6-23 所示。

图 6-23 插值分析第一步设置

(3) 点击下一步按钮,进入插值分析的第二步,在查找方式中选择变长查找选项;最大半径、查找点数和幂次选项保留默认值,如图 6-24 所示。

(4) 点击完成按钮,得到的结果如图 6-25 所示。

2) 提取等值线

以分辨率为 5m 的 DEM 数据为例,使用表面分析功能中的提取等值线操作,具体步骤如下。

图 6-24　插值分析第二步设置

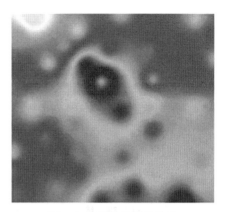

图 6-25　插值分析的结果

(1) 点击空间分析选项卡下的栅格分析组的表面分析按钮，在下拉菜单中选择提取等值线选项，弹出如图 6-26 所示的对话框，设置图中的参数值。

(2) 点击确定按钮，完成该操作，得到的结果如图 6-27 所示。

3) 坡度分析和坡向分析

以 5m 的 DEM 数据为例，坡度分析的具体步骤如下。

图 6-26　提取等值线对话框

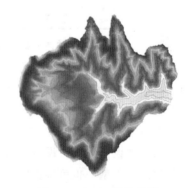

图 6-27　DEM 的等值线

(1) 点击空间分析选项卡下的栅格分析组的表面分析按钮，在下拉菜单中选择坡度分析选项，弹出相应的对话框，设置如图 6-28 所示的参数值。

(2) 点击确认按钮，执行分析操作，得到的结果如图 6-29 所示。通过点击查询栅格值按钮，可以查询任意一处的坡度情况。

(3) 坡向分析与坡度分析类似，坡向分析的设置如图 6-30 所示。得到的结果如图 6-31 所示。

4) 构建 DEM

DEM 可通过高程测量点（或从等高线中进行采样提取高程点）进行内插或模拟计算获得。SuperMap 提供的地形构建功能通过点或者线数据插值生成 DEM 数据，结果为一个栅格数据集。下面以 Build DEM 中的 Elevation 点数据集构建 DEM 为例，详细说明 DEM 构建的操作步骤。

图 6-28　坡度分析对话框　　　　　图 6-29　DEM 的坡度值

图 6-30　坡向分析对话框　　　　　图 6-31　DEM 的坡向值

（1）点击空间分析选项卡中的栅格分析中的 DEM 构建下拉按钮，选择 DEM 构建命令，在弹出的对话框中设置相关参数。

（2）点击工具条中的添加按钮，在弹出的选择对话框 Elevation 点数据集。

（3）在参数设置面板中设置插值类型，点击插值类型右侧下拉按钮，选择距离反比权重插值法作为插值类型，也可根据需求选择不规则三角网或克吕金插值法。

（4）若插值类型设置为不规则三角网，则需要设置重采样距离，重采样距离是指线上相邻两个节点之间，其中一个点到两点之间连线的垂距。距离越大，采样结果数据越简化。

（5）点击重复点处理右侧下拉按钮，设置重复点的处理方式，应用程序提供了两类处理方式：一种是使用其中一个点的高程值，将之后出现的其他重复点去除；另外一种采用重复点的所有高程值的统计值，如平均值、最大值、最小值、众数、中位数等。

（6）在高程缩放比例数值框中输入数值 1，表示不拉伸。

（7）在结果数据处设置结果栅格数据所要保存在的数据源及保存名称。

（8）点击编码方式右侧下拉按钮，设置生成的地形数据的像素格式，应用程序提供了 3 种编码方式、未编码、SGL 和 DCT，此处选择未编码。

（9）点击像素格式右侧下拉按钮，设置生成的地形数据的像素格式，应用程序提供了多种常用的像素格式，包括 1 位、4 位、单字节、双字节、三字节、整型、长整型、单精度浮点型和双精度浮点型 9 种。此处设置为单精度浮点型。

（10）在分辨率数值框中输入 30，设置生成的 DEM 数据的分辨率为 30。分辨率的单位与参与生成 DEM 的矢量数据的坐标系统单位保持一致。

(11) 点击对话框中的其他设置,切换到其他设置面板,可对挖湖数据以及裁剪和擦除范围数据进行设置,它们均为可选参数。

①湖数据:设置 Lake 面数据集为 DEM 挖湖的湖面数据,其高程字段为 Elevation。进行挖湖处理时,会将湖面数据字段的高程值替换 DEM 中对应位置的栅格值。

②裁剪数据:设置裁剪数据集,将对该裁剪数据区域覆盖的像元生成 DEM,区域外的部分将赋予无值。此处不设置。

③擦除数据:设置擦除数据集,应用程序将对擦除数据覆盖区域内的像元赋予无值,区域外的部分不做处理。值得注意的是,擦除数据集的设置仅在插值类型为不规则三角网(TIN)时有效。此处不设置。

(12) 点击对话框中的确定按钮,即可执行 DEM 构建操作,得到结果如图 6-32 和图 6-33 所示。

实训18
地形数据坡度坡向分析

实训19
插值分析

实训20
其他空间分析简介

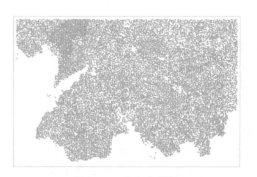
图 6-32 高程点数据

图 6-33 构建的 DEM 数据

### 6.3.4 技能训练

(1) 通过外业实测、栅格图矢量化等多种方式得到 DEM 数据,建立不规则三角网 DEM。

(2) 应用 DTM 模块的模型应用的菜单功能,完成以下模型应用。

①蓄积量/表面积计算。

②高程剖面分析。

③可视性分析。

📝 **思政故事**

**核心软硬件大部分进口　我国信息安全形势严峻复杂**

来源:人民日报

高端服务器、操作系统等核心软硬件大部分进口,信息安全话题牵动人们的神经。美国国家安全局前雇员爱德华·斯诺登披露的美国"棱镜门"事件让人们意识到:网络监听、远程控制、数据窃取等并不是耸人听闻的传说，而是真真切切的现实。

建设网络强国，保障国家信息安全是第一要义。在高端服务器等核心硬件设备和操作系统等基础软件被国外厂商长期垄断的情势下，我国的信息安全如何保障？国内自主研发的硬件设备能否派上用场并挑起维护信息安全的重担？

中国互联网新闻研究中心发布了一份报告——《美国全球监听行动纪录》。报告显示，经过几个月的查证，中国发现美国国家安全局前雇员爱德华·斯诺登披露的美国"棱镜"秘密项目有针对中国的窃密行为，内容基本属实。

目前面临的信息安全问题主要有两类：一种是网络攻击，会导致网络信息被篡改甚至瘫痪；另一种是通过各种技术手段监控、窃取信息。据相关监测数据显示：某年3—5月，我国境内有118万多台主机受到美国僵尸网络或者木马的控制，130多万台主机中发现500多个钓鱼页面，造成网络欺诈事件14000多次。同期，有2000多个美国的IP地址对我国境内1700多个网站植入"后门"。

"所谓'后门'，简单地理解，就是不走正门，非法进入你的系统内部，非法获取数据。"宁家骏解释说。

《美国全球监听行动纪录》中也显示，美国确实针对中国进行大规模网络进攻，攻击目标包括商务部、外交部、银行和电信公司等，以及中国六大骨干网之一的中国教育和科研计算机网主干网络。

"如果信息设备不能国产化，那么信息安全将沦为空谈！"中国科学院计算所研究员、中国工程院院士倪光南表示，信息设备的大量进口是威胁国家信息安全的重要原因之一。

倪光南认为，每一个国家都有信息安全的问题，美国是受到网络攻击最多的国家，但美国的重要优势在于使用的信息基础设施和关键核心技术设备几乎都是自主研发的，"而我国使用的信息基础设施和关键核心技术设备大量都是外国的，存在着严重的'后门'威胁。"

推进国产化，倪光南认为国家意志非常重要。民用领域如手机、个人电脑等设备和软件系统的选择应该依靠市场竞争。但涉及国家安全的领域则必须自主可控才能保证安全，"所以必须大力推进重要信息系统的国产化替代。在当前形势下，我们首先要强调网络安全、信息安全，在这个前提下鼓励竞争。"

# 项目 7　空间数据网络分析

## 教学目标

网络是地理信息系统（GIS）中一类独特的数据实体，它由若干线性实体通过节点连接而成。网络分析是空间分析的一个重要方面，是依据网络拓扑关系（线性实体之间，线性实体与节点之间，节点与节点之间的连接、连通关系），并通过考察网络元素的空间、属性数据，对网络的性能特征进行多方面的分析计算。与 GIS 的其他分析功能相比，关于网络分析的研究一直比较少，但是近年来由于普遍使用 GIS 管理大型网状设施（如城市中的各类地下管线、交通线和通信线路等），使得对网络分析功能的需求迅速发展。

本项目由常见的网络分析功能，包括路网分析、追踪分析和通达性分析 3 个学习型工作任务组成，为学生从事 GIS 数据网络分析岗位工作打下基础。

## 思政目标

本项目是空间分析的进阶应用，由我国 SuperMap 平台自主开发的交通分析模块完成，这项模块的研发进一步体现我国 GIS 技术的进步，培养学生中国制造的荣誉感和奋力发展我国科学技术的使命感，增强学生家国情怀。

## 项目概述

随着社会经济的不断发展、城市建设规模不断扩大，网络购物、文件寄送等物流行业需求越来越大，某市邮局现有的配送系统无法满足日益增多的配送需求，需要重新规划合理的配送路线，现已有城市路网数据和邮局数据，需要根据现有数据重新规划合理的配送路径。

## 任务 7.1 网络模型创建

### 7.1.1 任务描述

网络数据模型是真实世界中网络系统（如交通网、通信网、自来水管网和煤气管网等）的抽象表示。网络是由若干线性实体互联而成的一个系统，资源经由网络来传输，实体间的联络也经由网络来达成。网络分析就是在网络模型上通过分析解决实际问题的过程，如路径分析、服务区分析和最近设施查找等。构成网络的最基本元素是上述线性实体以及这些实体的连接交会点。前者常被称为网线或链（link），后者一般称为节点（node）。

### 7.1.2 任务分析

**1. 网络分析基础**

1）网络

网络是现实世界中，由链和节点组成的、带有环路的，并伴随着一系列支配网络中流动之约束条件的线网图形。它是现实世界中的网状系统的抽象表示，可以模拟交通网、通信网、地下水管网和天然气网等网络系统。网络的构成元素如图 7-1 所示。

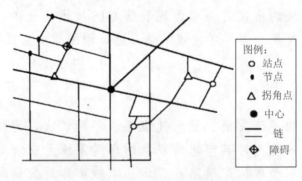

图 7-1 网络的构成元素

（1）线状要素。

网络中流动的管线是构成网络的骨架，也是资源或通信联络的通道，包括有形物体如街道、河流、水管和电缆线等，无形物体如无线电通信网络等，其状态属性包括阻力和需求，其通过节点和其他线状要素相连接。

（2）点状要素。

①障碍：禁止网络中链上流动的，或对资源或通信联络起阻断作用的点。

②拐角点：出现在网络链中所有的分割节点上状态属性的阻力，如拐弯的时间和限制（如在 8:00 到 18:00 不允许左拐）。

③节点：网络链与网络链之间的连接点，位于网络链的两端，如车站、港口、电站等，其状态属性包括阻力和需求。

④中心：是接受或分配资源的位置，如水库、商业中心和电站等。其状态属性包括资源容量，如总的资源量、阻力限额以及中心与链之间的最大距离或时间限制。

⑤站点：在路径选择中资源增减的站点，如库房、汽车站等其状态属性有要被运输的资源需求。

除了基本组成部分外，有时还要增加一些特殊结构，如邻接点链表用来辅助进行路径分析等。

2) 网络中的属性

每种网络要素都有许多相联系的属性，如道路宽度、名称等。在网络分析中有非常重要的 3 个属性。

(1) 阻碍强度。

指资源在网络中运移时所受阻力的大小，如花费的时间、费用等。它用于描述链、拐弯、资源中心和站点所具有的属性。

(2) 资源需求量。

指网络中与弧段和停靠点相联系资源的数量。如在供水网络中每条沟渠所载的水量，在城市网络中沿每条街道所住的学生数和在停靠站点装卸货物的件数等。

(3) 资源容量。

指网络中心为了满足各弧段的需求，能够容纳或提供的资源总数量。如学校的容量指学校能注册的学生总数、停车场能停放机动车辆的空间和水库的总容量。

**2. 网络分析一般流程**

在 SuperMap 中执行任意类型网络分析的基本步骤如下。

(1) 构建网络数据集。

(2) 设置网络分析环境。

(3) 新建一种要进行网络分析的网络分析实例，如最佳路径分析和服务区分析等。

(4) 向当前地图窗口中添加网络分析对象。

(5) 设置分析参数。例如，在进行服务区分析时，需要设置服务半径、分析方向是否从服务站开始、服务站是否互斥以及分析时是否使用转向表等，以及分析结果参数是否保存节点信息、弧段信息等。

(6) 执行分析操作，并查看分析结果以及行驶导引。

值得注意的是，不同的网络分析需要添加的对象有所不同，如最近设施查找需要添加事件点和设施点；而服务区分析需要添加中心点。一般有两种方式实现添加，一种是以数据集的形式导入，另一种是以交互的方式添加对象。

### 7.1.3 任务实施

**1. 任务内容**

构建网络数据是整个网络分析的基础，所有的网络分析功能均能在网络图层上进行。在 SuperMap 提供了拓扑构网的方式生成网络数据集。

数据准备：实验数据 \ 网络分析 \ RouteAnalysis.smwu。

**2. 准备工作**

实训21
网络分析

（1）准备构网的数据集。

可用于构网的数据类型有点数据集、线数据集和网络数据集。其中点数据是可选的，在不选择点数据的情况下，也可以构建网络数据集；当网络数据集参与构建时，相当于利用其他点、线数据对该网络数据进行重新构网。

（2）准备网络数据集字段信息。

确保用于构网的线数据中包含表示网络阻力的字段，如表示时间和距离信息的字段。现实情况中，权重字段因为方向不同会有所不同，则需要为每个方向都提供一个权重字段。在进行路径分析时，如果需要生成行驶导引的文字信息，请确保用于构网的线数据中包含所需的指示信息（如道路名称和站点名称）的字段。

**3. 拓扑构建二维网络数据集具体步骤**

（1）打开 RouteAnalysis.smwu 工作空间；导入数据源 RouteAnalysis 中的数据集 Road_L 到地图窗口，如图 7-2 所示。

图 7-2 导入数据集

（2）点击功能区交通分析选项卡的路网分析组的拓扑构网按钮，选择构建二维网络，弹出构建网络数据集对话框；在列表框内添加用来构建网络数据集的数据集 Road_L。在打开构建网络数据集窗口后，系统会自动地将在工作空间管理器中选中的数据集添加到列表框内。

（3）结果设置中，数据源为默认的 RouteAnalysis，数据集命名为 RoadNetwork，字段设置为默认设置，如图 7-3 所示。

打断设置如下。

①点自动打断线：勾选该复选框后，在容限范围内，线对象会在其与点的相交处被打断，若线对象的端点与点相交，则线不予打断。

②线线自动打断：勾选该复选框后，在容限范围内，两条（或两条以上）相交的线对象会在相交处被打断，若线对象与另一条线的端点相交，则这个线对象会在相交处被打断。此外，勾选线线自动打断操作时，系统会同时默认勾选点自动打断线，即线线自动打断功能不可以单独使用。

（4）点击确定按钮，完成操作，弹出构建二维网络数据集对话框，如图 7-4 所示。

图 7-3　构建二维网络数据集

图 7-4　数据处理对话框

（5）网络数据集效果如图 7-5 所示。

图 7-5　网络数据集效果

（6）双击 RoadNetwork 图层中任意节点或弧段，可以查看相应属性信息。图 7-6 左图蓝色弧段为选择弧段，右图为蓝色弧段对应的属性信息。

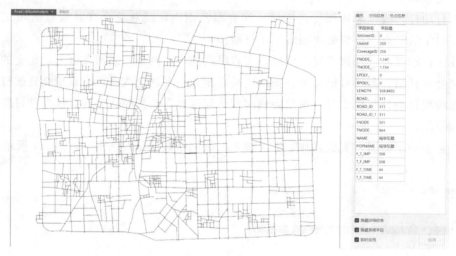

图 7-6　图形属性信息查询

### 4. 网络分析环境设置

网络分析环境设置窗口，用来对网络分析全局的一些参数进行设置。路网分析→环境设置复选框，用于控制环境设置窗口的显示和隐藏。环境设置窗口与网络数据集绑定，只有当前地图窗口存在打开的网络数据集，并选择路网分析功能，窗口中的参数才可以设置，如图 7-7 所示。

图 7-7　环境设置

环境设置窗口包含风格设置、交通规则设置、转向表设置、权值设置、追踪分析网络建模、分析区域设置、管线模型设置和检查环路等。

（1）风格设置：对交通网络分析和设施网络分析过程中的各种站点、障碍点等点风格，结果路由等线风格，服务区等面风格和文字提示的风格分别进行设置。

（2）交通规则设置：为网络分析设置交通规则，即设置网络弧段是否单行（包括正向单行和反向单行）或者禁止通行等属性。

（3）转向表设置：对网络分析中的转向表进行设置，包括创建转向表和设置转向表。

（4）权值设置：用来在内存中更新弧段权值和节点权值。更新弧段权值用来对弧段的正向/方向权值进行更改以及该弧段是否为障碍边进行设置等。更新节点权值用来对节点处的转向权值以及节点是否为障碍点进行设置。

（5）追踪分析网络建模：用来对追踪分析的分析参数统一进行设置，包括设施网络的节点标识字段和弧段标识字段、是否创建流向、是否创建等级等。

（6）分析区域设置：用于设置网络分析的分析区域，在进行网络分析时只加载分析区域范围内的网络数据集，提高了网络分析的性能。

（7）管线模型设置：在进行爆管分析前，可通过构建管线模型和设置管线图层功能构建管线模型数据。

（8）检查环路：检查网络数据集中是否存在环路。

### 7.1.4 技能训练

在 SuperMap 交通分析功能中，拓扑构网可以实现对网络模型的创建，根据已有路网数据构建二维网络，并根据不同分析功能对模型环境参数进行设置，实现空间数据网络分析。

利用数据（实验数据 \ 网络分析 \ RouteAnalysis.smwu）中路网数据集 Road_L，完成下列操作。

（1）构建二维网络，生成对应二维网络数据集。
（2）查看任意节点或者弧段的相应属性信息。
（3）了解如何进行环境设置。

## 任务 7.2　路网分析

### 7.2.1 任务描述

对地理网络、城市基础设施网络进行地理分析和模型化，是地理信息系统中网络分析功能的主要任务。网络分析是运筹学模型中的一个基本模型，它的根本目的是研究、筹划一项网络工程如何安排，并使其运行效果最好，如一定资源的最佳分配、从一地到另一地的最佳路径查询和运输费用最低的路径查询等。其基本思想在于人类活动总是趋于按一定目标选择达到最佳效果的空间位置。

常用的网络分析功能包括最佳路径分析、旅行商分析、最近设施查找、服务区分析、物流配送和通达性分析等。

### 7.2.2 任务分析

**1. 最佳路径分析**

1）最佳路径分析概述

最佳路径分析是指网络中两点之间阻力最小的路径，如果是对多个节点进行最佳路径分析，必须按照节点的选择顺序依次访问。阻力最小有多种含义，如基于单因素考虑的时间最短、费用最低、路况最佳和收费站最少等,或者基于多因素综合考虑的路况最好且收费站最少等。

最佳路径问题一直是计算机科学、运筹学和地理信息科学等学科的一个研究热点,国内外的大量专家学者对此问题进行了深入研究。经典的图论与不断完善的计算机数据结构及算法的有效结合使得新的最佳路径算法不断涌现,在时空复杂度、易实现性及应用范围等方面各具特色。

最佳路径分析在各种城市应急系统(如110匪警、119火警和120医疗急救系统)中的应用非常广泛,城市路网除具有一般道路网的特点之外,还具有以下两个特点。

(1) 数据量大。对于大型城市来说,城市交通路网中的路段数往往以成千上万计。

(2) 结构复杂。随着城市的发展,城市交通系统越来越向复杂的方向发展,多车道、单行线、转弯限制和立交系统等交通特征变得越来越普遍,加上新的越来越复杂的交通规则,这些都使得城市交通网的结构变得非常复杂。

2) 最佳路径问题的分类

由于问题特征、网络特征等的纷繁复杂,最佳路径问题表现出多样性,通过对当前最佳路径问题的研究,其分类可以归结为如下几点。

(1) 按节点数目和特征,最佳路径问题可以分为5种类型,即单对节点间最佳路径、所有节点间最佳路径、K则最佳路径、实时最佳路径和指定必经节点的最佳路径,其中又可以衍生出其他一些特殊的最佳路径问题。

(2) 按网络的数据结构特征又可以分为稀疏网络和稠密网络、无向网络和有向网络以及有环网络和无环网络等。

(3) 按计算的实现方式可以分为集中式与自主式2类。前者由控制中心的计算机集中计算出所有起始点—终止点对之间的最佳路径并将信息提供给运行中的车辆,后者由车载计算机根据从通信网络接收到的实时交通流信息计算出当前起始点—终止点对之间的最佳路径。

(4) 按服务对象类型可以分为多车导航和单车导航。前者为众多请求线路引导服务的车辆服务,后者为单个车辆服务。

3) 影响最佳路径分析因素——路阻

所谓路阻,即出行费用,是指出行者为了完成从出发点到终止点的出行而付出的代价及其为社会带来的负面影响的总和,包括出行途中占用的时间、支付的能源等费用以及产生的车辆磨损、环境污染等非货币量费用。路阻最低应该是指以上因素的综合值。然而,从可计量性和数据可获得性等方面看,在实际考虑出行费用时,一般都采用被占用的时间或能够反映被占用时间长短的其他指标,如出行时间、行驶距离、拥挤程度、道路质量和综合费用这5种路阻,供不同出行者选择使用。当路网上的交通流分布均匀、不存在局部拥挤而且道路设施等级相近时,该5种路阻并不矛盾。但当交通流分布明显不均匀、局部拥挤现象严重或网络中的道路等级相差较大时,以这5种路阻定义的最短路径是不一致的。

(1) 几何距离表示的路阻:以路段长度作为路阻,属于静态路阻,适用于网络道路质量接近、交通流分布均匀的情况,这时指定起始点与终止点之间的最短路径是固定不变的。

(2) 道路质量表示的路阻:反映城市道路质量的指标主要有路面、车道数、车道宽、车道功能划分和坡度等。道路质量最好的路径是指起止点之间的所有路段的质量指标都具有较高的等级，而不考虑路程和行程时间的长短以及可能存在的拥挤。

（3）平均行程时间表示的路阻：最常用的动态路阻形式。指在第 K 个时段，车辆在该路段上运行时所用的平均时间，包括行驶时间、停车延误和交叉口延误时间的综合。

（4）在交通网络中，拥挤是指道路上的车辆不能以正常速度行驶的现象，表现为行程时间延长和停车延误增加。一般可用排队长度和路段的流量与通行能力之比来衡量。通常定义路段的平均行程时间和车辆以最高速度通过该路段需要时间的比值作为路阻的数值。这是一个动态的数据，其值越大，拥挤程度越严重；反之，拥挤程度较低。

**2. 旅行商分析**

旅行商分析是无序的路径分析。旅行商可以自己决定访问节点的顺序，目标是旅行路线阻抗总和最小（或接近最小）。其与最佳路径分析的区别就在于遍历网络所有节点的过程中对节点访问顺序的处理方式不同。最佳路径分析必须按照指定顺序对节点进行访问，而旅行商分析可以自己决定对节点的访问顺序。

**3. 最近设施分析**

最近设施分析指在网络中给定一组事件点和一组设施点，为每个事件点查找耗费最小的一个或者多个设施点，结果显示从事件点到设施点（或从设施点到事件点）的最佳路径、耗费以及行驶方向。同时还可以设置查找阈值，即搜索范围，一旦超出该范围则不再进行查找。

设施点：最近设施分析的基本要素，如学校、超市和加油站等服务设施。

事件点：最近设施分析的基本要素，需要设施点需要提供服务的事件位置。

网络分析中的查找最近设施点主要应用在汽车油量不足时，需要找到最近的加油站；突发疾病时，需要查找最近的急救中心的救护等类似事件。例如事件点是一起发生交通事故的现场位置，要求查找 10min 内能到达的最近的医院，超过 10min 才能到达的都不予考虑。此例中，事故发生点就是一个事件点，周边的医院都是设施点。查找设施点实际上也是一种路径分析，因此，同样可以设置障碍边和障碍点，在行驶路线上存在障碍时将不能通行，这些情况需要在分析过程中予以考虑。

**4. 服务区分析**

服务区分析是指在满足某种条件的前提下，查找网络上指定的服务站点能够提供服务的区域范围。

首先需要理解服务站和服务区这两个基本概念。

服务站：服务中心点，提供某种特定服务的位置，如某一超市、邮局、社区医院等。

服务区：以指定点为中心点，在一定的阻力范围内，包含所有可通达边的一个区域；简单地说，就是提供某种特定服务的位置按一定的条件所服务的区域，如某一社区派出所按行政区划所管辖的社区范围。

进行网络分析时，网络上拥有资源量的节点被抽象成服务站点，服务站点的最大范围距离被抽象为服务半径，分析成功后得到服务站点的服务网络和服务区域（多边形）。服务区分析可以理解为不考虑中心资源供给量和需求量，而只考虑供给方和需求方之间网络弧段阻力的资源分配。这类分析一般用于评估分析在某一位置邮局、医院、超市等公共设施的服务范围,从而为选择公共设施的最佳位置提供参考。

**5. 物流配送**

物流配送分析又叫多旅行商分析,是指网络数据集中,给定 $M$ 个配送中心和 $N$ 个配送目的地（$M$、$N$ 为大于零的整数）,查找最经济有效的配送路径,并给出相应的运输路线。

应用程序提供了两种配送方案,即总花费最小和全局平均最优。默认使用按照总花费最小的方案进行配送,可能会出现某些配送中心点配送的花费较多而其他的配送中心点的花费较小的情况,即不同配送中心之间的花费不均衡。全局平均最优方案会控制每个配送中心点的花费,使各个中心点花费相对平均,此时总花费不一定最小。

**6. 通达性分析**

在现实生活中,网络可能不是完全连通的。如果需要确定哪些点或者弧段之间是连通的,哪些点或弧段之间是不连通的,可以使用邻接要素分析或者通达要素分析功能。网络连通性分析的最大特点是不需要考虑网络阻力（既不考虑转向权值,也不考虑禁止通行的情况）,网络上的要素只有连通和不连通的区别。

在进行连通性分析之前,需要设置连通性分析参数。需要设置的参数包括以下 2 点。

（1）查找方向：与网络中弧段的方向有关。查找不同,分析的结果会有所不同。

向前查找：沿着网络中弧段的方向向前进行查找。

向后查找：沿着网络中弧段的方向向后查找。

双向查找：沿着网络中弧段的两个方向查找,即向前和向后进行查找。

（2）查找等级：进行连通性分析时,查找弧段的级数,可以理解为网络的深度。与事件点直接相连通的弧段（或节点）为第一级通达边（通达点）。沿分析方向与第一级节点直接相连通的弧段（节点）为第二级通达边（通达点）。由此类推,同样可以得到第三级、第四级等所有通达边（通达点）。当与事件点连接的级数超过设置的参数将不再往下查找。邻接要素分析中,查找等级为 1,即仅查找与事件点相邻接的要素。通达要素分析中,可以查找多个等级,默认查找等级数为 2。

SuperMap 应用程序提供的连通性分析的主要功能如图 7-8 所示。

| 连通性分析 | 功能描述 | 设置障碍点 | 参数设置 | | | |
|---|---|---|---|---|---|---|
| | | | 向前查找 | 向后查找 | 双向查找 | 查找等级 |
| 邻接要素分析 | 查找与添加的事件点相邻接的所有要素（节点或者弧段）。 | 无影响 | 有效 | 有效 | 有效 | 默认为1,不可以修改。 |
| 通达要素分析 | 按照查找等级,查找与添加的事件点相连通的节点或弧段。 | 无影响 | 有效 | 有效 | 有效 | 默认为2,可以设置。 |
| 关键要素分析 | 查找出两个指定节点之间必须经过的节点和弧段。 | 无影响 | 无效 | 必须 | 必须 | 无效 |
| 两点连通性分析 | 判断指定的两节点是否相通。 | 有影响 | 无效 | 无效 | 无效 | 无效 |

图 7-8 连通性分析

## 7.2.3 任务实施

**1. 任务内容**

SuperMap 为管理各类网络提供了方便的手段，通过对各类网络分析功能的学习，在 SuperMap 平台上分别完成最佳路径分析、旅行商分析、最近设施查找、服务区分析、物流配送和通达性分析等一些常见的网络分析。

**2. 任务实施步骤**

1）最佳路径分析

根据数据源 RouteAnalysis 中包含的道路网络数据 Road 和加油站数据 Gas，寻求两个加油站之间的最优路径。

具体操作步骤如下。

（1）打开 RouteAnalysis.smwu 工作空间。

（2）依次加载数据源 RouteAnalysis 中数据集 Road 和 Gas 到地图窗口，如图 7-9 所示。

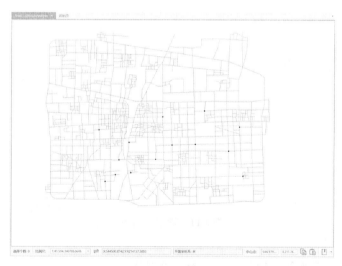

图 7-9 加载数据集

（3）在进行网络分析之前，需要先对网络分析环境进行设置。在交通分析选项卡的路网分析组中，勾选环境设置复选框，则弹出环境设置浮动窗口。网络分析基本参数、结果设置和追踪分析保留默认设置，点击风格设置按钮，进行风格设置，如图 7-10 所示。

（4）在交通分析选项卡的路网分析组中选择最佳路径项，创建一个最佳路径分析的实例。

（5）将光标移至当前网络数据图层，点击鼠标，选择要添加的站点位置。我们手动添加 Gas 点为站点。

（6）以同样的添加方式，可以为路径分析设置障碍点，如图 7-11 所示。

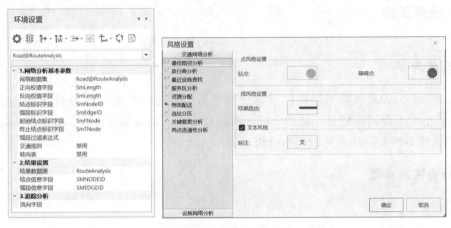

图 7-10 环境及风格设置

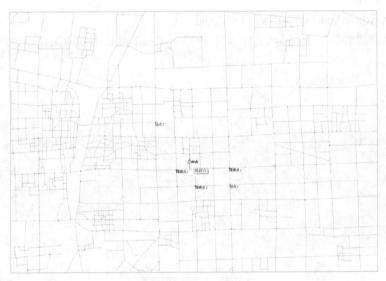

图 7-11 设置障碍点

（7）在网络分析实例管理窗口中点击参数设置按钮，弹出最佳路径分析设置对话框，对分析结果的参数进行设置，如图 7-12 所示。

（8）所有参数设置完毕后，点击交通分析选项卡中的路网分析组的执行按钮或者点击实例管理窗口的执行按钮，按照设定的参数，执行最佳路径分析操作。执行完成后，分析结果会自动添加到当前地图展示，如图 7-13 所示，同时输出窗口中会提示最佳路径分析成功。

（9）在交通分析 1 选项卡的路网分析组中，勾选行驶导引复选框，可查看行驶导引报告。

2）旅行商分析

利用数据源 RouteAnalysis 中包含的道路网络数据 Road 和需要货物的站点数据 Site，

图 7-12 最佳路径分析设置

图 7-13 加载数据集结果

来解决货车按照最优路径最短时间送货的问题。

具体操作步骤如下。

(1) 打开 RouteAnalysis.smwu 工作空间。

(2) 加载数据源 RouteAnalysis 中数据集 Road 和 Site 到地图窗口，如图 7-13 所示。

(3) 设置网络分析环境。在交通分析选项卡的路网分析组中，勾选环境设置复选框，则弹出环境设置浮动窗口。这里我们采用默认设置。

(4) 在交通分析选项卡的路网分析组中，点击菜单中旅行商分析选项，创建一个旅行商分析的实例。

(5) 在当前网络数据图层中添加站点位置。这里我们采用导入方式，直接导入 RouteAnalysis 数据源中已保存的站点数据集 Site，如图 7-14 所示。

(6) 点击导入站点对话框中的确定按钮，成功导入 20 个站点，如图 7-15 所示。

图 7-14 导入站点

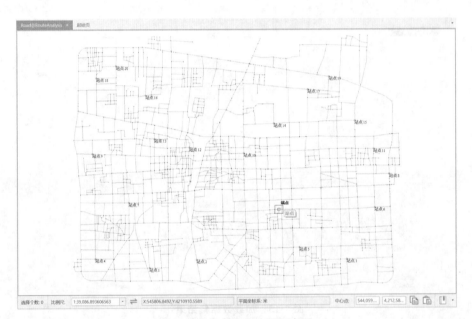

图 7-15 站点导入结果示意图

（7）在网络分析实例管理窗口中点击参数设置按钮，弹出旅行商分析设置对话框，对分析参数进行设置。这里我们仅选择开启行驶导引选项，如图 7-16 所示。

（8）所有参数设置完毕后，点击交通分析选项卡中的路网分析组的执行按钮或者点击实例管理窗口的执行按钮，即可按照设定的参数，执行旅行商分析操作执行完成后，分析结果会自动添加到当前地图展示，如图 7-17 所示，同时输出窗口中会提示旅行商分析成功。

（9）在交通分析选项卡的路网分析组中，勾选行驶导引复选框，可查看行驶导引报告。

3）最近设施查找

利用数据源 RouteAnalysis 中包含的道路网络数据 Road、需要加油的货车数据 Trunk 和加油站数据 Gas，来为货车寻求指定数目的最近加油站。

图 7-16 旅行商分析设置

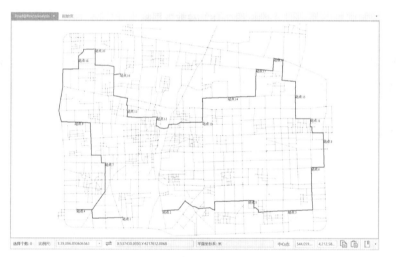

图 7-17 旅行商分析结果

具体操作步骤如下。

（1）打开 RouteAnalysis.smwu 工作空间。

（2）加载数据源 RouteAnalysis 中数据集 Road、Trunk 和 Gas 到地图窗口，如图 7-18 所示。

（3）设置网络分析环境。在交通分析选项卡的路网分析组中，勾选环境设置选框，则弹出环境设置浮动窗口。这里我们采用默认设置。点击风格设置按钮 ，将设施点风格改为加油站符号，事件点风格改为汽车符号，结果路由改为蓝色。

（4）在交通分析选项卡的路网分析组中，点击选择最近设施查找选项，创建实例。

（5）在当前网络数据图层中添加设施点。这里我们导入已有数据源 RouteAnalysis 中的数据集 Gas，将 14 个加油站导入。

（6）在当前网络数据图层中导入要添加的事件点位置。这里我们导入已有数据源 RouteAnalysis 中的数据集 Trunk，将货车位置导入。

图 7-18 加载数据集

(7) 在网络分析实例管理窗口中点击参数设置按钮 ⚙，弹出最近设施查找设置对话框，对最近设施查找分析参数进行设置，如图 7-19 所示。

图 7-19 最近设施查找设置

(8) 所有参数设置完毕后，点击交通分析选项卡的路网分析组的执行按钮或者点击实例管理窗口的执行按钮 ▶，即可按照设定的参数，执行旅行商分析操作，执行完成后，分析结果会即时显示在地图窗口中。如图 7-20 所示，电脑屏幕上蓝色线表明距货车最近的加油站为设施点 9。

(9) 在交通分析选项卡的路网分析组中，勾选行驶导引复选框，可查看行驶导引报告。

4）服务区分析

利用数据源 ResourceAllocation 提供的道路网络数据 Road 和邮局数据 Post1，分析各邮

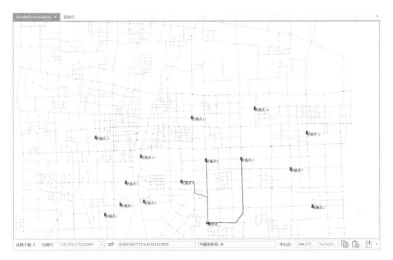

图 7-20 分析结果

局在指定服务半径内的服务范围。

具体操作步骤如下。

(1) 打开 ResourceAllocation.smwu 工作空间。

(2) 加载数据源 ResourceAllocation 中数据集 Road 和 Post1 到地图窗口，如图 7-21 所示。

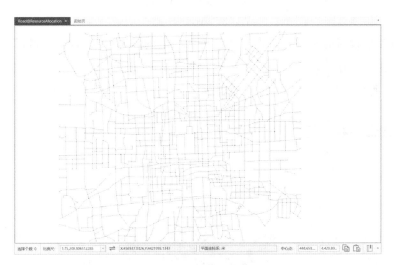

图 7-21 加载数据集

(3) 设置网络分析环境。在交通分析选项卡的路网分析组中，勾选环境设置复选框，则弹出环境设置浮动窗口。这里我们采用默认设置。点击风格设置按钮，将中心点设置为邮局符号。

(4) 在交通分析选项卡的路网分析组中，点击选择服务区分析选项，创建实例。

(5) 在当前网络图层中添加服务站。这里我们导入数据源 ResourceAllocation 中的数据集 Post1，导入 15 个邮局位置。

（6）在网络分析实例管理窗口中点击参数设置按钮 ⚙，弹出服务区分析设置对话框，对分析参数进行设置，如图 7-22 所示。

图 7-22　服务区分析设置

（7）所有参数设置完毕后，点击交通分析选项卡的路网分析组的执行按钮或者点击实例管理窗口中的执行按钮 ▶，进行分析。分析结果会即时显示在地图窗口中。如图 7-23 所示，阴影区域为 15 所邮局半径为 1000m 的服务区。

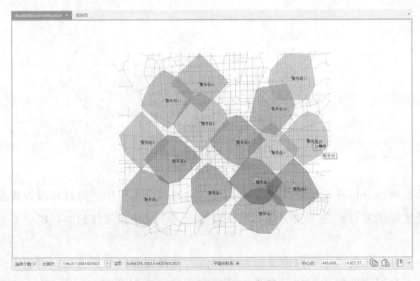

图 7-23　分析结果示意图

5）物流配送

利用数据源 LogisticsDistribution 提供的道路网络数据集 Road、需要货物的站点 Locate 和货车数据 Trunk，分析每辆卡车的送货路线。

具体操作步骤如下。

（1）打开 LogisticsDistribution.smwu 工作空间。

（2）加载数据源 LogisticsDistribution 中数据集 Road、Locate 和 Trunk 到地图窗口，如图 7-24 所示。

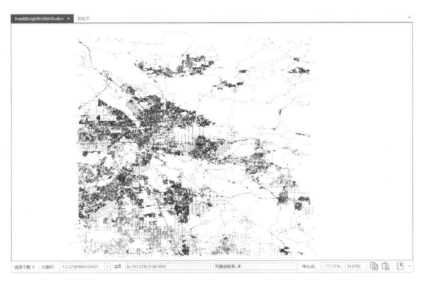

图 7-24　加载数据集

（3）在交通分析选项卡的路网分析组中，选中环境设置复选框，弹出环境设置窗口。在此窗口中设置物流配送分析的基本参数（如权值字段、节点/弧段标识字段等）、分析结果参数以及追踪分析相关的参数（仅在进行追踪分析时需要设置）。这里保留默认设置。

（4）新建物流配送分析的实例。在交通分析选项卡的路网分析组中，点击选择物流配送选项。成功创建后，会自动弹出实例管理窗口。

（5）在当前网络图层中添加配送中心点。这里我们导入数据源 LogisticsDistribution 中的数据集 Trunk，如图 7-25 所示。

图 7-25　导入配送中心点

（6）添加配送目的地。这里我们导入数据源 LogisticsDistribution 中的数据集 Locate，如图 7-26 所示。

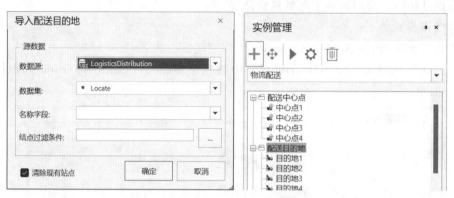

图 7-26　导入配送目的地

（7）在物流配送实例管理窗口中，点击参数设置按钮，弹出物流配送设置对话框，如图 7-27 所示。在此对话框中设置物流配送的参数以及配送结果信息。

图 7-27　物流配送设置

（8）所有参数设置完毕后，在路网分析组中点击执行按钮或者在实例管理窗口中点击执行按钮，进行操作。分析结果会即时显示在地图窗口中，如图 7-28 所示。分析结果可以保存为数据集，以便在其他地方使用。

（9）在交通分析选项卡的路网分析组中，勾选行驶导引复选框，可查看行驶导引报告。

6）通达性分析

查找与指定的事件点相邻接的节点或者弧段。

具体操作步骤如下。

（1）在当前地图窗口中打开数据源 RouteAnalysis 网络图层 RoadNetwork。为了便于观察，我们通过图层风格设置，将线型改为具有方向性的箭头（折线中）线型，如图 7-29

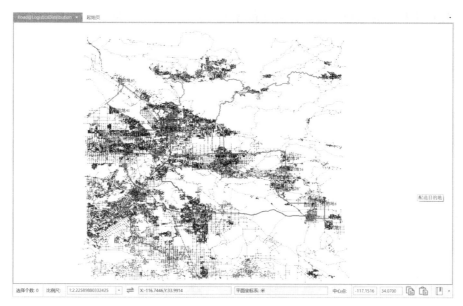

图 7-28　分析结果示意图

所示。

（2）设置网络分析环境。在功能区空间分析的选项卡设施网络分析中点击网络分析按钮，勾选环境设置复选框，弹出环境设置浮动窗口，如图 7-30 所示。可以利用工具条依次对网络分析进行风格设置、交通规则设置、转向表设置、权值设置、追踪分析网络建模以及检查环路。

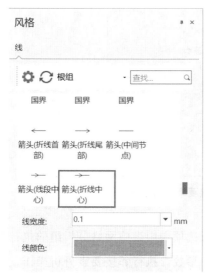

图 7-29　风格设置

图 7-30　环境设置

（3）在空间分析选项卡的设施网络分析组中，点击网络分析下拉按钮，在弹出的下拉菜单中选择邻接要素选项，创建一个邻接要素分析的实例。

（4）在当前网络图层添加一个事件点。添加事件点有两种方式，一种是在网络数据图层点击鼠标完成事件点的添加；另一种是通过导入的方式，将点数据集中的点对象导入作为站点。这里我们采用点击鼠标添加的方式，如图 7-31 所示。

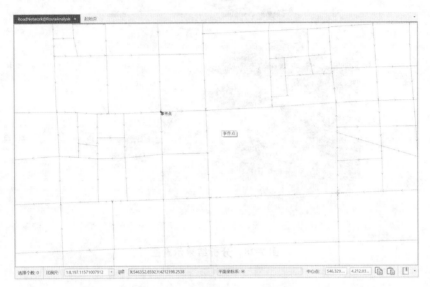

图 7-31　点击鼠标添加事件点

（5）在网络分析实例管理窗口中点击参数设置按钮 ，弹出邻接要素分析设置对话框，对分析参数进行设置，如图 7-32 所示。

图 7-32　邻接要素分析设置

（6）所有参数设置完毕后，点击空间分析选项卡中设施网络分析组的执行按钮或者点击实例管理窗口的执行按钮 ，即可按照设定的参数，执行邻接要素分析操作。

（7）执行完成后，分析结果会自动添加到当前地图展示，同时输出窗口中会提示邻接要素分析成功。

（8）事件点进行向前查找的结果如图 7-33 所示。箭头代表了网络的方向，电脑屏幕上绿色点为事件点，蓝色的点和线为查找结果，即事件点的邻接点和邻接边。

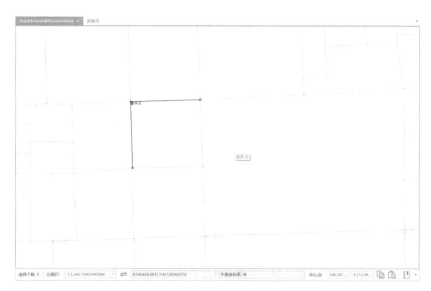

图 7-33 向前查找分析结果示意图

(9)事件点进行向后查找的结果如图 7-34 所示。箭头代表了网络的方向,电脑屏幕上绿色点为事件点,蓝色的点和线为查找结果,即事件点的邻接点和邻接边。

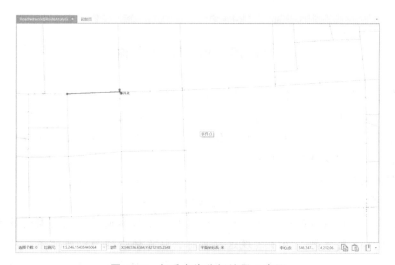

图 7-34 向后查找分析结果示意图

(10)事件点进行双向查找的结果如图 7-35 所示。箭头代表了网络的方向,电脑屏幕上绿色点为事件点,蓝色的点和线为查找结果,即事件点的邻接点和邻接边。

## 7.2.4 技能训练

利用数据集 ResourceAllocation 提供的道路网络数据 Road 和现有邮局数据 Post2,完成

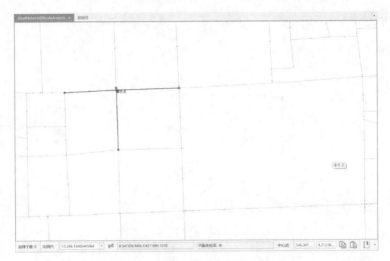

图 7-35　双向查找分析结果示意图

下列操作。

(1) 实现任意 2 点最佳路径规划，提交路由结果。

(2) 实现已有邮局半径 3000m 的服务区，提交分析结果数据集。

 思政故事

**珠峰测量中的团结协作精神**

团结协作是珠峰测量过程中不可或缺的精神品质。在 2020 年中国重测珠峰高度的行动中，测量队员们展现了不畏艰险、团结协作、勇攀高峰的精神，克服了严寒、暴风雪和高山缺氧等艰难困苦，成功登顶。这种精神不仅体现在应对严酷自然环境的挑战中，也体现在团队内部的合作和对外部支持的协调上。

1. 技术创新与团队合作

在 2020 年珠峰高程测量中，中国测绘科学研究院作为技术牵头单位，负责整体技术协调，并承担了多项关键技术的研发和应用。这次测量不仅体现了自主创新的技术特色，而且成果要求高精度和高可靠性。为了实现这些目标，技术协调组历时半年多，从技术角度对这一重大行动进行了全方位的谋划与设计。这次测量的核心目标是精确测定最新珠峰高度，技术协调组围绕这个目标，展开了广泛的调研和反复的推证，最终确定了综合运用多种传统和现代测绘技术的技术路线。

2. 国产装备与自主创新

在 2020 年珠峰高程测量中，国产仪器装备全面承担峰顶测量任务，展现了中国智造的技术实力。此次测量综合应用了北斗卫星导航系统高精度定位、航空重力测量与遥感、实景三维建模、厘米级似大地水准面精化等现代测绘技术，并与 5G 技术相结合，实现了测量数据的实时传输。这些技术的应用，不仅提高了测量基准的精度，也彰显了我国在高科技领域的自主创新能力和团队协作水平。

## 3. 团结协作的具体表现

在具体的测量工作中,团结协作体现在各个层面。例如,在 2020 年珠峰高程测量中,成立了由中国测绘科学研究院牵头,包括多个单位的专家组成的 2020 珠峰高程测量技术协调组,全面负责技术协调工作,编制技术方案,解决工程重大技术问题,组织内业数据处理和多部门检核等工作,确保测量成果的高精度和高可靠性。这种跨单位、多部门的合作,是团结协作精神的具体体现。

# 项目 8　　地图制作与输出

## 📖 教学目标

地理空间数据在 GIS 中经过分析处理后,所得到的分析和处理结果必须以某种可以感知的形式(地图、图表、图像、数据报表或文字说明及多媒体等)表现出来,以供 GIS 用户使用。通过本项目学习,学生可以根据要求制作地图或地图集,为从事 GIS 产品输出岗位工作打下基础。

## 📖 思政目标

要制作一份合格、美观的地图,在制作过程中,就需要保持严谨、耐心的工作态度,同时具备一定的审美情操。通过本项目的学习,培养学生团结协作、细致严谨、认真负责和遵守职业规范的工作态度,以及提升学生的美育能力。

## 📖 项目概述

某公司承接了其所在省份的水文灾害防治地图集的制作项目,需要为省内各县市制作自己的水文灾害防治地图集,地图集要求内容丰富、形制多样,既有普通地图展示该地区的自然地理和社会经济的普遍情况,也有专题地图突出表示与水文灾害有关的一系列要素展示,请协助该公司完成各县市地图集的制作。

## 任务 8.1　普通地图制作

### 8.1.1　任务描述

地理空间数据在 GIS 中经过分析处理后,所得到的分析和处理结果必须以某种可以感知的形式(地图、图表、图像、数据报表或文字说明及多媒体等)表现出来,以供 GIS 用户使用。

### 8.1.2　任务分析

**1. 地理空间数据输出方式**

目前,一般地理信息系统软件都为用户提供 3 种主要的图形图像输出和属性数据报表输出方式。屏幕显示主要用于系统与用户交互式的快速显示,是比较廉价的输出产品,以屏幕摄影方式做硬拷贝,可用于日常的空间信息管理和小型科研成果输出。矢量绘图仪制图用来绘制高精度的比较正规的大图幅图形产品。喷墨打印机特别是高品质的激光打印机已经成为当前地理信息系统地图产品的主要输出设备。

(1) 屏幕显示。

由光栅或液晶的屏幕显示图形、图像,常用来作人和机器交互的输出设备。将屏幕上所显示的图形采用屏幕拷贝的方式记录下来,以在其他软件支持下直接使用。

屏幕同绘图机的彩色成图原理有着明显的区别,所以,屏幕所显示的图形如果直接用彩色打印机输出,两者的输出效果往往存在着一定的差异,这就为利用屏幕直接进行地图色彩配置的操作带来很大的障碍。解决的方法一般是根据经验制作色彩对比表,以此作为色彩转换的依据。近年来,部分地理信息系统与机助制图软件在屏幕与绘图机色彩输出一体化方面已经做了不少卓有成效的工作。

(2) 矢量绘图。

矢量绘图通常采用矢量数据方式输入,根据坐标数据和属性数据将其符号化,然后通过制图指令驱动制图设备;也可以采用栅格数据作为输入,将制图范围划分为单元,在每一单元中通过点、线构成颜色和模式表示,其驱动设备的指令依然是点、线。矢量制图指令在矢量制图设备上可以直接实现,也可以在栅格制图设备上通过插补将点、线指令转化为需要输出的点阵单元,其质量取决于制图单元的大小。

在图形视觉变量的形式中,符号形状可以通过数学表达式、连接离散点和信息块等方法形成,颜色采用笔的颜色表示,图案通过填充方法按设定的排列方向进行填充。

常用的矢量制图仪器有笔式绘图仪,它通过计算机控制笔的移动而产生图形。大多数笔式绘图仪是增加型,即同一方向按固定步长移动而产生线。许多设备有两个马达,一个为 X 方向,另一个是 Y 方向。利用 1 个或 2 个马达的组合,可在 8 个对角方向移动。但是移动步长应很小,以保持各方向的移动相等。

(3) 打印输出。

打印输出一般是直接由栅格方式进行的，可利用以下几种打印机。

①点阵打印机：点阵打印是用打印机内的撞针去撞击色带，然后利用打印头将色带上的墨水印在纸上而达成打印的效果，点精度达 0.141mm，可打印比例准确的彩色地图，且设备便宜，成本低，速度与矢量绘图相近，但渲染图比矢量绘图均匀，便于小型地理信息系统采用。该打印机的主要问题是解析度低，且打印幅面有限，大的输出图需进行图幅拼接。

②喷墨打印机（亦称喷墨绘图仪）：是高档的点阵输出设备，输出质量高、速度快，随着技术的不断完善与价格的降低，目前已经取代矢量绘图仪的地位，成为 GIS 产品主要的输出设备。

③激光打印机：是一种既可用于打印又可用于绘图的设备，是利用碳粉附着在纸上而成像的一种打印机，由于打印机内部使用碳粉，属于固体，而激光光束又不受环境影响，所以激光打印机可以长年保持印刷效果清晰细致，印在任何纸张上都可得到好的效果。绘制的图像品质高、绘制速度快，将是计算机图形输出未来的基本发展方向。

**2. 地理空间数据输出类型**

(1) 地图。

地图是空间实体的符号化模型，是地理信息系统产品的主要表现形式。根据地理实体的空间形态，常用的地图种类有点位符号图、线状符号图、面状符号图、等值线图、三维立体图和晕渲图等。点位符号图在点状实体或面状实体的中心以制图符号表示实体质量特征；线状符号图采用线状符号表示线状实体的特征；面状符号图在面状区域内用填充模式表示区域的类别及数量差异；等值线图将曲面上等值的点以线画连接起来表示曲面的形态；三维立体图采用透视变换产生透视投影，使读者对地物产生深度感并表示三维曲面的起伏；晕渲图以地物对光线的反射产生的明暗使读者对二维表面产生起伏感，从而达到表示立体形态的目的。

(2) 图像。

图像也是空间实体的一种模型，它不采用符号化的方法，而是采用人的直观视觉变量（如灰度、颜色和模式）表示各空间位置实体的质量特征。它一般将空间范围划分为规则的单元（如正方形），然后再根据几何规则确定图像平面的相应位置，用直观视觉变量表示该单元的特征。

(3) 统计图表。

非空间信息可采用统计图表表示。统计图将实体的特征和实体间与空间无关的相互关系采用图形表示，它将与空间无关的信息传递给使用者，使得使用者对这些信息有全面、直观的了解。统计图常用的形式有柱状图、扇形图、直方图、折线图和散点图等。统计表格将数据直接表示在表格中，使读者可直接看到具体数据值。

随着数字图像处理系统、地理信息系统、制图系统以及各种分析模拟系统和决策支持系统的广泛应用，数字产品成为广泛采用的一种产品形式，提供信息进行下一步的分析和输出，使得多种系统的功能得到综合。数字产品的制作是将系统内的数据转换成其他系统采用的数据形式。

### 3. 图面配置

图面配置是指对图面内容的安排。在一幅完整的地图上，图面内容包括图廓、图名、图例、比例尺、指北针、制图时间、坐标系统、主图、副图、符号、注记、颜色和背景等内容。其内容丰富而繁杂，在有限的制图区域上如何合理地进行制图内容的安排，并不是一件轻松的事。一般情况下，图面配置应该主题突出、图面均衡、层次清晰和易于阅读，以求美观和逻辑的协调统一而又不失人性化。

（1）主题突出。

制图的目的是通过可视化手段向人们传递空间信息，因此在整个图面上应该突出所要传递的内容，即地图主体。制图主体的放置应遵循人们的心理感受和习惯，必须有清晰的焦点。为吸引读者的注意力，焦点要素应放置于地图光学中心的附近，即图面几何中心偏上一点，同时在线画、纹理、细节和颜色的对比上要与其他要素有所区别。

图面内容的转移和切换应比较流畅。例如图例和图名可能是随制图主体之后要看到的内容，因此应将其清楚地摆放在图面上，甚至可以将其用方框或加粗字体突出，以吸引读者的注意力，如图8-1所示。

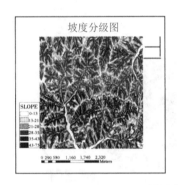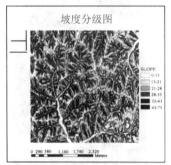

图 8-1　图面内容与图例转换

（2）图面均衡。

图面是以整体形式出现的，而图面内容又是由若干要素组成的。图面设计中的均衡就是要按照一定的方法来确定各种要素的地位，使各个要素显示更为合理。图面布置均衡不意味着将各个制图要素机械性地分布在图面的每一个部分。尽管这样可以使各种地图要素的分布达到某种均衡，但这种均衡淡化了地图主体，并且使得各个要素无序。图面要素的均衡安排往往无一定之规，需要通过不断反复试验和调整才能确定。一般不要出现过亮或过暗，偏大或偏小，太长或太短，与图廓太紧等现象，如图8-2所示。

（3）图形-背景。

图形在视觉上更重要一些，距读者更近一些，有形状、令人深刻的颜色和具体的含义。背景是图形背景，以衬托和突出图形。合理利用背景可以突出主体，增加视觉上的影响和对比度，但背景太多会减弱主体的重要性。图形-背景并不是简单地决定应该有多少对象和多少背景，而是要将读者的注意力集中在图面的主体上。例如，如果在图面的内部填充的是和背景一样的颜色，则读者就会分不清陆地和水体，如图8-3所示。

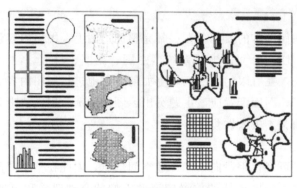

图 8-2　视觉的均衡

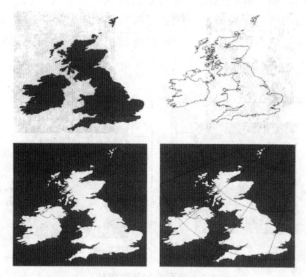

图 8-3　图形-背景关系

图形-背景可用它们之间的比值进行衡量，称为图形-背景比率。提高图形-背景比率的方法是使用人们熟悉的图形，例如，分析陕北黄土高原的地形特点时，可以将陕西省从整体中分离出来，可以使人们立即识别出陕西的形状，并将其注意力集中到焦点上。

（4）视觉层次。

视觉层次是图形-背景关系的扩展。视觉层次是指将三维效果或深度引入制图的视觉设计与开发过程。它是根据各个要素在制图中的作用和重要程度，将制图要素置于不同的视觉层次中。最重要的要素放在最顶层并且离读者最近，而较为次要的要素放在底层且距读者比较远，从而突出了制图的主体，增加了层次性、易读性和立体感，使图面更符合人们的视觉生理感受。

视觉层次一般可通过插入、再分结构和对比等方式产生。

插入是用制图对象的不完整轮廓线使它看起来像位于另一对象之后。例如，当经线和纬线相交于海岸时，大陆在地图上看起来显得更重要或者在整个视觉层次中占据更高的层次，图名、图例如果位于图廓线以内，无论是否带修饰，看起来都会更突出。

再分结构是根据视觉层次的原理,将制图符号分为初级和二级符号。每个初级符号赋予不同的颜色,而二级符号之间的区分则基于图案。例如,在土壤类型利用图上,不同土壤类型用不同的颜色表示,而同一类型下的不同结构成分则可通过点或线对图案进行区分。再分结构在气候、地质和植被等制图中经常用到。

对比是制图的基本要求,对布局和视觉层都非常重要。尺寸宽度上的变化可以使高等级公路看起来比低等级公路、省界比县界以及大城市比小城市等更重要,而色彩、纹理的对比则可以将图形从背景中分离出来。

不论是插入法还是对比法,要注意不要滥用。过多地使用插入会导致图面的费解而破坏平衡性;而过多地对比则会导致图面和谐性的破坏,如亮红色和亮绿色并排使用就会很刺眼。

**4. 制图内容的一般安排**

(1) 主图。

主图是地图图幅的主体,应占有突出位置及较大的图面空间。同时,在主图的图面配置中,还应注意以下的问题。

①在区域空间上,要突出主区与邻区是图形与背景的关系,增强主图区域的视觉对比度。

②主图的方向一般按惯例定为上北下南。如果没有经纬网格标示,左、右图廓线即指示南北方向。但在一些特殊情况下,如果区域的外形延伸过长,难以配置在正常的制图区域内,就可考虑与正常的南北方向作适当偏离,并配以明确的指向线。

③移图。制图区域的形状、地图比例尺与制图区域的大小难以协调时,可将主图的一部分移到图廓内较为适宜的区域,这就成为移图。移图也是主图的一部分。移图的比例尺可以与主图比例尺相同,但经常比主图的比例尺缩小。移图与主图区域关系的表示应当明白无误。假如比例尺及方向有所变化,均应在移图中注明。在一些表示我国完整疆域的地图中,经常在图的右下方放置比例尺小于大陆部分的南海诸岛图,就是一种常见的移图形式。

④重要地区扩大图。对于主图中专题要素密度过高,难以正常显示专题信息的重要区域,可适当采取扩大图的形式处理。扩大图的表示方法应与主图一致,可根据实际情况适当增加图形数量。扩大图一般不必标注方向及比例尺。

(2) 副图。

副图是补充说明主图内容不足的地图,如主图位置示意图、内容补充图等。一些区域范围较小的单幅地图,用图者难以明白该区域所处的地理位置,则需要在主图的适当位置配上主图位置示意图。它所占幅面不大,但却能简明、突出地表现主图在更大区域范围内的区位状况。内容补充图是把主图上没有表示,但却又是相关或需要的内容,以附图形式表达,例如,地貌类型图上配一幅比例尺较小的地势图,地震震中及震级分布图上配一幅区域活动性地质构造图等。

(3) 图名。

图名的主要功能是为读图者提供地图的区域和主题的信息。表示统计内容的地图还必须提供清晰的时间概念。图名要尽可能简练、确切。组成图名的3个要素(区域、主题、时间)如已经以其他形式做了明确表示,则可以酌情省略其中的某一部分。例如,在区域性地图集中，具体图幅的区域名可以不用。图名是展示地图主题最直观的形式，应当突出、醒目。它作为图面整体设计的组成部分，还可看成一种图形，可以帮助取得更好的整体平衡。一般可放在图廓外的北上方，或图廓内以横排或竖排的形式放在左上、右上的位置。图廓内的图名可以是嵌入式的；也可以直接压盖在图面上，这时应处理好与下层注记或图形符号的关系，如图 8-4 所示。

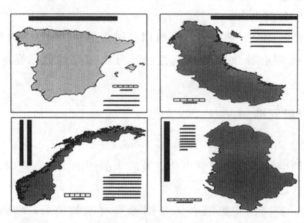

图 8-4　图名位置的安排

（4）图例。

图例应尽可能集中在一起。虽然经常都被置于图面中不明显的某一角，但这并不降低图例的重要性。为避免图例内容与图面内容的混淆，被图例压盖的主图应当镂空。只有当图例符号的数量很大，集中安置会影响主图的表示及整体效果时，才可将图例分成几部分。图例按读图习惯，从左到右有序排列。对图例的位置、大小和图例符号的排列方式、密度和注记字体等的调节，还会对图面配置的合理与平衡起重要作用，如图 8-5 所示。

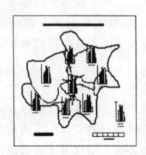  

图 8-5　图例位置的安排

（5）比例尺。

地图的比例尺一般被安置在图名或图例的下方。地图上的比例尺以直线比例尺的形式最为有效、实用。但在一些区域范围大、实际的比例尺已经很小的情况下，如一些表示世界或全国的专题地图，甚至可以将比例尺省略。因为，这时地图所要表达的主要是专题要素的宏观分布规律，各地域的实际距离等已经没有多少价值，更不需要进行什么距离方面的量算。

放置了比例尺,反而有可能会得出不切实际的结论。

(6) 统计图表与文字说明。

统计图表与文字说明是对主题的概括与补充比较有效的形式。由于其形式(包括外形、大小和色彩)多样,能充实地图主题、活跃版面,因此有利于增强视觉平衡效果。统计图表与文字说明在图面组成中只占次要地位,数量不可过多,所占幅面不宜太大。对单幅地图更应如此。

(7) 图廓。

单幅地图一般都以图框作为制图的区域范围。挂图的外图廓形状比较复杂。桌面用图的图廓都比较简练,有的就以 2 条内细外粗的平行黑线显示内外图廓。有的在图廓上表示有经纬度分划注记,有的为检索而设置了纵横方格的刻度分划。

## 8.1.3 任务实施

**1. 任务内容**

普通地图的制作即地理空间数据输出,是将 GIS 分析或查询检索结果表示为某种用户需要的、可理解的形式的过程。地图输出是地理信息系统的主要表现形式。在 SuperMap iDesktop 中通过地图窗口显示地图的内容。在地图窗口中,可以加载数据,设置图层符号化表达,进行地图数据的编辑以及设置地图投影、显示等属性,并提供了地图分幅、地形匀色等地图制图工具,以及自动制图、分级配图和符号化制图高级制图功能。合理运用这些功能,可以较好地实现地图的可视化表达。

**2. 任务实施步骤**

1) 加载地图数据

地图是可视化展示二维空间数据的结果,不同类型、不同来源的数据集以图层的形式添加到地图中。一幅地图可以包含多个图层,一个图层对应一个数据集。而数据集可以多次加载到一幅或多幅地图中。因此,一个数据集可对应多个图层,通过图层不同的符号化表达,可以从不同角度突出显示该数据集的不同信息。

可以加载到地图中显示的数据集包括矢量数据集、影像数据集和栅格数据集,下面详细介绍将数据集添加到地图中的步骤。

①在当前工作空间中,打开示范数据 China.udbx 数据源。

②在 Ribbon 中依次点击开始→浏览→地图按钮,新建一个地图窗口。

③在弹出的选择对话框中,按住 Ctrl 键同时用光标选中 ProvincesCapital_R、MainWater_L 和 Capital_P 数据集。

④点击确定按钮,即可将选中的数据集添加到当前地图窗口中。

此时,选中的数据集已添加到当前地图窗口中,每个图层对应一个数据集。在图层管理器中显示的即为添加至当前地图的数据集,如图 8-6 所示。如果需要在地图中添加其他数据,可直接在工作空间管理器中,将选中数据集拖拽到地图窗口中。

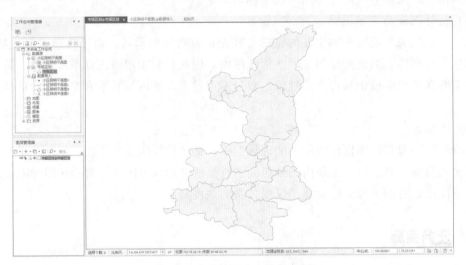

图 8-6 当前地图窗口中的地图

2) 地图符号化

地图符号是表达地图的语言。地图符号提供了极大的地图表现能力,既能表示具体的地物,如城镇、山林分布,也能表示抽象的事物,如文化素质的区域差异;既能表示地理状况,如河流、山岭,也能表示历史时代的事件,如黄河改道以及未来的计划如设计中的道路和土地开发;既能表示地物的外形,如海岸线,又能表示地球的物理状态,如重力场分布或地磁偏角。

通常情况下,在地图中,点几何对象使用点状符号进行符号化表达,线几何对象使用线型符号进行表达,面几何对象使用填充符号进行表达。SuperMap iDesktop 将地图中的几何对象采用符号化的方式进行表达的操作,称为地图符号化。

对地图中的几何对象进行符号化表达是基于图层的风格设置来实现的,也就是说,通过设置图层的风格,实现图层中几何对象符号化表达。点矢量图层采用点风格设置,线矢量图层采用线风格设置,面矢量图层采用填充风格设置,文本图层采用文本风格设置。此外,通过线风格设置来进行面边界的符号化表达。

SuperMap iDesktop 提供两种方式对图层风格进行设置,分别是图层风格面板和风格设置选项卡设置点、线、面图层以及文本对象风格。

以示范数据 China.udbx 数据源下的 Capital_P 数据集为例,将该数据集添加到地图窗口中,介绍点图层符号化的相关操作。

①在图层管理器中,选中 Capital_P 点图层。

②点击风格设置选项卡中的点风格的点符号下拉按钮,弹出点符号列表。在符号列表中,选择一个点符号,应用于当前图层,如图 8-7 所示。

③点击点风格组中的符号颜色按钮,设置点符号的颜色。

④在符号大小组合框中输入符号大小数值,或者选择下拉列表中给定的可选数值。

以上操作都将实时应用于当前图层。

此外,还可以在图层管理器中,双击 Capital_P 图层的点符号图标,弹出点图层风格

图 8-7 设置点符号样式

面板,如图 8-8 所示,在面板中可对点状符号样式、符号颜色、符号大小、旋转角度以及符号透明度等风格进行设置。

图 8-8 点符号风格面板

线图层、面图层符号化表达与点图层符号化表达操作步骤基本一致。

3)标准图幅图框设置

标准图幅图框功能用于为地图添加标准图幅的图框数据,如图 8-9 和图 8-10 所示,结果以 CAD 数据集的形式保存到指定的数据源中。利用标准图幅图框功能,可以方便快捷地创建基于国家基本比例尺的各种图幅,提升地图制作的专业性。在标准图幅内添加具有相同坐标系的居民点、水系、土地利用、等高线和行政区划等国家基础地理信息数据,配以坡度尺、邻接图表和绘制信息等,从而快速创建一幅精美的全要素标准地图。

实训23.1
普通电子地图
制作——保存
地图

标准图幅图框功能参照的是最新国标 GBT 13989-2012《国家基本比例尺地形图分幅和编号》。本标准适用于 1∶500~1∶100 万国家基本比例尺地形图的分幅和编号。具体操作步骤如下。

第一步:基本参数设置。

①打开需要制作图幅图框的地图。点击地图选项卡中的制图中的标准图幅图框按钮。

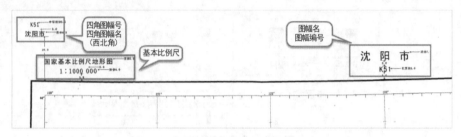

图 8-9　标准图幅图基本绘制要素（1）

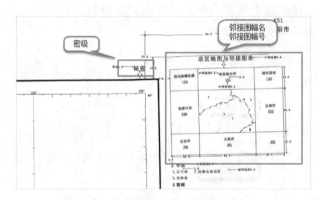

图 8-10　标准图幅图基本绘制要素（2）

②弹出的对话框列表中显示了各比例尺图幅大小与标准图幅编号格式说明，展示了每个比例尺分幅对应的经差、纬差，以及新旧图幅编号的示例，供用户参考。

③图幅生成方式：提供了两种图幅生成方式，通过指定图幅号或指定比例尺都可生成图幅。

④输出结果：设置图幅图框数据集保存的名称和数据源。

第二步：中小比例尺、大比例尺参数设置。

根据第一步设置的比例尺不同，第二步的参数略有不同，比例尺划分为中小比例尺和大比例尺2大类，其中，1∶5000～1∶100 万比例尺的图幅图框参数设置一致，1∶2000～1∶500比例尺的图幅图框参数设置一致。

①中小比例尺。

生成中小比例尺的图幅图框需要设置的参数如图 8-11 所示。

图幅范围：包括起始经/纬度、图幅宽度（经差）和图幅高度（纬差）等参数。

绘制图框：包括图幅外框线宽，即外框线的宽度；内外框的间距，即设置图幅外框与内框的距离。

绘制公里网格：勾选该复选框，表示为生成的图框绘制经纬网或公里网。公里网的绘制仅适用于比例尺为 1∶5000～1∶25 万的标准图幅图框，绘制公里网时还可以设置公里网的间距。若生成的是 1∶100 万或 1∶50 万的图幅图框，则生成的是经纬网，1∶100 万的网格经纬度差是 1 度，1∶50 万的网格经纬度差是 0.5 度。

网格类型：可设置 1∶25 万～1∶5000 图幅图框的公里网格类型，支持十字丝公里网和

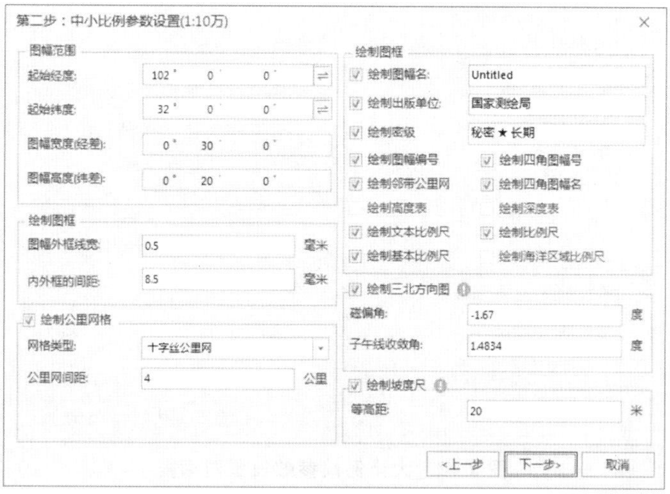

图 8-11 中小比例尺参数设置对话框

实线公里网两种类型。

公里网间距：设置公里网格的间距，不同比例尺的默认间距不同，单位为公里。

绘制图框：包含绘制图幅名、绘制出版单位、绘制密级、绘制图幅编号、绘制四角图幅号、绘制邻带公里网、绘制高度表和绘制深度表等。

绘制三北方向图：生成的图框绘制三北方向图，用户可以设置磁偏角和子午线收敛角。仅适用于以指定图幅方式为1∶2.5万、1∶5万和1∶10万等3种比例尺的标准图幅图框。

磁偏角：是指地球磁场磁极北方向与地理北方向的夹角。默认值为－1.67度。

子午线收敛角：是指格网中相邻子午线间的夹角。默认值为1.4834度。

绘制坡度尺：生成的图框绘制坡度尺，坡度尺的等高距可以用户设置。仅适用于比例尺为1∶2.5万、1∶5万和1∶10万的标准图幅图框。

等高距：设置坡度尺的等高线间距，各比例尺对应的等高距默认值不同，1∶2.5万默认值为5米，1∶5万默认值为10米，1∶10万默认值为20米。

②大比例尺参数。

此处列举的是与中小比例尺不一样的参数，如图8-12所示，与中小比例尺相同的参数请参见中小比例尺处的说明。

大比例尺图幅设置的参数包含横向起始公里数、横向终止公里数、纵向起始公里数、纵向终止公里数、坐标系统和带号等。

绘制公里网格：勾选该复选框后，可设置公里网格的相关参数包括网格类型、十字丝长度、水平方向网格长度和垂直方向网格长度等参数。

第三步：设置注释信息。

①绘制邻接图表：系统会在绘制图框时自动绘制出邻接图表，以描述该图幅与其他相邻图幅之间的位置关系。而且用户可以直接在相应的文本框中修改接图表的名称。邻接图表示意图如图8-13所示。

绘制邻接图幅号：系统会自动在邻接图表上绘制出其图幅号。

图 8-12 大比例尺参数设置对话框

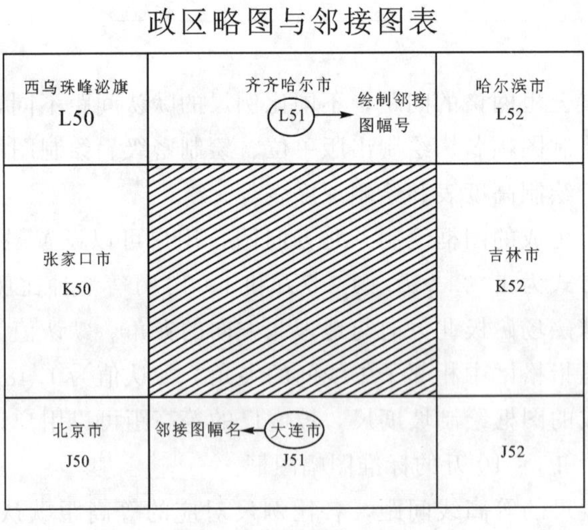

## 政区略图与邻接图表

| 西乌珠峰泌旗<br>L50 | 齐齐哈尔市<br>L51 | 哈尔滨市<br>L52 |
|---|---|---|
| 张家口市<br>K50 | | 吉林市<br>K52 |
| 北京市<br>J50 | 邻接图幅名 — 大连市<br>J51 | J52 |

（L51 处标注"绘制邻接图幅号"；J51 处标注"邻接图幅名"）

图 8-13 邻接图表示意图

绘制邻接图幅名：在其下面的编辑框内输入邻接图幅名称，系统会将这些名称在邻接图表中显示。

②绘制附注信息：系统会在绘制图框时自动绘制附加注记，包括一些需要说明的信息等。

③绘制资料信息：系统会在绘制图框时自动绘制一些资料信息，包括制图时间、版式年代、坐标系和基准高程等。

④样式设置：包括文本风格、偏移量和坐标系的设置。

⑤设置好标准图幅图框的相关参数之后，点击生成按钮，即可为指定比例尺或图幅生成图框数据。将结果 CAD 数据在地图窗口中打开即可查看标准图幅图框结果。如图 8-14 所示。

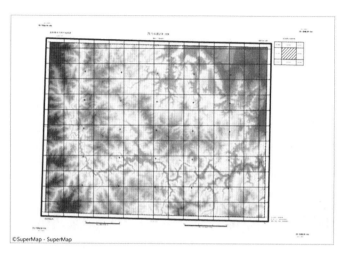

图 8-14　1∶500 的标准图幅图框结果

4）接图表

接图表是指按照比例尺和地理范围参数，将地图划分为尺寸适宜的若干幅地图，生成标准的图幅数据集，以便于地图索引、制图和分块操作等。

为了便于地形图的测绘、使用和保管，需要将大范围内的地形图进行分幅。该功能采用了经纬线分幅的方法。经纬度分幅的图廓线由经线和纬线组成，是当前世界各国地形图和大区域的小比例尺分幅地图所采用的主要分幅形式。

我国的各种比例尺地形图均以 1∶100 万地形图为基础图，按各种比例尺相应的经差和纬差逐次划分图幅，并以横向为行，纵向为列。在地图分幅中，1∶100 万地图分幅是从赤道起向两极每纬差 4°为一行，至 88°，南北半球各分为 22 横列，依次编号 A，B，…，V；经度由 180°自西向东每 6°一列，全球 60 列，以 1~60 表示。SuperMap 目前只支持纬度在 0 度到北纬 76 度之间的分幅，即横列号只支持到 S。

以示范数据中的校园影像数据为例，对学校地图进行 1∶5000 比例尺进行接图表操作，结果如图 8-15 所示。

值得注意的是，图幅数据属性表的 Code 字段中，保存了图幅的编号信息，可基于该图层制作标签专题图，查看图幅数据相应的图幅号。

5）地图网格

地图网格可将制图区域按平面坐标或按经纬线划分网格，以网格为单位，描述或表达其中的属性分类、统计分级以及变化参数等，即在地图上表达动态时空变化的规律。其主要特点是将地图划分为大小不同的网格，以表达网格内的特征分布和变化，与自然或行政区划界线有所不同。

地图网格包括经纬网格和公里网格两种类型。经纬网格将根据设置的经度间隔和纬度间隔从坐标原点划分网格，并显示地图区域的网格；公里网格将根据设置的横向间隔和纵向间隔从坐标原点划分网格，并显示地图区域的网格。当地图坐标系为地理坐标系或投影坐标系时，网格类型可设置为经纬网或公里网；当地图坐标系为平面坐标系时，网格类型只能设置

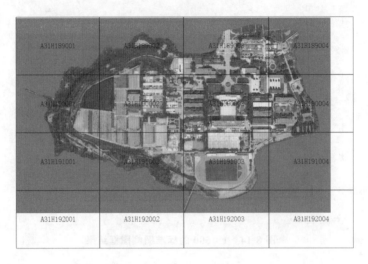

图 8-15 接图表结果

为公里网。

6）冲突检测

文本标签是一种将描述性文本添加至地图中标识各要素的简单方法。随着电子地图所反映的信息越来越丰富，越来越全面，地图要素经常会出现相互压盖的情况，特别是标注文本。地图中的文本标签是动态显示的，通常地图的空间不能同时显示所有标签，因而会出现地图标注位置显示冲突的问题。

可通过冲突检查的功能，对当前地图中的标签位置冲突情况进行检查，了解地图中的标签压盖情况，具体操作如下。

①在地图窗口中打开待检查的地图。

②在地图的制图组中，点击冲突检测选项，此时，地图中会将发生压盖被隐藏的对象以特殊的风格样式明显地显示在地图中。如图 8-16 所示，红色标签即表示该标签与其他标签位置有冲突，未显示在地图中。

③再次点击冲突检测选项，即可将红色标签隐藏。

④查看地图中的冲突标签后，可通过压盖设置、压盖范围、隐藏符号等操作对标签进行处理。

7）自动制图

自动制图是根据国家公共地理框架电子地图数据和规范的电子地图符号库，对原始数据要素符号化、自动匹配检查、要素标注等和自动生成符合规范的电子地图。

自动化制图过程中根据国土基础信息数据分类与代码对数据要素进行分类，分为 8 大类，即定位基础、水系、居民地及设施、交通、管线、境界与地区、地貌和植被与土质等，每一类要素配以相应的地图表达标准符号、要素标注，自动生成符合国家标准的电子地图。同时自动化制图提供整套扩展制图方案，支持用户数据编码和制图方式扩展。

已知用户有一份 GB/T 13923—2022 标准的 1：500 比例尺的标准数据，现在希望制作一幅符合国家标准的电子地图。自动化制图的步骤如下。

①打开自动化制图数据源：在制图时，对数据的要求，同一个比例尺的只能放在同一个数据源中，不支持分散在多个数据源中。

②设置自动化制图符号库：依次点击在开始→浏览→地图按钮，新建一个空白地图窗口。然后再依次点击地图→制图→自动制图按钮，开始向导式自动化制图第一步，选择是否导入符号库。点击是，将系统默认标准电子地图符号库覆盖追加到当前符号库中。

③设置制图显示比例尺：设置好配图所需的符号库后，点击下一步的操作，会弹出自动化制图数据比例尺选择窗口，用户根据自己的数据选择相应的数据比例尺。此处选择1：500数据比例尺。

④处理国标：点击下一步按钮，选择GB/T 13923—2022国标类型。点击构建要素标识字段，此时将创建与符号库中符号编码匹配的要素字段。如果有未配的要素，这种需要用户自定义的要素点击自定义要素入库根据实际数据给定相应的要素名称和对应的符号。

⑤自定义要素入库：对于用户数据中存在未匹配的GB要素，需要用户自定义入库。若没有，则跳过此步。

⑥处理待分类数据集：要素自定义入库完成后点击确定后，再点击下一步按钮，进入数据分类和要素检查页面。

⑦处理标注、要素检查和处理完成后就可以开始制图了，点击开始制图按钮，开始自动化制图。自动制图完成后弹出标注字段管理对话框。用户可以选择对应的标注字段。原字段为系统读取的默认标注字段。用户可以在新字段中选取并更改为有实际意义的标注字段。

⑧所有操作完毕后自动制图完成。制图结果会即时显示到地图窗口，如图8-16所示，同时制图结果会自动保存到地图中。

图8-16 自动制图结果

8) 符号化制图

地图矢量化是获取地理数据的重要方式之一。为实现对影像数据或纸质地图数据的快速矢量化，SuperMap iDesktop 提供了符号化制图功能。根据用户指定的符号化模板，在地图中绘制要素对象后，程序会自动将绘制对象存储到要素关联的数据集中，并自动赋予对象的默认属性值，可有效提高用户矢量化的工作效率。结合地图的图层风格，新绘制的对象以该图层风格进行显示，可帮助用户在矢量过程中有效区分地理要素。

1）模板管理

符号化制图的模板定义了地物要素的名称、编号、存储该要素的数据集以及该要素的固定属性值，选中模板中的指定要素，即可在地图中绘制该要素。根据模板进行矢量化，可以便捷、清晰地绘制地物要素和属性录入，避免了在多要素绘制过程中来回切换图层管理器和属性面板，提高了矢量化的工作效率。

符号化制图提供了预定义的国情普查模板，使用时可根据需要自定义模板，模板管理提供了新建模板、导入、导出和修改等功能。

2）符号化制图

实训23.4
普通电子地图制作——保存和输出布局

以预定义国情普查模板为例，介绍如何利用符号化模板进行制图。该模板是根据国家国情普查工作标准 GDPJ 03—2013《地理国情普查数据规定与采集要求》制定的，定义了各类要素的数据集名称、数据集类型、显示风格和部分属性等。

①打开示范数据 SymbolicMapping 中国情普查 UDB 数据源，以影像数据集为矢量化底图。

②依次点击对象操作→对象绘制→符号化制图按钮，工作空间右侧弹出符号化制图功能界面。

③在符号化制图功能界面→管理模板→选择地理国情模板，列表中列出了所有的地表覆盖、国情要素的要素类型。

④点击选择某个具体要素后，即可在地图中开始绘制该要素对象。在开始绘制对象时，该要素类型所在数据集图层将开启可编辑状态。

⑤选择绘制要素一般水田，鼠标即为绘制面要素状态，默认绘制方式为任意多边形，点击鼠标右键结束当前绘制操作。弹出要素属性窗口，系统自动填充该要素的基本信息，其他属性信息需要用户手动输入。

⑥在使用模板绘制过程中，支持调用桌面其他对象绘制工具，具体如下：

（a）支持切换绘制方式，例如：绘制房屋面对象时，可以采用多边形、正交多边形和矩形等绘制方式；绘制线要素时，可切换直线、曲线和圆弧等方式绘制。即在对象绘制组中切换对象绘制类型，切换类型后将鼠标移至地图窗口中继续绘制即可。

（b）支持选择绘制设置工具，如自动连接线、自动打断线和自动闭合线等工具，帮助用户在绘制过程中自动完成部分要素对象的处理工作，减少后期的编辑与数据处理操作。

### 8.1.4 技能训练

使用 SuperMap iDesktop 平台自带数据 china，找到自己家乡所在的省份基础地图数据集以及水文数据集，使用缓冲区分析功能生成河流水文灾害影响范围图，将相关数据集保存成一幅地图。

## 任务8.2 专题地图制作

### 8.2.1 任务描述

地理信息的可视化是GIS技术与现代计算机图形、图像处理显示技术和数字建模技术相结合共同发展的结果,有多种表现形式,如剖面图、立体透视、实景三维和专题地图等。其中专题地图内容广泛、形式多样,能够广泛应用于国民经济建设、教学和科学研究以及国防建设等行业部门,在地理信息的可视化中占有重要的地位。

### 8.2.2 任务分析

1) 专题地图的定义

专题地图是指突出而尽可能完善、详尽地表示制图区内的一种或几种自然或社会经济(人文)要素的地图。专题地图的制图领域宽广,凡具有空间属性的信息数据都可用其来表示。其内容和形式多种多样,能够广泛应用于国民经济建设、教学和科学研究以及国防建设等行业部门。专题地图和普通地图相比,具有以下特征。

专题地图的构成要素主要有两部分。一是专题要素。图上突出表示的自然或社会经济现象及其有关特征。二是地理基础。用以标明专题要素空间位置与地理背景的普通地图内容,主要有经纬网、水系、境界和居民地等。

2) 专题地图的特点

①专题地图只将一种或几种与主题相关联的要素特别完备而详细地显示,而其他要素的显示则较为概略,甚至不予显示。

②专题地图的内容广泛,主题多样,在自然界与人类社会中,除了那些在地表上能见到的和能进行测量的自然现象或人文现象外,还有那些往往不能见到的或不能直接测量的自然现象或人文现象均可以作为专题地图的内容。

③专题地图不仅可以表示现象的现状及其分布,而且能表示现象的动态变化和发展规律。

3) 专题地图的表示方法

(1) 点状要素的表示方法:点位符号法。

点状要素常用点位符号法表示,简称符号法。它是用各种不同形状、大小、颜色和结构的符号,表示专题要素的空间分布及其数量和质量特征。通常,符号的位置表示专题要素的空间分布,形状和颜色表示质量的差别,大小表示数量的差别,结构符号表示内部组成,定位扩展符号表示发展动态,使用点位符号法表示某市不同种类企业的分布如图8-17所示。

(2) 线状要素的表示方法:线状符号法。

线状或带状分布要素,通常用颜色和图形表示线状要素的质量特征,如用颜色区分不同的旅游路线、不同时期内的客流路线和不同的江河类型等;用符号粗细表示等级差异;符号

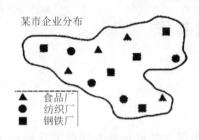

图8-17 点位符号法

的位置通常描绘于被表示事物的中心线上（如交通线），有的描绘于线状事物的某一侧，形成一定宽度的彩色带或晕线带（如海岸类型、境界线晕带等）；用符号的长短表示专题要素的数量，如用公路符号的长短表示公路的长度。线状符号法常用来编制水系图、交通图、地质构造图、导游图以及路线图等。

（3）面状要素的表示方法。

面状要素按空间分布特征可归纳为3种形式：一为布满制图区的要素，可用质底法、等值线法和定位图表法表示；二为间断呈片状分布要素，可用范围法表示；三为离散分布要素，常用点值法、分级比值法、分区统计图表法和三角形图表法表示。

①质底法又叫底色法，是在区域界线或类型范围内普染颜色或填绘晕线、花纹，以显示布满制图区域专题要素的质量差别，常用于各种类型图和区划图的编制，如地貌类型图、农业区划图和气候类型图等

②等值线是连接某种专题要素的相同数值点所成的平滑曲线，如等高线、等温线、等降水量线和等海深线等。常用于表示地面上连续分布而逐渐变化的专题要素，并说明这种要素在地图上任一点的数值和强度，它适用于表示地貌、气候和海滨等自然现象。

③定位图表法是把某些地点的统计资料，用图表形式绘在地图的相应位置上，以表示该地某种专题要素的变化。常用柱状图表中的符号高度（长短）或曲线图表表示专题要素的数量变化。如各月或各年度风向、风力的变化，降水量和气温变化等，均可采用此方法。

④范围法是用轮廓界线来表示制图区内间断而成片状分布专题要素的区域范围，用颜色、晕线、注记和符号等整饰方式来表示事物类别；用数字注记表示数量。间断成片状分布专题要素（如森林、资源、煤田、石油、某农作物和自然保护区等）的表示常采用范围法。

⑤点值法（点数法）是在图上用一定大小、相同形状的点子表示专题要素的数量、区域分布和疏密程度的方法。该法用于表示分布不均匀的专题要素，如人口分布、资源分布、农作物分布和森林分布等。

⑥分级比值法（分级统计图法）是把整个制图区域按行政区划（或自然分区）分成若干小的统计区；然后按各统计区专题要素集中程度（密度或强度）或发展水平划分级别，再按级别的高低分别填上深浅不同的颜色或粗细、疏密不同的晕线，以显示专题要素的数量差别。同时，还可用颜色由浅到深（或由深到浅）或晕线由疏到密（或由密到疏）的变化显示出要素的集中或分散的趋势。

⑦分区统计图表法是把整个制图区域分成几个统计区（按行政区划单位或自然分区），在每个统计区内，按其相应的统计数据，设计出不同形式的统计图形，以表示各统计区内专题要素的总和及其动态。可用来编制资源图、统计图、经济收入图和经济结构图等。

（4）其他表示方法。

①移动要素表示方法——动线法。

移动要素（如货物流、客流、气团移动路线和交通车流等）的表示方法，常采用动线法。动线法是用各种不同形状、颜色、长度和宽度的箭形符号，表示专题要素移动的方向、路线、数量、质量、内部组成以及发展动态的方法。

②内部结构表示法——三角形图表法。

三角形图表法的成图是一种类似于质底法的地图,但其主要揭示事物现象的内部结构特征。这种图的分区范围是各行政单元或统计区,三角形图表是作为图例形式出现的。

③其他方法。

此外,在专题地图上还常使用柱状图表、剖面图表、玫瑰图表、塔形图表和三角形图表等多种统计图表,作为地图的补充。上述各种方法经常是配合应用的。

专题地图应用广泛,在经济和国防建设、科学研究及文化教育中均起重要作用。专题地图内容是各学科长期研究积累的知识的高度概括,又为深入研究和指导生产提供科学依据。

### 8.2.3 任务实施

**1. 任务内容**

专题电子地图的制作包括底图编制、原图编制和图面配置3部分。底图编制即是在普通地图制作的基础上,根据专题要素经过适当的内容选取,使其既能反映专题内容的分布特征,又使图面清晰易读,不致干扰专题内容。原图编制即在地理基础底图上编绘的专业原图,要求专业内容完备无误,定位准确,符号、注记工整。图面配置也可称图面内容安排,指地图的主图及辅助要素在图面上的位置和大小的一种安排,图面配置需要注意,既要充分地利用地图幅面,又要使图面配置在科学性、艺术性和清晰性方面相互协调。

**2. 任务实施步骤**

1)底图编制

(1)加载地图数据。

按照任务8.1的实施内容,逐个添加或批量添加底图。

(2)调整图层顺序。

图层的层叠顺序排序将直接影响地图的显示效果,可在图层管理器中直接拖动调整。调整一般原则如下。

①图层类型:文本→点→线→面,避免压盖现象。

②图层范围:小→中→大。

实训24
专题电子地图
制作

(3)底图渲染。

图层渲染包括统一渲染和单独渲染,其中,统一渲染是指设置图层的点、线、面,风格是统一的,通常用于普通地图制作或底图制作。单独渲染通常用于专题图制作,专题图可以根据对象的属性,对同一图层对象设置不同的风格。

文本和CAD复合图层可以对几何对象进行单独设置。

统一渲染有以下两种方法。

方法一:在图层管理器中,选中图层图层风格,在风格面板选择设置,弹出填充符号选择器,如图8-18所示。

方法二:点击菜单项中的风格设置,如图8-19所示。

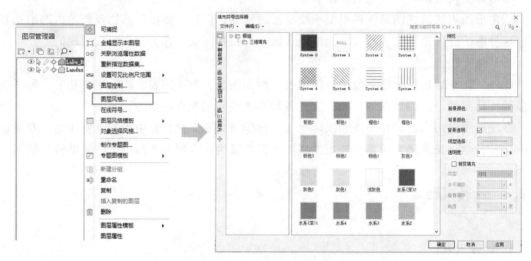

图 8-18　图层管理器统一渲染

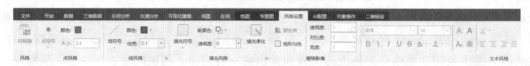

图 8-19　风格设置选项卡统一渲染

2）原图编制

（1）单独渲染。

方法一：选中图层右侧的制作专题图选项，在弹出的制作专题图面板窗口进行设置，如图 8-20 所示。

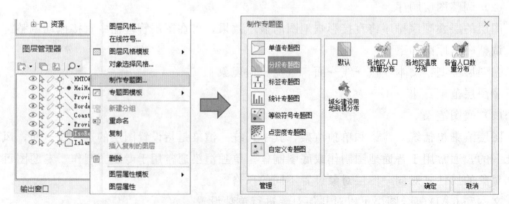

图 8-20　图层管理器单独渲染

方法二：点击菜单项中的专题图，选择专题图类型，如图 8-21 所示。

（2）制作专题图。

在图层管理器中，点击鼠标右键，在弹出的右键菜单中选择制作专题图，弹出制作专题

项目8 地图制作与输出

图 8-21 专题图选项卡单独渲染

图对话框，如图 8-22 所示。

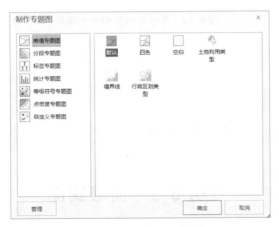

图 8-22 制作专题图对话框

矢量专题图包括单值专题图、分段专题图、标签专题图、统计专题图、等级符号专题图、点密度专题图和自定义专题图等。

栅格专题图包括栅格单值专题图和栅格分段专题图。

分段专题图是将整个制图区域按照一定的分段原则分成若干段，以颜色的变化来区分；多用于反映呈面状分布但又比较分散的现象，如农作物产量图等，但其表达式是数值型。

3）地图保存

（1）保存地图。

依次点击地图窗口、右键和地图另存为按钮，弹出如图 8-23 所示的窗口，根据需求输入地图名称，点击确定按钮。

图 8-23 保存地图

（2）保存工作空间。

依次点击开始、工作空间和保存按钮，如图 8-24 所示，弹出保存工作空间为对话框。

图 8-24　保存工作空间为对话框

### 8.2.4　技能训练

使用示范数据 Precipitation.udbx 数据源中的 Precipitation_R 数据集，完成一幅平均降水量分布图的制作。

# 任务 8.3　高级制图

### 8.3.1　任务描述

高级制图功能是在原有地图制图成果的基础上，提供了更为专业的制图功能。用户可以基于人工智能算法能力，将一幅配置好的电子地图的相关主色用一个机器学习的算法即 K-Means 矩阵进行计算，然后往待配的地图进行数据匹配，将图片风格迁移到当前地图中，另外也可以动态调整图像的亮度、对比度和饱和度等，实现地图的快速图像处理。

### 8.3.2　相关知识

**1. 人工智能技术**

人工智能（artificial intelligence）的英文缩写为 AI。是对人的推理、知识、规划、学习、交流、感知以及对移动和操作物体过程的模拟。人工智能目前有两个定义，分别为强人工智能（artificial general intelligence，AGI）和弱人工智能（artificial narrow intelligence，ANI）。强人工智能是 60 年代 AI 研究人员提出的理念。它超越了计算机科学，涉及心理学、伦理学和脑科学等领域，希望能够像人类一样对世界进行感知和交互，通过自我学习的方式对所有领域进行记忆、推理和解决问题。弱人工智能是擅长单个方面的人工智能，它并不具备真正的思考和推理能力，只是能够按照人类设定的程序去行动，可以比人更好地执行特定任务的技术，如图像分类或人脸识别。目前人工智能的实现较多属于弱人工智能，不过其应用范围也较为广泛，包括计算机视觉、语音识别、机器人智能、自然语言处理和无人驾驶等领域。

机器学习（machine learning，ML）是一种实现人工智能的方法。机器学习理论主要是设计和分析一些让计算机可以自动"学习"的算法，通过算法来解析数据、从中学习，然后对真实世界中的事件做出决策和预测。与传统的为解决特定任务、硬编码的软件程序不同，机器学习是用大量的数据来"训练"，通过各种算法从数据中自动分析获得规律，并利用规律对未知数据进行预测的算法。机器学习直接来源于早期的人工智能领域，传统的算法包括决策树、聚类、贝叶斯分类、支持向量机、EM 和 Adaboost 等。从学习方法上来划分机器学习算法可以分为监督学习（如分类问题）、无监督学习（如聚类问题）、半监督学习和强化学习。

深度学习（deep learning，DL）是机器学习中一种基于对数据进行表征学习的方法，是一种实现机器学习的技术。它通过大量的训练数据来优化深度学习模型，让识别更加精准。深度学习的概念源于人工神经网络的研究，含多层感知器就是一种深度学习结构，深度学习通过组合低层特征形成更加抽象的高层表示属性类别或特征，以发现数据的分布式特征表示。它使用包含复杂结构或由多重非线性变换构成的多个处理层对数据进行高层抽象的算法。常见的深度学习算法包括卷积神经网络（CNN）、循环神经网络（RNN）和生成对抗网络（GAN）等。

人工智能为机器赋予人的智能，机器学习是一种实现人工智能的方法，深度学习是一种实现机器学习的技术。三者的关系如图 8-25 所示。人工智能是终极目标，机器学习是实现人工智能的一种方法，人工神经网络是机器学习中的一类算法，深度学习就是其中一种神经网络算法。深度学习使得机器学习能够实现众多的应用，并拓展了人工智能的领域范围。

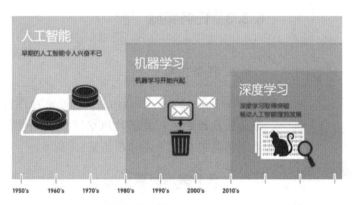

图 8-25　人工智能、机器学习和深度学习的关系示意图

## 2. 人工智能与 GIS

人工智能 GIS 是指将 AI 技术与各种 GIS 功能进行有机结合，包括融合 AI 技术的空间数据处理和分析算法以及 AI 与 GIS 的相互赋能的一系列技术的总称。AIGIS 近年来逐渐成为地学科研与应用的主要热点，越来越多的学者分别从不同专业应用角度探讨 AIGIS 技术，在遥感图像处理、水资源研究、空间流行病学和环境健康领域等方面的应用，并取得了很好的成果。已有研究表明，AIGIS 扩展了传统 GIS 的数据处理能力，能高效地识别和分析街

景、遥感和航拍图像以及文本等非结构化数据中的地理信息；AIGIS 能从多源异构的时空数据中捕捉到动态变化的复杂时空变化关系，增强了 GIS 模型的分析预测能力。

### 3. AI 配图

地图配图是 GIS 软件中最基础、最常用的功能，传统的手工配图由于地图内容要素众多，其中的符号、线型、颜色和标签等需要反复搭配与调整，是一个复杂、费时的过程。

图像风格迁移是在保留目标图片内容的基础上，将风格图片的色彩构成、色彩分布等整体风格迁移到目标图片上的技术。AI 配图即基于图像风格迁移思想，使用机器学习聚类算法，对输入的图片风格进行识别和学习，结合面积权重、目标对象类型等信息，将图像风格迁移到目标地图的一种自动化配图的技术，可以提升 GIS 配图效率和效果，如图 8-26 所示。

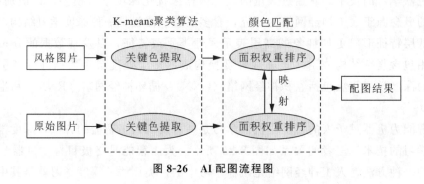

图 8-26　AI 配图流程图

## 8.3.3　任务实施

### 1. 任务内容

在 SuperMap iDesktop 中通过选择图片样式，程序自动分析图片的配色，将图片风格迁移至当前地图中，并支持对地图颜色进行统一或分项调整。

### 2. 任务实施步骤

1）加载地图数据

（1）打开"China"工作空间：启动"SuperMap iDesktop"桌面软件，在其中打开"Jingjin.smwu"工作空间文件。

（2）在工作空间管理器中选择"UrbanRuralIndustriallandControlMap"地图，如图 8-27 所示，双击启动，如图 8-28 所示。

图 8-27　双击"UrbanRuralIndustriallandControlMap"地图，打开地图

项目8 地图制作与输出

图 8-28 "UrbanRuralIndustriallandControlMap"地图打开状态

2) 设置风格迁移

(1) 风格迁移功能。

在地图打开状态下,选择 AI 配图标签,在 AI 配图标签中,选择下拉功能按钮,可见到两个设置,分别是自定义与迁移设置,如图 8-29 所示。

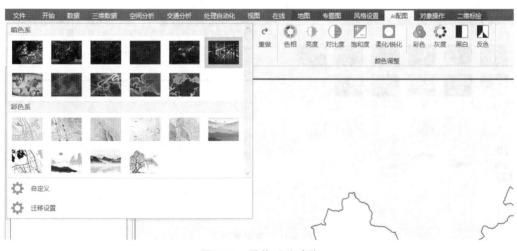

图 8-29 风格迁移功能

(2) 模板图片模式。

SuperMap iDesktop 内置了一些风格模板,如图 8-29 所示,方便快速进行风格设置。

①在 AI 配图标签中,风格迁移中有多个风格模板。

②选择其中一个风格模板对象，将其风格应用到当前地图中，如图 8-30 所示。

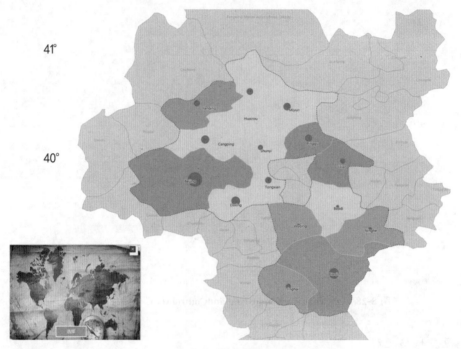

图 8-30　风格应用效果

(3) 自定义图片模式。
①在 AI 配图的风格迁移中，选择【自定义】，如图 8-31 所示。

图 8-31　自定义功能

②弹出选择图片窗口，选择本电脑路径下的图片文件，如图 8-32 所示。
③选择图片后，点击"打开"按钮，将其应用到当前地图，如图 8-33 所示。

项目8 地图制作与输出

图 8-32 选择图片

图 8-33 选择图片后地图应用效果

（4）撤销/重做。

如果对当前应用的效果不满意，可点击撤销与重做进行步骤撤回与取消，如图 8-34 所示。

可以使用【撤销】/【重做】按钮对地图迁移操作进行撤销/回退，也可以通过快捷键 Ctrl＋Z /Ctrl＋Y 实现撤销和回退操作。

图 8-34 步骤撤销与重做

（5）颜色调整。

颜色调整功能可以对渲染后的文本、线、面图层进行色相、亮度、对比度、饱和度及柔化/锐化等色彩调整，以达到更理想的配图效果，还可以进行彩色、灰度、黑白及反色等调整。

在 AI 配图标签下，有颜色调整模块功能，选择相应功能，进行地图颜色调整，如图 8-35 所示。

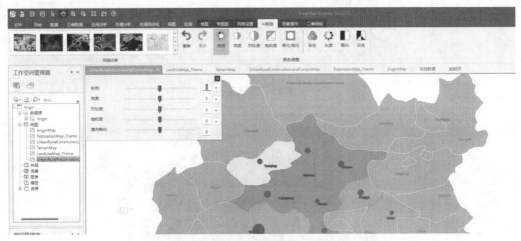

图 8-35　颜色调整

**小提示**

相关调整参数解释：
- 色相：调整当前地图颜色的色相；色相是色彩的首要特征，任何黑白灰以外的颜色都有色相。
- 亮度：调整当前地图颜色的明亮程度。
- 对比度：调整当前地图颜色的对比度。
- 饱和度：调整当前地图颜色的饱和度，是色彩的纯度，纯度越高，表现越鲜明，纯度较低，表现则较黯淡。
- 柔化/锐化：调整填充锐化的数值对地图进行锐化或羽化，正值为锐化，负值为柔化，增加锐化会降低柔和度，反之亦然。
- 彩色：将灰色风格的地图改为彩色风格。
- 灰度：将地图风格修改为灰色风格。
- 黑白：将地图改为黑白风格。
- 反色：反转地图的颜色。

（6）保存地图。

地图效果修改后，需要保存当前工作空间，修改的样式才会应用到地图数据中。

点击 SuperMap iDesktop 左上角的保存图标，即可保存工作空间，如图 8-36 所示，或者通过关闭地图时的保存提示，进行保存。

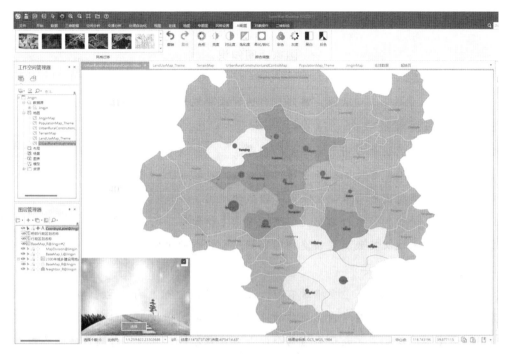

图 8-36　保存工作空间

## 8.3.4　技能训练

应用实例：现有一幅四川省成都市政区地图，政府在对外宣传时分为两个专题，即成都历史发展以及区域环境保护。为适应两种不同的主题，可选择历史风格地图和环保主题地图两种不同的图片风格，将地图风格适配为对应主题，最终得到如图 8-37 所示的结果。

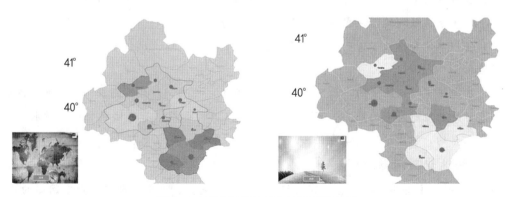

图 8-37　历史风格地图与环保风格地图

## 思政故事

### 国家版图知识

来源:常熟市自然资源和规划局

#### 一、国家版图相关概念

地图是表达国家版图最常用、最主要的形式。

国家版图是一个国家行使主权和管辖权的疆域,包括领土和享有一定主权权利的国家管辖海域。有时,国家版图也用来指反映国家疆域的地图。

国家领土包括领陆、领水与领空。领陆指国家主权管辖下的陆地及其底土,领水指国家主权管辖下的全部水域及其底土,领空指国家领陆和领水的上空。

#### 二、地图使用相关要求

(1) 向社会公开的地图,应当报送有审核权的测绘地理信息行政主管部门审核。但是,景区图、街区图、地铁线路图等内容简单的地图除外。地图审核不收取费用。

(2) ①全国地图以及主要表现地为两个以上省、自治区、直辖市行政区域的地图;

②香港特别行政区地图、澳门特别行政区地图以及台湾地区地图;

③世界地图以及主要表现地为国外的地图;

④历史地图,由国务院测绘地理信息行政主管部门(自然资源部)负责地图审核。主要表现地在省、自治区、直辖市行政区域范围内的地图由省、自治区、直辖市人民政府测绘地理信息行政主管部门(省级自然资源部门)负责审核。主要表现地在设区的市行政区域范围内不涉及国界线的地图,由设区的市级人民政府测绘地理信息行政主管部门(设区市自然资源部门)负责审核。

(3) 经审核批准的地图,应当在地图或者附着地图图形的产品的适当位置显著标注审图号。其中,属于出版物的,应当在版权页标注审图号。

(4) 任何单位和个人不得出版、展示、登载、销售、进口、出口不符合国家有关标准和规定的地图。

(5) 应当送审而未送审的,按照《地图管理条例》要求,责令改正,给予警告,没收违法地图或者附着地图图形的产品,可以处 10 万元以下的罚款;有违法所得的,没收违法所得;构成犯罪的,依法追究刑事责任。

#### 三、快速识别问题地图

"问题地图"主要指存在危害国家主权统一、领土完整、安全和利益等严重问题的地图,"问题地图"的常见错误有漏绘钓鱼岛、赤尾屿、南海诸岛等重要岛屿,错误表示台湾地区、错绘藏南地区和阿克赛钦地区国界线等。

#### 四、获取正确地图的途径

(1) 从自然资源部或省级自然资源主管部门网站(www.mnr.gov.cn)以及自然资

源部地图技术审查中心承办的标准地图服务网站（bzdt. ch. mnr. gov. cn/）下载标准地图。

（2）使用"天地图"网站提供的互联网地图。（www. tianditu. gov. cn/）

（3）购买印有审图号的正规地图产品，例如从正规书店购买公开出版的地图出版物。

（4）需要定制地图时，可从自然资源部网站上查询取得相应测绘资质的地图编制单位，向具备编图资质的测绘单位定制地图。

# 项目 9　三维可视化应用

## 📖 教学目标

随着 GIS 技术、计算机技术、计算机图形学、虚拟现实技术和测绘技术等各种理论和技术的不断发展，三维 GIS 逐步成为地理信息系统技术应用的主流方向之一。三维 GIS 与二维 GIS 一样，同样具备最基本的空间数据处理功能，如数据获取、数据组织、数据操纵、数据分析和数据表现等能力。三维可视化为空间信息的展示提供了更丰富和逼真的平台，将抽象难懂的空间信息可视化和直观化，用户结合相关的经验就可以理解，从而做出准确而快速的判断。通过本项目的学习，可以掌握三维数据集合与管理、三维可视化搭建和三维场景分析 3 项内容，为学生从事三维 GIS 可视化场景搭建及分析应用岗位工作打下基础。

## 📖 思政目标

在党的二十大报告中，将高质量发展作为全面建设社会主义现代化国家的首要任务，为支撑现代化产业体系，必须构建现代化基础设施体系，三维实景技术的融合运用为新型基础设施体系的建设打造了坚实的空间底座，为区域经济布局和国土空间体系提供了重要的时空依据，是以科技创新赋能助推我国高质量发展的重要标志。

## 📖 项目概述

实景三维中国建设作为国家新型基础测绘体系的重要内容，目前已在山东、重庆等多个省市展开试点，取得了不错的成果。随着实景三维中国的不断建设发展，该项技术应用将是学生未来实习、就业的重点工作内容之一。本项目需要将提供的中国地图数据及城市 CBD 数据按照任务要求进行三维数据的处理和分析，为我国实景三维建设添砖加瓦。

## 任务 9.1　三维数据组织与管理

### 9.1.1　任务描述

随着数据采集技术的迅速发展，不同来源、不同类型的空间三维数据愈来愈多，地理信息软件平台可以实现多源数据的高效融合，提高空间数据的使用效率。GIS 平台通过对新兴的倾斜摄影模型、BIM 和激光点云等三维数据与传统的影像、矢量、地形、精模和地下管线等多源数据进行融合，探索多源数据有效融合方式，提高数据的利用率。

### 9.1.2　任务分析

**1. 多源三维数据内容**

（1）实景三维模型。

实景三维建模主要基于倾斜摄影测量技术构建，其成果数据主要用于城市级三维场景的真实感重建与可视化表达。倾斜摄影自动化建模技术是测绘领域近些年发展起来的一项高新技术，通过同一飞行器的多台传感设备同时从垂直、倾斜多个角度采集影像，通过全自动批量建模生成倾斜摄影模型，如图 9-1 所示，其高精度、高效率、高保真和低成本的绝对优势成为三维 GIS 的重要数据来源。

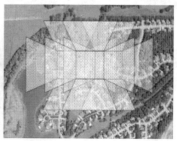

图 9-1　倾斜摄影数据生成

倾斜摄影数据常见的格式包括 .osg/.osgb、.x、.dae 和 .obj 等多种格式，常见的倾斜摄影数据建模厂商包括法国 Bentley 公司的 ContextCapture、法国 INFOTERRA 公司的 PixelFactory（像素工厂）、StreetFactory（街景工厂）、俄罗斯 Agisoft 公司的 PhotoScan 软件以及国内的大疆、东方道迩等。

（2）激光点云。

点云数据（point cloud data）是指在一个三维坐标系统中的一组向量的集合。扫描资料以点的形式记录，每一个点包含有三维坐标，并且可以携带有关该点属性的其他信息，如颜色、反射率和强度等。点云数据通常由激光扫描仪、相机和三维扫描仪等设备获取，可用于三维建模、场景重建、机器人导航、虚拟现实和增强现实等应用中，其显示效果如图9-2所示。

图9-2 三维激光点云显示效果

常见的激光点云的多种数据格式包括.las、.txt、.xyz、.ply和.laz等。GIS软件通过优化点云缓存生成，可支持高精度激光点云数据的快速加载与流畅显示，支持激光点云数据的精确量测、设置颜色表和生成DSM等功能，满足广大用户的应用需求。

（3）三维地形数据。

三维地形数据在早期二维数字地形图的基础上增强了空间性，使数字地形图更加丰富化和三维化，即将被研究的自然地理形态通过横向和纵向的三维坐标表现出来，将制图区域充分地反映出来，同时表达了空间立体性，如图9-3所示。

图9-3 三维地形数据

三维地形的构造一般有两种，即Grid（规则格网）和TIN（不规则三角网），它们是表示数字高程模型的两种方法。Grid在计算上比较简单，适用于采样点少的情况，但在地形平坦的地方存在大量数据冗余，不改变其格网大小便难以表达复杂地形。TIN（triangulated irregular network）指通过不规则三角网表达地形表面，TIN可以减少数据冗余，相比栅格瓦片，其表达精度更高，在计算效率方面比较有优势，在地理信息系统中有广泛应用。如交通方面的道路、桥梁、隧道设计和施工等，水利方面的水利设施和水力发电等，城市建筑方面的施工和填挖方等。

（4）手工建模数据。

手工建模数据是指将现实世界中手工制作的模型数字化或者利用相应的软件如3d Max、MAYA等建立的模型数据，实现对现实世界的表达，如图9-4所示。其步骤是先制作建筑物框架，再贴上现场拍摄的纹理，并辅以光影的效果。

手工模型的效果一般由建模人员的技术水平决定，效果美观酷炫，可以突破可视空间的局限，但是耗时长，制作复杂，生产成本高，精确度难以保障，不适合区域范围较大的应用场景，同时，对硬件的要求也较高。

图 9-4　手工建模数据

（5）BIM。

BIM（building information modeling，建筑信息模型）以建筑工程项目的各项相关信息数据作为模型基础，详细、准确地记录了建筑物构件的几何、属性信息，并以三维模型方式展示。

对于 BIM 来说，BIM 的整个生命周期从设计、施工到运维都是针对 BIM 单体精细化模型的，但其不可能脱离周边的宏观的地理环境要素。而三维 GIS 一直致力于宏观地理环境的研究，提供各种空间查询及空间分析功能，并且在 BIM 的规划、施工、运维阶段，三维 GIS 可以为其提供决策支持，因此 BIM 需要三维 GIS。对于三维 GIS 来说，BIM 数据是三维 GIS 的另一重要的数据来源，能够让三维 GIS 从宏观走向微观，同时可以实现精细化管理。因此三维 GIS 和 BIM 能产生无限的可能。

常见的 BIM 建模软件包括 Bentley、AUTODESK CIVIL 3D、Tekla、Revit、CATIA 以及国产 BIM 软件 PKPM（建研院）、广联达等数据。不同软件生产的 BIM 软件格式也不尽相同，其中 IFC 为 BIM 软件的通用格式。

GIS 软件通过多层次细节 LOD、实例化存储与绘制、简化冗余三角网和生成三维切片等技术实现了海量 BIM 数据的轻量化处理与高效渲染，解决了 BIM 与 GIS 结合应用的性能瓶颈。同时，BIM 数据在被导入 GIS 平台后存储为三维体数据模型，具有拓扑闭合性，可以进行空间运算、体积和表面积计算，与地形、倾斜摄影数据进行运算。例如：可对 BIM 数据进行剖切，获取户型图；大坝 BIM 与大规模地形实现精确的位置匹配；地形与构建凸包后的隧道 BIM 模型进行布尔运算，实现在山体模型中挖出贯通的隧道。

**2. 三维场景分类**

三维场景是用虚拟化技术手段来真实模拟现实世界的各种物质形态和空间关系等信息。GIS 软件中的三维场景包括平面场景和球面场景两种视图模式。

(1) 平面场景。

平面场景是使地球球面展开成平面，模拟整个大地，类似一个平面的形式进行场景展示。平面场景的特点是仅支持加载平面坐标系和投影坐标系的数据，不支持加载和新建 KML 数据，不支持显示海洋水体、大气层和经纬网等要素。因此平面场景常用于加载小范围内的 CAD 数据等。

(2) 球面场景。

球面场景是指以球体模型对地球表层空间进行三维模拟与可视化的场景类型。球面场景支持地理坐标系和投影坐标系的数据加载，而且可以控制经纬网格、导航罗盘和比例尺信息等辅助要素的显隐。

**3. 三维图层组织**

三维场景中的数据是通过三维图层组织的，三维图层从上到下依次有屏幕图层、普通图层和地形图层。这个层次也对应着图层管理器中的层次结构。其中：最主要的图层是普通图层，绝大部分数据是由它承载的；其次是地形图层，主要承载地形数据。

(1) 屏幕图层。

屏幕图层是用于添加水印、标注或者 LOGO 等。添加的这些对象是临时的，不能在场景中保存。

(2) 普通图层。

二维数据、模型数据、KML 数据和缓存数据（除地形缓存）添加到三维场景中，都将作为普通图层来管理。

(3) 地形图层。

地形图层是向三维场景中添加的地形数据（DEM 数据集/TIN 地形都作为地形图层来管理，有地形起伏的效果。

## 9.1.3 任务实施

**1. 任务内容**

实训25
三维场景介绍

在 SuperMap iDesktop 中通过数据导入及多源数据导入能力，在三维场景中实现基本多源数据的导入，包括倾斜摄影、精模、BIM 模型和三维地形数据的加载及场景属性设置。同时针对不同来源的三维数据，支持设置数据坐标系，设置显示和渲染方式等内容。可以较好地在三维场景中实现多源三维数据的可视化。

**2. 任务实施步骤**

1) 加载倾斜摄影数据

倾斜摄影文件生成是可将 *.osgb 格式的三维切片缓存模型数据生成 *.scp 格式的三维切片缓存模型数据的配置文件，用于记录三维切片缓存模型文件的相对路径和名称、插入点位置和坐标系信息等内容。

SuperMap 通过加载 *.scp 格式的三维模型缓存文件的方式，实现了三维切片缓存数据的直接批量加载与浏览。

(1) 生成配置文件。

依次点击三维数据选项卡中倾斜摄影组的配置文件下拉按钮和生成配置文件按钮，弹出生成倾斜摄影配置文件对话框，如图 9-5 所示。

**图 9-5　倾斜摄影测量配置文件**

①点击源路径右侧按钮，在弹出的浏览文件夹对话框中选择 OSGB 数据所在文件夹，点击确定按钮即可，也可在文本框中直接输入 OSGB 数据所在的文件夹路径及名称。

②在对话框的结果设置处，设置以下内容。

(a) 目标路径：选择 *.scp 文件保存路径。

(b) 目标文件名：输入 *.scp 文件名称。默认名称为 config。

③在对话框的模型参考点处设置 $X$、$Y$、$Z$ 值。默认的模型参考点为 (0, 0, 0)。模型参考点是指倾斜摄影模型的中心点位置，$X$ 代表经度，$Y$ 代表纬度，$Z$ 代表高程。

④勾选投影设置复选框后，可设置 *.scp 文件的投影信息。

⑤设置完以上参数后，点击确定按钮，即可执行 OSGB 文件生成配置文件的操作。

(2) 加载配置文件。

生成成功后，新建三维球面场景，依次点击图层管理器中普通图层的右键再选择添加三维切片缓存选项，选择配置文件，将数据添加进场景展示

2) 加载精模数据模型

精模是面面俱到的，所有的四面结构、造型、门窗和物体都要按比例构建的模型，是三维城市构建器的基底图层，支持独立的样式和数据配置，包括精模的阴影设置和精模的动效效果等。对于精模数据的生成，目前市面上主要使用到的软件就是 Discreet 公司开发的（后被 Autodesk 公司合并) 3ds Max。

3ds Max 本身支持输出多种格式的数据类型，对于其中的 FBX、3DS、DAE、DXF 和 OBJ 等格式，SuperMap iDesktop 产品可支持直接导入，此外 3ds Max 中的模型还可以使用超图 3ds Max 导出插件导出为模型数据集，推荐使用 3ds Max 导出插件进行导出。插件导

出格式为超图 udbx 数据源。

打开 udbx 数据源模型数据集，选中工作空间管理器中数据源，点击鼠标右键，在打开文件型数据源中选择 CBD.udb 选项，打开文件型数据源。

选中 building 模型数据集，点击鼠标右键选择添加到新球面场景，将数据添加到球面场景中进行展示。

3）加载地形数据

（1）导入 DEM 栅格数据集。

选中数据源点击鼠标右键点击导入数据集，弹出参数框，可进行设置。

点击左侧加号，选择示范数据 DEM 文件夹中的 srtm_60_05.tif 文件。在右侧数据集类型中选择栅格类型，其他默认即可。如图 9-6 所示，点击导入按钮，导入栅格数据。

图 9-6　导入栅格数据

（2）场景加载地形数据。

在工作空间管理器中选中 srtm_60_05 栅格数据集，点击鼠标右键，选择添加到新球面场景，将数据添加到球面场景中进行展示。

如图 9-7 所示，在弹窗中可将地形和影像的复选框全部勾选。

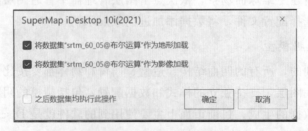

图 9-7　添加新球面场景弹窗

选中地形图层定位，双击鼠标左键即可定位到地形图层。

### 9.1.4 技能训练

使用 SuperMap iDesktop 平台打开 BIM 文件数据源,并将 BIM 数据源中的所有模型数据集添加到同一场景中,并比较 BIM 数据与精模数据区别。

## 任务 9.2　三维可视化场景搭建

### 9.2.1 任务描述

三维空间数据的可视化是三维 GIS 的一个极其重要的研究方面,真三维的情况下,对传统的计算机可视化提出了新的要求,本任务针对三维可视化场景搭建使用的方法包括二维数据可视化建模、二维数据升维和场景三维专题图建模等。

### 9.2.2 任务分析

**1. 三维景观显示**

(1) 基于纹理映射技术的地形三维景观。

真实地物表面存在着丰富的纹理细节,人们正是依据这些纹理细节来区别各种具有相同形状的景物。因此,景物表面纹理细节的模拟在真实感图形生成技术中起着非常重要的作用,一般将景物表面纹理细节的模拟称为纹理映射技术。

纹理映射技术的本质是,选择与 DEM 同样地区的纹理影像数据,将该纹理"贴"在通过 DEM 所建立的三维地形模型上,从而形成既具有立体感又具有真实性且信息含量丰富的三维立体景观。以扫描数字化地形图作为纹理图像,依据地形图和 DEM 数据建立纹理空间、景物空间和图像空间三者之间的映射关系,可以依据真实感图形绘制的基本理论生成以地形要素地图符号为表面纹理的三维地形景观。

(2) 基于遥感影像的地形三维景观。

各类遥感影像数据(航空、航天和雷达等)记录了地形表面丰富的地物信息,是地形景观模型建立主要的纹理库。

基于航摄相片生成地形三维景观图的基本原理是在获取区域内的 DEM 的基础上,在数字化航摄图像上按一定的点位分布要求选取一定数量(通常大于 6 个)的明显特征点,量测其影像坐标的精确值以及在地面的精确位置,据此按航摄相片的成像原理和有关公式确定数字航摄图像和相应地面之间的映射关系,解算出变换参数。同时利用生成的三维地形图的透视变换原理,确定纹理图像(航摄相片)与地形立体图之间的映射关系。DEM 数据细分后的每一地面点可依透视变换参数确定其在航摄相片图像中的位置,经重采样后获得其影像灰度,最后经透视变换、消隐和灰度转换等处理,将结果显示在计算机屏幕上,生成一幅以真实影像纹理构成的三维地形景观,如图 9-8 所示。

基于航天数据的处理方法与航摄相片的方法基本相同，如图 9-9 所示。不同的是由于不同遥感影像数据获取的传感器不同，其构象方程、内外方位元素也各异，需要针对相应的遥感图像建立相应的投影映射关系。

图 9-8　（航空）正射影像＋DEM　　　　图 9-9　（遥感）正射影像＋DEM

需要说明的是，对大多数工程而言，用于建立地形逼真显示的影像数据只有航空影像最合适，因为一般地面摄影由于各种地物的相互遮挡，影像信息不全，地面重建受视点的严格限制。而卫星影像由于比例尺太小，各种微小起伏和较小的地物影像不清楚，仅适合于小比例尺的地面重建。航空影像具有精度均匀、信息完备和分辨率适中等特点，因而特别适合于一般大比例尺的地面重建。

（3）基于地物叠加的地形三维景观。

将图像的纹理叠加在地形的表面，虽然可以增加地形显示的真实性，但若是能够在 DEM 模型上叠加地形表面的各种人工和自然地物，如公路、河流、桥梁和地面建筑等，则更能逼真地反映地表的实际情况，而且这样生成的地形环境还能进行空间信息查询和管理。

对于这些复杂的人工和自然地物的三维造型，可利用现有的许多商用地形可视化系统（如 MultiGen）开发的专门进行三维造型的生成器 Creator，可先由该三维造型生成器生成各种地物，然后再贴在地形的表面；另外还可利用现有的三维造型工具（如 3d Max）来塑造三维实体地物，然后再导入地形可视化系统中。对于简单的建筑物，可以将其多边形先用三角剖分方法进行剖分，然后将其拉伸到一定的高度，就形成三维实体。而对于河流、道路和湖泊等地表地物，由于存在多边形的拓扑关系，如湖中有岛，这时的三角形剖分就要复杂得多，但约束 Delaunay 三角形可以保证在三角形剖分过程中，将河流或湖泊中的岛保留，同时还能保留多边形的边界线以及保证剖分后的三角形具有良好的数学性质（不出现狭长的三角形）。

**2. 三维动态漫游**

三维景观的显示属于静态可视化范畴。在实际工作中，对于一个较大的区域或者一条较长的路线，有时既需要把握局部地形的详细特征又需要观察较大的范围，以获取地形的全貌。一个较好的解决方案就是使用计算机动画技术，使观察者能够畅游于地形环境中，从而从整体和局部两个方面了解地形环境。

为了形成动画，就要事先生成一组连续的图形序列，并将图像存储于计算机中。将事先生成的一系列图像存储在一个隔离缓冲区,通过翻页建立动画。图形阵列动画即位组块传送,每幅画面只是全屏幕图像的一个矩形块,显示每幅画面只操作一小部分屏幕,较节省内存,可获得较快的运行时间性能。

对于地形场景而言,有 DEM 数据、纹理数据以及各种地物模型数据,数据量都比较庞大。而目前计算机的存储容量有限,因此为了获得理想的视觉效果和计算机处理速度,使用一定的技术对地形场景的各种模型进行管理和调度就显得非常重要。这类技术主要有单元分割法、细节层次法(LOD)、脱线预计算和内存管理技术等。通过这些技术实现对模型的有效管理,从而保证视觉效果的连续性。

**3. 虚拟现实技术**

虚拟现实(virtual reality,VR)是计算机产生的集视觉、听觉和触觉等为一体的三维虚拟环境,用户借助特定装备(如数据手套和头盔等)以自然方式与虚拟环境交互作用、相互影响,从而获得与真实世界同等的感受以及在现实世界中难以经历的体验。随着三维信息的可得和计算机图形学技术的发展,地理信息三维表示不仅追求普通屏幕上通过透视投影展示的真实感图形,而且具有强烈沉浸感的虚拟现实真立体展示日益成为主流技术之一。

VR 基本特征包括多感知性(multi-perception)、自主性(autonomy)、交互性(interaction)和临场性(presentation)。自主性指 VR 中的物体应具备根据物理定律动作的能力,如受重力作用的物体下落;交互性指对 VR 内物体的互操作程度和从中得到反馈的程度。用户与虚拟环境相互作用、相互影响,当人的手抓住物体时,则人的手有握住物体的感觉并可感物体的重量,而物体应能随着手的移动而移动。现在一般把交互性(interaction)、沉浸感(immersion)和想象力(imagination)(3I)作为一个虚拟现实系统的基本特征,如图 9-10 所示。

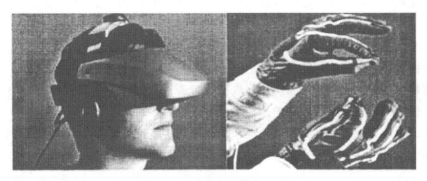

图 9-10　虚拟现实技术工具

生成 VR 的方法技术简称 VR 技术。VR 技术强调身临其境感或沉浸感,其实质在于强调 VR 系统对用户的刺激在物理上和认知上符合用户长期生活所积累的体验和理解。

VR 技术正日益成为三维空间数据可视化通用的工具。VR 系统把地理空间数据组织成一组有结构、有组织的具有三维几何空间的有序数据,使得 VR 世界成为一个有坐标、有地方、有三维空间的世界,从而与现实世界中可感知、可触摸的三维世界相对应。

VR 建立了真三维的景观描述的、可实时交互作用、能进行空间信息分析的空间信息系统。用户可以在三维环境里穿行，观察新规划的建筑物，并领会其在地形景观中的变化。VR技术通过营造拟人化的多维空间，使用户更有效、更充分地运用GIS来分析地理信息，开发更高层的GIS功能。

虚拟现实技术与多维海量空间数据库管理系统结合起来，直接对多维、多源和多尺度的海量空间数据进行虚拟显示，建立具有真三维景观描述的、可实时交互设计的、能进行空间分析和查询的虚拟现实系统，是今后虚拟现实系统的一个重要发展方向。虚拟场景与真实场景的真实感融合技术-增强现实技术（augmented reality）也正在日益成为GIS与VR集成的重要方向。基于GIS信息融合技术、GPS动态定位技术以及其他实时图像获取与处理技术，便可以有机地将眼前看到的实景与计算机中的虚景融合起来，这将使空间数据的更新方式和服务方式发生革命性的变化。

### 9.2.3 任务实施

**1. 任务内容**

SuperMap支持对添加到场景中的三维数据进行各类优化可视化能力，支持创建三维专题图图层，有单值专题图、分段专题图、标签专题图、统计专题图和自定义专题图等，支持将矢量数据拉伸建模实现三维模型的可视化能力。

**2. 任务实施步骤**

（1）矢量拉伸建模。

线性拉伸功能就是对二维或三维面数据进行拉伸建模操作，可实现面对象快速建立三维模型。矢量化的时候，为了使建筑物有层次感，可以使用多个面数据来一起组合为楼，然后给面数据集添加一个底部高程字段，用于存储底部高程，添加一个拉伸高度字段，用于存储拉伸高度，添加侧面纹理和顶面纹理的绝对路径，实现矢量拉伸建模的准备工作。

①修改面数据贴图的绝对路径。

在数据源中打开矢量拉升建模.udb数据源。选择数据源中的建筑物面2的面数据集，点击鼠标右键，选择右键对话框中的浏览属性数据。

在打开的属性数据表中，将侧面纹理和顶面纹理的路径地址修改为贴图的绝对路径，如图9-11所示。

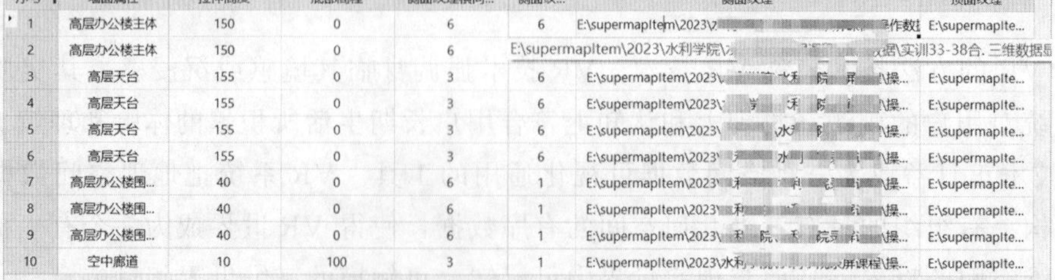

图 9-11 修改面数据贴图的绝对路径

②矢量拉伸建模。

将建筑物面 2 的面数据集添加到新球面场景中，在菜单栏中，点击三维地理设计选项卡的规则建模组中的拉伸下拉按钮，在弹出的下拉菜单中点击线性拉伸按钮，弹出线性拉伸面板，如图 9-12 所示。

在源数据中选择对应数据集，勾选所有对象参与操作复选框，拉伸高度与底部高程选择对应属性列。勾选拆分对象复选框。

点击材质编辑，对顶面和侧面材质进行设置。点击确定按钮，生成拉伸建模的数据集，如图 9-12 所示。

图 9-12　矢量拉伸建模参考

③模型加载显示。

选中新生成的模型数据集，点击鼠标右键，在弹出的对话框中选择添加到新球面场景，将数据添加到球面场景中进行展示。

（2）三维可视化制作。

三维可视化和二维可视化类似，针对数据集对数据设置风格，并且针对数据集的一个属性或多个属性制作专题图，不仅使数据可视化，还可以用来进行专题变量的属性变化、分布变化、分布状况和规律以及发展变化趋势展示。

①图层风格设置。

打开示范数据 Pipe3D 数据源，将数据源中 Pipe3D 三维线数据集添加到球面场景中。管线数据为地下数据，需要在风格设置中进行拉伸设置，如图 9-13 所示。并在场景中开启地下透明度，如图 9-14 所示。

在场景中选择数据集，点击鼠标右键选择图层风格，弹出线符号选择器。选择三维线性符号框中的圆管模型。设置线宽度为 0.3m。点击确定按钮。结果如图 9-15 所示。

实训26
二维空间数据的三维显示

图 9-13 风格中的拉伸设置

图 9-14 开启地下并设置地表透明

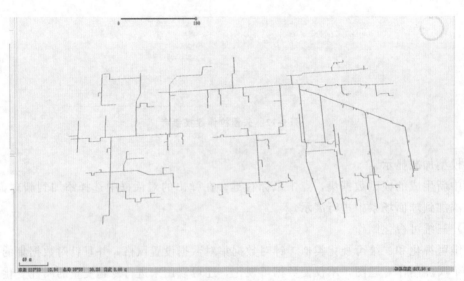

图 9-15 三维管线风格设置结果

②三维专题图表达。

点击场景中 PipeLine3D@Pipe3D 图层,选中图层,点击鼠标右键,在弹出的对话框中选择制作专题图,再选单值专题图中的默认专题图,最后点击确定按钮。

在弹出的专题图图层设置中对专题图属性进行设置。本次数据根据管线材质对不同管线设置不同颜色。分段表达式设置为长度属性字段材质,颜色方案可根据管线颜色自行设置,结果如图 9-16 所示。值得注意的是,将地下场景设置为黑色更容易看清。

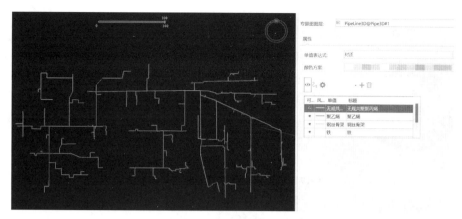

图 9-16 管线专题图设置

## 9.2.4 技能训练

使用 SuperMap iDesktop 平台自带数据 china，找到 china 数据源中的全国省份数据。将面数据添加到三维场景中，制作全国省份数据的专题图，要求有省份标注，并且根据各省面积不同，输出三维分段专题图。

# 任务 9.3 三维场景分析

## 9.3.1 任务描述

空间分析是基于地理对象位置和形态的空间数据的分析技术，强大的空间分析能力是 GIS 的主要特征。三维空间分析是指在三维场景中，基于地形、模型和影像等数据，对数据的位置和形态进行空间分析。

## 9.3.2 任务分析

**1. 三维空间运算**

三维空间运算是对三维模型数据进行空间查询和空间运算（交、并、差）等操作。如图 9-17 所示，三维体对象进行空间运算后的结果仍然是三维体；对模型进行截面和投影等操作可以获取二维数据，达到降维效果；对二维数据进行拉伸、放样和直骨架等操作获取模型数据。

例如，在修建穿山隧道时，利用截面放样等技术构建凸包，利用凸包构建隧道体，将隧道体与山体进行布尔运算（交运算），获得三维体同时删除该体对象，实现在山体模型中挖

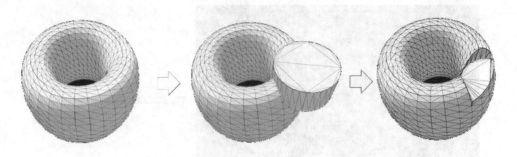

图 9-17　三维几何体布尔运算（差运算）

出贯通的隧道的过程，如图 9-18 所示。

图 9-18　构建隧道

**2. 三维空间关系判定**

三维空间关系判断主要是指通过对三维体模型间的相互关系判断，三维空间关系主要包括包含、相交和相离等，来进行三维体模型间的查询检索。

如图 9-19 所示，通过对道路进行三维缓冲区分析，获得道路缓冲体对象。利用三维关系查询，可以获得在道路一定范围内的不符合要求的建筑即对沿街建筑进行退线检测，获得沿街建筑如阳台、飘窗和楼梯的设计是否符合要求（是否占用道路空间），能够在设计阶段及时发现问题并改正，避免造成损失。

**3. 三维空间分析**

随着三维 GIS 的快速发展和应用，三维空间分析技术成为了技术研究的热点领域。面对日益庞大和种类繁多的三维多源数据。为了满足 GIS 各行业对三维空间分析的实用性需求，三维基础空间分析包括通视分析、可视域分析、阴影率统计分析、天际线分析和剖面线分析等。三维空间分析可基于分析结果三维体模型进行实时空间查询与关系判定，输出的红

图 9-19 三维场景中的缓冲区分析

色为天际线体范围外的对象,黄色为查询范围内的对象,如图 9-20 所示。

图 9-20 基于三维体分析结果实现三维空间查询(GPU)

(1)通视分析。

通视分析用于判断观察点与目标点之间是否可见。如图 9-21 所示,通过显示不同颜色来区别观察点到目标点是否被障碍物阻挡,使得用户的分析更加直观。通视分析广泛应用于建筑物视线遮挡判断、监控覆盖率、通信信号覆盖、军事设施布设和军事火力覆盖等多方面。

(2)可视域分析。

可视域分析是基于给定的观察点和观察范围,分析在观察范围内的被观察物体是否可

图 9-21 通视分析示例

见。它通过设置观察角度、观察距离以及水平和垂直方向的观察范围，实时分析一个或多个被观察物体在观察范围内是否可见；也可根据指定行进路径，实时动态展示可视域分析效果。三维可视域在安保、监控、森林防火、瞭望塔布设、航海导航、航空以及军事布防方面有重要的应用价值。

（3）阴影分析。

阴影分析是太阳光源产生的阴影范围分析。将光源在三维空间中产生的阴影范围用三维实体数据模型表达，定义为阴影体。通过判断空间目标对象和阴影体的空间关系，分析空间目标对象是否在阴影范围内。可广泛应用于城市规划设计中的建筑物采光分析等方向。

（4）阴影率统计分析。

阴影率统计分析是指在特定时间段内统计指定物体被阴影覆盖的时长所占比例，如图 9-22 所示。阴影率统计分析广泛应用于城市规划和景观分析等方面。

（5）天际线分析。

天际线又称城市轮廓或全景，是由各种地形地貌和标志性地物等构成的以天空为背景的轮廓线。城市天际线是城市设计中的一个重要因素，高层建筑和超高层建筑已经成为影响城市天际线的决定性因素。天际线分析示例如图 9-23（a）所示。从任意视角快速绘制天际线，根据天际线轮廓对规划建筑的位置和高度进行调整，使城市规划工作省时省力。

根据天际线分析的结果，支持输出天际线及天际线限高体，天际线限高体是三维实体模型。通过空间目标对象与天际线限高体的空间关系判断及空间运算，可以分析目标对象的超高情况。可实际应用于城市规划设计中的建筑物限高分析、分析建筑物对天际线的影响等，天际线分析结果如图 9-23（b）所示。

（6）开敞度分析。

三维开敞度分析是在场景中，相对于指定的观测点，基于一定的观测半径，构造出一个视域半球体，如图 9-24（a）所示。分析该区域内开敞度情况，模拟观测点周围空间的视域范围，支持导出障碍点、可视线和观察点，如图 9-24（b）所示。

图 9-22　阴影率统计分析

图 9-23　天际线分析示例和天际线分析结果

图 9-24　开敞度分析示例和导出障碍点可视线

（7）日照分析。

日照分析是指在某一日期进行模拟计算某一建筑群、某一层建筑或某建筑部分的日照影响情况或日照时数情况。如图 9-25 中，通过日照分析可以获得某一建筑物日照分布情况，可以为房屋选择、销售定价提供一定的参考。

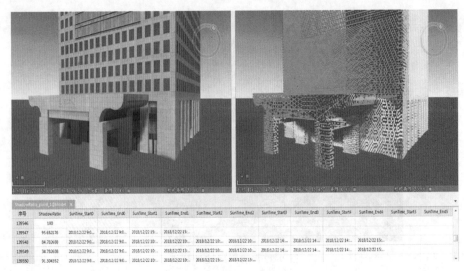

图 9-25 日照分析示例

（8）剖面线分析。

剖面表示表面高程沿某条线（截面）的变化。传统的剖面线分析是研究某个截面的地形剖面，包括研究区域的地势、地质和水文特征以及地貌形态、轮廓形状等。三维剖面线分析可以针对三维场景中的任意物体（包括建筑物、地下管道等），在任意方向上画出一条切线，自动生成剖面线图，如图 9-26 所示，并且支持在剖面线图上进行量算、位置查询等功能。剖面线分析广泛应用于土地利用规划、工程选线、设施选址、管道布设和煤矿开采等方面。

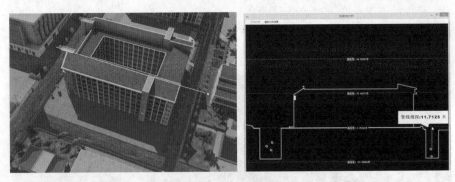

图 9-26 对剖面线分析结果进行位置查询与距离量测

（9）坡度和坡向分析。

坡度和坡向是两个重要的地形特征因子。其中，坡度表示地球面某一位置的高度变化率的量度；而坡度变化的方向称为坡向，表示地表某一位置斜坡方向变化的量度。自动获取并通过分层设色策略和绘制指示箭头生成坡度、坡向分析图，如图 9-27 所示。可根据颜色和箭头指向直观地查看地形起伏方向和起伏大小；并且支持设置最大、最小可见坡度，颜色表以及查询单点的坡度坡向数值功能。坡度、坡向分析在土地利用、植被分析、环境评价和景观分析等领域有重要的应用价值。

项目9 三维可视化应用

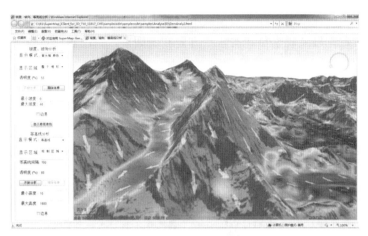

图 9-27 坡度、坡向分析图

（10）碰撞分析。

在三维场景中，被检测模型按照指定路线动态移动，通过碰撞检测分析功能能够实时确定、动态显示被检测模型与环境模型彼此之间是否发生接触、接触区域大小的碰撞情况。虚拟环境中的碰撞分析能够指导现实生产工作，例如，在一个高度还原了现实空间环境的点云管线场景中，大型设备在安装、拆卸时，通过碰撞分析可准确模拟设备搬运移动过程中会与哪些管线设备发生接触、碰撞，避免现实中人力、财产的损失。

### 9.3.3 任务实施

**1. 任务内容**

在 SuperMap iDesktop 中通过三维场景实现多类三维空间分析功能，可以实现三维空间分析，输出并查询空间分析结果。

**2. 任务实施步骤**

1）加载地图数据

在 SuperMap iDesktop 打开 CBD.SMWU 工作空间，打开 CBD 场景。

2）实现天际线分析功能

在三维分析选项卡上空间分析组中，点击天际线分析按钮 ，或在已打开的三维空间分析面板中，选中天际线分析节点。具体参数设置如下。

（1）确定天际线分析观察点（选择其中一种即可）。

①第一人称相机：勾选第一人称相机单选框，通过鼠标操作，通过缩放或平移，调整当前场景的视图，以当前场景视图角度和范围进行天际线分析。

②自定义三维点：勾选自定义三维点单选框，点击拾取按钮，在场景中拾取一个点作为

提取天际线的观察点。

③输入观察位置：在以上两种观察模式下，都可在"观察位置"的 X、Y、Z 文本框中直接输入观察点位置，以及观察位置的水平方向和俯仰角，修改观察点位置。

（2）执行分析功能。

点击工具条中的分析按钮 ⊙ ，即可进行天际线分析，在当前场景窗口中得到一条天际线，如图 9-28 所示。

图 9-28 天际线分析结果

在三维空间分析面板的参数设置处，修改天际线的颜色和质量。

①天际线颜色：点击天际线颜色右侧下拉按钮，选择线颜色，默认为红色。

②天际线质量：点击天际线质量右侧下拉按钮，选择天际线显示质量，可设置线质量为高级、中级或低级。其中，设置为高级时线质量最好，默认天际线质量为中级。

③显示观察者位置：该复选框用于控制是否显示观察者位置。若勾选该复选框，分析天际线之后将当前场景往离观察点较远的方向平移，即可看到观察者位置；不勾选则不显示观察者位置。

④360 度分析：该复选框用于控制是否进行 360 度天际线分析。若勾选该复选框，以观察点为圆心进行 360 度分析；不勾选则不进行 360 度分析。

⑤高亮显示障碍物：该复选框用于控制是否进行高亮显示影响天际线的模型。若勾选该复选框，场景中会高亮显示影响天际线的模型，同时自动关联打开属性表，显示影响天际线模型的属性信息。

（3）输出分析功能。

⬆ 按钮：可将天际线分析结果导出为二维线数据集、三维线数据集、扇形面数据集和拉伸闭合体数据集，可设置数据集保存名称。当导出为扇形面数据集时，可设置扇形面半径；当导出为拉伸闭合体数据集时，可设置半径和拉伸高度。

3）实现动态可视域分析功能

在场景中添加需进行可视域分析的数据，点击三维空间分析选项卡中的按钮 🞰 ，弹出三维空间分析面板。

（1）添加分析路线。

①绘制：当光标状态变为"＋"，将光标移至模型数据表面，点击鼠标左键，绘制分析路线，点击鼠标右键结束绘制，确定可视域分析的范围。其绘制操作方式与折线绘制方式一致。

②鼠标选择：若当前场景中已添加三维线数据集，点击工具栏中的 按钮，选择一条三维线作为分析路线，点击鼠标右键结束。

③导入：在三维空间分析面板中选中动态可视域节点，点击工具栏中的导入按钮 ，弹出导入观察点对话框，在对话框中选择三维线数据集作为路线导入，并设置相关参数。

（2）参数设置。

在动态可视域分析中，可在参数设置处设置分析相关参数，包括可视距离、水平视角、垂直视角、可见区域颜色、不可见区域颜色和分析精度等，可在分析结果列表中同时选中一个或多个结果进行设置。

①可视距离：用来设置可视域分析时的长度范围，单位为 m。直接输入可视距离，可调整可视域分析范围。

②水平视角：用来设置可视域分析的水平方向的范围，默认为 90°。

③垂直视角：用来设置可视域分析垂直方向的分析范围，默认为 60°。

④区域颜色：点击可见区域颜色或不可见区域颜色右侧下拉按钮，可重新设置可见区域和不可见区域的颜色。

⑤分析精度：可设置分析结果的精度等级，包括低级、中级和高级 3 个等级。

（3）分析结果设置。

动态可视域分析的结果可以一定的速度进行播放分析路线的可视域情况。在播放设置处可进行相关的播放参数，包括播放总时间、速度和模型风格等。

①总距离：用于显示分析路线的起点到终点的总长度，单位为 m。

②总时间：用于显示和设置动态可视域分析结果的播放时间，单位为 s。

③速度：用来显示和设置从当前选中分析路线的起点到终点的播放速度，单位为 m/s，默认速度为 1.7m/s。

④角色：可设置分析路线播放所使用的模型，可选择的播放模型类型有男士、女士、汽车和飞机 4 种。

⑤循环播放：勾选该复选框后，在执行分析结果播放时，将重复执行分析路线的播放操作，直到用户停止播放；若未选中该复选框，则执行播放操作时，只能播放一次分析路线。

⑥第一人称视角：勾选该复选框后，将以第一人称视角播放分析结果，此时场景视角不可调整；若未勾选该复选框，在播放分析结果时可任意调整场景视角。

（4）执行分析结果。

三维空间分析面板下方提供的播放控件，如图 9-29 所示，可用来控制开始、暂停或停止播放。

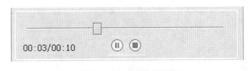

**图 9-29　播放控件**

### 9.3.4 技能训练

使用CBD的示范数据，实现日照率分析的功能，并将日照分析结果导出，在新场景中基于日照率进行三维点单值专题图制作，将分析结果保存为场景。

思政故事

**实景三维数据　促进城市精细化管理**

来源：山东省大数据局

**构建孪生城市地图，让城市"站"起来**

运用摄影测量、激光扫描、三维可视化、智能交互感知等新技术，将立体的城市搬进数字空间，把2D地图变成3D，直观还原现实世界的真实面貌。以海阳市为例，采用倾斜航空摄影方式获取了地面0.03米分辨率倾斜航空影像数据，通过倾斜摄影自动化建模技术，完成0.03米分辨率实景三维模型制作，共形成模型瓦片15551个。利用数字正射影像技术，完成0.03米分辨率1∶500数字正射影像图制作，形成1∶500标准分幅DOM成果2707幅，实现了海阳市新老城区土地的实景三维模型构建。

**多项创新性应用突破**
**服务城市建设发展"规""建""管"一体化**

"实景三维海阳"平台在国土空间规划、生态环境保护、社会服务和治理方法等方面发挥了重要作用。在国土空间规划方面，依托国家、省、市、县互联互通的实景三维数据，为摸清家底、认知规律和科学管控构建高质量发展的国土空间布局提供基础支撑；在生态环境保护方面，集成融合土地利用、环境质量等专题数据，可为国土空间规划与人居环境质量关联性、城市通风廊道与建筑格局关联性等提供知识服务；在城市精细社会治理与服务方面，利用城市级、部件级实景三维数据，为城市治理体系和治理能力现代化建设、智慧城市建设提供更为高效直观的数字空间基底，在城市更新、社区治理、环境整治、城市仿真等城市行动中发挥积极作用；在灾害预警防治方面，实现立体化时空分析决策和实时物联感知，为灾害预警及重大灾难事故的快速应急提供科学依据。

# 项目 10　超图软件综合应用案例分析

## 教学目标

本项目是完成地理信息系统技术应用课程学习之后开展的实习实训阶段，持续时间1~2周。根据实际生产过程的工作流程，将测绘地理信息技术行业企业工作分为地图制图、空间分析和三维应用3大生产模块。通过项目学习，使学生切实掌握相对应生产模块需要的技术和技能，提高学生工作能力，促进学生更好就业。

## 思政目标

2023年9月，习近平总书记在黑龙江考察调研期间首次提到新质生产力，其含义为创新起主导作用，摆脱传统经济增长方式、生产力发展路径，具有高科技、高效能、高质量特征，符合新发展理念的先进生产力质态，是科技创新交叉融合突破所产生的根本性成果。地理信息系统作为测绘类学科交叉融合的成果，为现代化产业体系建设奠定了空间信息底座，是大力推进现代化产业体系建设，加快发展新质生产力不可或缺的一环。

## 项目概述

某校为深入贯彻党的二十大精神，着力推动智慧教育快速发展，全面提高教育信息化水平，开展了智慧校园建设。智慧校园建设中，首先需要构建空间信息底座，即为学校打造一幅二三维一体化、可以进行空间分析的地图，便于校内外人士了解校园建筑分布和道路导航。本项目通过三个工作任务，使学生完成校园地图的制作和交通分析应用。

## 任务10.1　校园地图制图

**1. 实验场景**

智慧校园建设中，经常涉及三维校园建设，将整个校园情况通过三维建模1∶1映射到虚拟空间，后续可结合校园内实时监测数据监测校园内安全、教学、运维、环境、资产和能源等变化。校园管理者可通过三维校园直观快速地掌握校园情况，学生可通过三维校园快速掌握学校三维立体布设快速定位学校各类资源的位置及周边环境。本次任务基于二维校园矢量数据，结合校园建筑高程数据，为实现学校三维场景建设打下基础。

**2. 实验成果要求**

（1）校园内部矢量化成果包含道路、教学楼、体育场、绿化区域、校门口和停车场等校园内部精细矢量部分，可同时制作包括商店和水果店等点位信息。

（2）对重点建筑物进行属性赋值，包括建筑物用途、楼层和所属系别等信息。

（3）制作校园内部矢量化底图，要求配色合理，对重点道路、公园和建筑物等区域做明确标识，包括文字及符号标识等。

（4）输出一幅学校详细地图，要求包含标头、图例、比例尺和指北针等内容，同时标注制图者所在系别、班级及名字等信息。

**3. 实验操作流程**

本次任务基本按照如下步骤及流程进行，学生实际操作中可通过多次重复完成本次任务。

1）步骤一：校园影像入库

①打开SuperMap iDesktop软件，在左侧工作空间管理器中，选择数据源，点击鼠标右键，选择新建文件型数据源，选择文件源存储文件夹位置及设置文件名称，如图10-1所示。

图10-1　新建文件型数据源

②将光标移至新建的数据集中，点击鼠标右键，选择导入本次准备的水利学院卫星影像数据。

③为新导入的影像数据文件设置对应坐标系，本次数据坐标系为84墨卡托坐标系。将光标移至影像数据集中，点击鼠标右键，点击属性，在弹出的右侧属性栏选择坐标系，选择重设，设置坐标系为84墨卡托，如图10-2所示。

2) 步骤二：根据数据类别进行数据分类建表

这个阶段是对我们的影像图进行识别。根据影像识别，我们需要判定到底需要多少图层，设置哪些类型的数据集，每个数据集的属性表该如何设置以及属性表类型该如何选择等工作。这里，我们选择几类数据进行属性设置。

(1) 新建一个面数据集，用来作为校园建筑物面，为建筑物面设置对应属性表。将光标移至数据源上，点击鼠标右键，选择新建数据集，数据类型选择面，数据集名称设置为建筑物面，设置坐标系为2000地理坐标系。最后点击创建按钮，完成建筑物地面创建工作，如图10-3所示。

图10-2 属性设置

图10-3 新建数据集

将光标移至新建的面数据集上，点击鼠标右键，选择属性，为建筑物面数据添加多种属性表。在右侧属性窗口中选择属性表。点击左侧的新增按钮，为面数据新增多列属性表。

①新增建筑物名称属性，设置字段名称为建筑物名称、字段类型为文本型，对是否为必填项选择是。

②新增建筑物楼层属性，可标注每个建筑物楼层数量，字段类型设置为双精度，对是否为必填项选择是。

③新增建筑物用途属性，用于标注建筑物用途如教学、办公和餐厅等，字段类型设置为文本，对是否为必填项选择是。

④新增建筑物归属属性，可填写教学楼归属或包含学院系别。因为有些建筑属于食堂等非教学建筑，则该列属性选择非必填项。

⑤实际可根据每类数据不同选择不同类型属性列进行增加。增加完成后，我们可对属性列顺序进行排序，点击应用按钮，使属性列设置生效，如图10-4所示。

图 10-4　建筑物归属属性设置

（2）新增兴趣点点信息，用来存储学校内部兴趣点位置，如水房、饭卡充值处和商店等位置。为 poi 设置属性字段，名称为兴趣点、字段类型为文本型，对是否为必填项选择是。

（3）新增线数据集，用作绘制校园内部道路或者停车场内部小路。

（4）新建其他同类或不同类数据集用于存储不同类型的数据。

3）步骤三：底图矢量化

底图矢量化是对校园内部各部分进行矢量化的过程，根据新建的数据集类型及属性，对数据集进行矢量绘制及属性添加。

①新建地图。将影像图添加至地图中，添加新建的各类数据到地图中。调整地图图层顺序，使影像图在图层中的最底层。

②绘制建筑物面数据。打开建筑物面图层的编辑功能，如图 10-5 所示，在上方对象绘制中，依次选择面、任意多边形，此时光标变为十字模式。在地图中可选择建筑物底面四角对建筑物进行矢量绘制，点击鼠标左键开始绘制，点击右键结束绘制。数据类型可根据绘制数据情况进行选择，例如绘制操场时可选择圆角矩形，绘制四角为圆角的矩形。

③结束绘制。对刚绘制的建筑进行面属性编辑填写。选中刚才绘制的面，点击鼠标右键，选择属性，可在弹出的右侧属性栏中进行属性信息的填写。

④选中面对象。可在菜单栏对象操作的对象编辑界面，选择对象编辑功能对面对象进行数据编辑，如节点编辑、切割和偏移等工作，如图 10-5 所示。

⑤绘制结束后，关闭图层编辑功能。

4）步骤四：地图可视化表达

地图可视化表达也是本次任务的重要部分，是将我们绘制的地图矢量数据通过各类图层

图 10-5　对象操作

顺序调整，图层风格设置以及专题表达等功能，最终制作一份学校的矢量化底图。

(1) 地图保存与打开操作。

①结束数据绘制后，关闭当前地图窗口时，将会弹出提示对话框，提示是否保存当前地图，如果点击是按钮，则保存当前存储的地图，并且只有保存了工作空间，地图才能最终保存下来。

②再次打开工作空间时，在工作空间管理器地图的节点下，会显示当前工作空间已保存的地图，可通过打开地图和添加到当前地图这两种方式打开地图节点下的任意地图。

(2) 地图通用设置。

设置图层的通用属性，包括透明度、顺序、可见比例尺及过滤显示对象等。

① 设置图层透明度。

(a) 透明度是图层的显示属性，可以在图层属性界面中透明度的数字调整框中进行设置。

(b) 透明度：点击数字调整框和下拉按钮便可以设置当前图层的透明程度。可以直接输入透明度值或者点击该标签右侧的下拉按钮，使用滑块来调整透明度，实时浏览设置结果。默认透明度的数值为 0，表示图层完全不透明，随着数值的增加图层会变得更透明；当透明度的数值设为 100 时，图层完全透明。透明度数值的可取 0 至 100 之间的整数。

② 调整图层顺序。

图层的层叠顺序的排序可以直接影响地图显示效果。一般地图图层层叠的顺序规则有如下 2 条。

(a) 根据对象的地图范围，从上至下依次为小→中→大。

(b) 根据图层的类型，从上至下依次为文本→点→线→面。

调整图层顺序可通过直接拖拽的方式实现。

(a) 在图层管理器中，选中一个或多个图层。

(b) 将选中的图层拖曳至目标位置。

(c) 松开鼠标。

③ 设置图层可见比例尺范围。

通过设置图层属性可见比例尺或者设置过滤条件对图层中的对象进行过滤。

(a) 最小可见比例尺。

最小可见比例尺组合框是用来设置当前图层的最小可见比例尺。对图层设置最小可见比例尺后，若地图的比例尺小于该图层设置的最小可见比例尺，该图层将不可见。

可以通过在最小可见比例尺右侧的数字调整框输入比例尺数值，如 1：500000，将当前地图比例尺设置为最小可见比例尺。也可点击右侧下拉按钮选择比例尺设置为最小可见比例尺，在下拉项可选比例尺为默认 1：5000 至 1：1000000 的 8 个比例尺；若地图设置了固定比例尺，则点击下拉项可选比例尺为固定的比例尺。

(b) 最大可见比例尺。

最大可见比例尺组合框是用来设置当前图层的最大可见比例尺。对图层设置最大可见比例尺后，若地图的比例尺大于该图层所设置的最大可见比例尺时，该图层将不可见。

可以通过在最大可见比例尺右侧的数字调整框输入比例尺数值，如 1：500000，将当前地图比例尺设置为最大可见比例尺。也可点击右侧下拉按钮选择某个比例尺设置为最大可见比例尺，在下拉项可选比例尺为默认 1：5000 至 1：1000000 的 8 个比例尺；若地图设置了固定比例尺，则点击下拉项可选比例尺为固定的比例尺。

(3) 设置图层风格。

SuperMap 提供两种方式对图层风格进行设置，分别是图层风格属性面板和风格设置选项卡设置点、线、面图层以及文本对象风格。

图层风格面板：在图层管理器选中待修改的点、线、面图层，点击图层风格…按钮，在地图右侧弹出风格面板，在风格面板上以所见即所得的方式设置点、线、面图层以及文本对象风格。

风格设置选项卡：在风格设置选项卡中，组织了点风格、线风格、面风格以及文本风格 4 组功能控件。使用风格设置选项卡中的功能控件设置对象风格时，只针对当前图层进行设置，因此必须先将待设置风格的图层设置为当前图层。在设置对象风格时，设置结果会实时地反映到当前图层，实现所见即所得的效果。

① 设置点图层的风格。

风格设置选项卡的点风格组用于设置点图层中点对象的风格，该组中的功能只有在当前图层为点图层时才可用。

(a) 选择点符号：在点符号选择器中，选中所需要符号。

(b) 设置符号的显示风格：符号库窗口符号风格设置区域中的预览区来预览所设置的符号风格。

在符号库窗口符号风格设置区域可以设置选中点符号的风格样式，包括以下参数。

- 符号大小：该区域用于设置点符号的大小。
- 符号宽度：设置点符号的宽度。可以在其右侧的数字显示框中输入数值；也可以点击数字显示框右侧的箭头，使用弹出的滑块调整符号的宽度。单位为 0.1mm。
- 符号高度：设置点符号的高度。可以在其右侧的数字显示框中输入数值；也可以点击数字显示框右侧的箭头，使用弹出的滑块调整符号的高度。单位为 0.1mm。
- 锁定宽高比例：该复选框用于设置是否在改变符号宽度或符号高度时，固定符号的宽度与高度的比例。系统默认为勾选该复选框。若勾选该复选框，则无论对符号宽度和符号高度两个参数中的哪一项进行设置，另一项会相应改变。值得注意的是，此项设置只对栅格符号有效，即对矢量数据，无论是否勾选该复选框，符号的宽高比例都固定。

• 旋转角度：设置点符号的旋转角度值，可以在其右侧的数字显示框中输入数值来设置；也可以点击数字显示框右侧的箭头，使用弹出的滑块来调整角度数值。点击 Enter（回车）键或当该文本框失去焦点时，即可应用点符号角度的设置。

旋转角度为正值时，逆时针旋转；否则顺时针旋转；点符号旋转角度的数值精度为 0.1，单位为度。

• 透明度：设置点符号的透明效果。可以在其右侧的数字显示框中输入数值来设置；也可以点击数字显示框右侧的箭头，使用弹出的滑块来调整透明度。透明度的数值为 0 至 100 之间的任意一个整数，0 代表完全不透明；100 代表完全透明。

• 符号颜色：设置点符号的颜色，点击其右侧的下拉按钮，可以在弹出颜色面板中选取默认颜色，或点击颜色面板底部的其他色彩按钮，获取更多自定义颜色。

• 设置完成后，点击符号库窗口中的确定按钮，应用所做的符号设置。

②线符号和面符号风格可参考点风格进行设置。

5）步骤五：地图专题图表达

专题地图是以普通地图为地理基础，着重表示制图区域内某一种或几种自然要素或社会经济现象的地图。专题地图的内容主要由 2 部分构成：专题内容和地理基础。前者为地图上突出表示的自然要素或社会经济现象及其有关特征，后者为用以表明专题图要素空间位置与地理背景的普通地图内容。

本次任务主要用的是标签专题图，用于对地图进行标注说明，可以用图层属性中的某个字段（或者多个字段）对点、线、面等对象进行标注。多用于文本型或数值型字段，如标注地名、道路名称、河流宽度和等高线高程值等信息。

在图层管理器中选中一个矢量图层，点击鼠标右键，在弹出的右键菜单中选择制作专题图…，在弹出的对话框中点击标签专题图，选择统一风格或者行政区注记统一风格标签选项，即可基于当前的矢量图层生成一个统一风格标签专题图。

在使用模板的时候，需要保证专题图的字段表达式存在。如果当前图层不存在专题图模板中的专题图字段，会弹出"表达式不存在，所以专题图无法显示。请重新指定合适的表达式。"的提示对话框。重新指定字段后即可使用模板制作专题图。

①在图层管理器中选中一个要制作统一风格标签专题图的矢量图层。

②点击统一风格或者行政区注记统一风格标签选项，即可创建一个统一风格标签专题图。

③基于模板创建的统一风格标签专题图将自动添加到当前地图窗口中作为一个专题图层显示，同时在图层管理器中也会相应地增加一个专题图层。

④根据制图需求，选择标签表达式，并且修改相应的风格参数，以得到对应的标签展示。

6）步骤六：地图布局打印

如果要将地图打印出来，就需要创建布局。布局是由一个或多个地图以及其他支持元素

（如标题、指北针、图例和比例尺等）组成的。

（1）新建布局。

①将光标移至工作空间管理器中的布局节点上，点击鼠标右键，在弹出的右键菜单中选择新建布局窗口，即可创建一个空白的布局窗口。

②在菜单上的布局选项卡的页面设置组中，可以设置布局页面的纸张方向、纸张大小和页边距，可以根据出图的实际需求进行设置，在本任务中，设置纸张方向为横向，纸张大小为A4，页边距为普通。布局设置组支持设置布局页面的横向、纵向页数。在大比例尺出图或者出图范围较大时，可以考虑调整横向、纵向页数。

（2）插入地图。

①在菜单栏上的对象操作选项卡对象绘制组中，点击地图按钮，在弹出的下拉列表中选择矩形选项，直接在布局页面相应位置拖拽绘制，矩形绘制完成后，会弹出选择填充地图对话框，下拉列表中会罗列出所有保存在工作空间中的地图，选择要出图的地图即可。在本任务中，选择上一步骤中保存的北京地铁线路图。

②选中添加在布局窗口的地图，可以通过拖拽调整其在布局中的位置。选中后，点击鼠标右键，在右键菜单中选择锁定地图选项，就可以对当前地图进行放大、缩小和平移位置等浏览操作，操作完成后，需要再点击一次锁定地图选项以对地图解锁。

（3）插入文本。

①在菜单栏上的对象操作选项卡对象绘制组中，点击文本按钮，直接在布局页面相应位置点击输入文本信息。

②选中文本信息，可以通过鼠标拖拽的方式，调整其在布局中位置或者文本的大小。

③选中文本信息，点击鼠标右键，在右键菜单中选择属性，在弹出的属性对话框文本信息节点中，可以对文本的字体名称、锚点对齐方式、字号和文本颜色等文本风格参数进行设置。本任务中，对文本风格进行设置后得到的效果如下图中所示。

（4）插入图例。

图例、比例尺和指北针等是与地图绑定在一起的，所以要插入这些要素，就需要先选中布局中的地图。

①选中布局上的地图后，在菜单栏上的对象操作选项卡的对象绘制组中，点击图例按钮，直接在布局页面相应位置绘制图例。

②默认绘制的图例，是将地图中所有的图层都显示出来。选中图例，点击鼠标右键，在其右键菜单中选择拆分布局元素，可以将图例拆分为一个个单独的元素。选中这些元素，可以直接对其进行删除、修改等操作。

③对图例中的单个要素修改完成后，可以选中所有要素，点击鼠标右键，在右键菜单中选择组合布局元素，对其重新进行组合。本任务对图例重新组合后的局部效果如图10-6所示。

（5）插入其他布局整饰要素。

其他的布局整饰要素，例如比例尺、指北针、图片、表格等，都可以根据出图的需要进行添加。添加的方法与添加后对该元素的编辑修改，与前面讲到的"插入文本""插入地图"基本类似，在这里就不做详细介绍。

（6）布局输出。

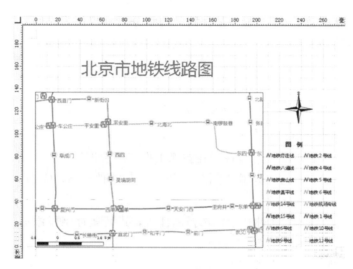

图 10-6　图例重新组合后的局部效果

制作好的布局的支持输出为图片，也支持直接打印。

①将光标移至布局窗口中，点击鼠标右键，选择输出为图片…选项，可将制作好的布局转换成通用的图片格式（诸如 JPG 文件、PNG 文件、位图文件以及 TIFF 影像数据等格式）进行输出，便于在其他环境中应用。

②点击布局选项卡中文件操作组的打印下拉按钮，可预览并打印当前布局窗口中布局页面中显示的所有内容。

## 任务 10.2　交通应用模块

**1. 实验场景**

智慧城市交通管理建设中，道路数据作为智慧交通建设的重要组成部分，通过包含完整信息字段（长度、速度、方向……）的道路数据，可以进行网络模型的创建，从而实现各种交通网络分析功能。交通网络分析可以为城市交通带来极大便利，分析结果可提供有效的执行方案，帮助决策者在智慧城市交通管理中做出更合理的决策。

本次任务基于某地道路数据、出发点、障碍点和商店，实现从出发点到达商店的最佳路径规划，要求实现不同权值阻力情况下的最佳路径分析。

**2. 实验成果要求**

（1）在已有道路数据属性表中增加限行速度和时间字段，并进行属性赋值，限行速度字段属性值统一设为 50km/h，字段根据已有字段道路长度和速度进行计算，已知长度单位为 m。

（2）输出道路拥堵路况专题图。要求配色合理，包含标头、比例尺、指北针和图例等内容。

（3）最佳路径规划分析。分别进行普通最佳路径规划分析（无权值）、路程最短最佳路径规划分析（权值为长度）、用时最短最佳路径规划分析（权值为时间）以及存在障碍边或者障碍点时最佳路径分析结果，输出路径结果数据集，并将分析结果保存为地图。

**3. 实验操作流程**

本次任务基本按照如下步骤及流程进行。

1）步骤一：路网数据属性赋值

（1）打开 SuperMap iDesktop 软件，在左侧工作空间管理器中，点击鼠标右键，选择打开文件型工作空间，选择实验数据工作空间文件存放位置，打开实验数据 TrafficAnalysis.swmx 工作空间。

（2）选择数据集 Road 的属性选项，选择属性表，进行属性字段添加，分别添加 Speed、Time 字段，如图 10-7 所示。

- 新增速度属性，设置字段名称为 Speed，字段类型为双精度，对是否为必填，选择是。
- 新增时间属性，设置字段名称为 Time，字段类型为双精度，对是否为必填，选择是。默认勾选修改字段后保留备份数据，然后点击应用按钮，实现属性表字段添加。

（3）打开属性表中，右击对应字段，选择更新列，进行属性赋值。

①速度字段赋值：统一赋值为 50km/h，更新列参数设置如图 10-8 所示。

图 10-7 数据集的属性设置

图 10-8 速度字段更新列参数设置

- 时间字段赋值：根据长度字段与速度字段计算，选择时间字段，选择更新列，如图 10-9 所示。进行函数运算，编辑计算表达式，如图 10-10 所示，计算时间（单位为 m/s）。

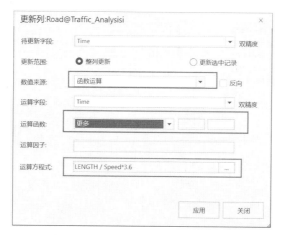

图 10-9 时间字段更新列参数设置

图 10-10 计算表达式编辑

2) 步骤二：路况专题图表达

根据道路数据路况值制作某市道路拥堵情况专题图，并输出包含地图元素（标头、图例、指北针和图例等）的电子图片。

(1) 打开工作空间 TrafficAnalysis.swmx 中数据源 Traffic_Analysisi 下的数据集 Road，点击加载到地图窗口。

(2) 右击图层管理器道路数据 Road@Traffic_Analysisi 图层，选择制作专题图，选择单值专题图中的默认模板创建相应的专题图，弹出制作专题图对话框，制作单值专题图的面板如图 10-11 所示。

图 10-11 单值专题图面板

（3）创建专题图后，在弹出的专题图窗口中，选择属性选项，将表达式设置为 Road-info 属性字段。在颜色方案中设置当前单值专题图的颜色风格，或者通过点击属性值对应风格选项来设置颜色风格，如图 10-12 所示。

（4）创建专题图后，保存为地图，然后新建布局，将保存的地图添加到新建布局中，调整地图窗口大小，并设置相关地图元素（标头、图例、指北针和图例等），保存布局，输出为图片。结果如图 10-13 所示。

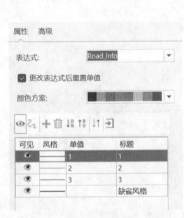

图 10-12 专题图的属性设置

图 10-13 某市道路拥堵情况专题图

3）步骤三：最佳路径分析

（1）路程最短路径分析，以长度为权值进行分析。

①构建网络数据集。在交通分析选项卡的路网分析中的拓扑构网中选择构建二维网络，构造网络数据集，基于 Road 构建道路网络数据集。构建二维网络数据集面板如图 10-14

所示。

图 10-14　构建二维网络数据集面板

②最短路径分析。在交通分析选项卡的路网分析中选择最佳路径分析，弹出实例管理弹出框，进行后续站点添加与删除；勾选环境设置选项，弹出环境设置对话框，进行权值设置；然后添加站点，执行分析。实例管理与环境设置如图 10-15 所示。

图 10-15　实例管理与环境设置

（2）用时最短路径分析。以时间为权值进行分析。

修改正向权值与反向权值，如图 10-16 所示，采用时间属性字段作为权值，对相同站点进行路径分析，观察分析结果。

用时最短路径分析结果如图 10-17 所示。

图 10-16　修改权值

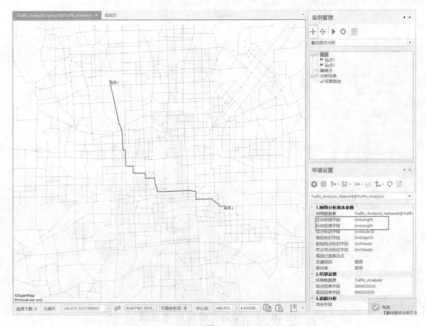

图 10-17　用时最短路径分析结果

（3）最佳路径分析。以时间、路况值多因素为权值进行分析。以 SQL 表达式方式进行权值输入，计算表达式为 Time * Road _ info。最佳路径分析结果如图 10-18 所示。

图 10-18 最佳路径分析结果

## 任务 10.3　三维建模应用

**1. 实验场景**

本任务的实验场景与任务 10.3 的实验场景一致。

**2. 实验成果要求**

（1）校园三维建筑模型是基于校园二维矢量面及建筑物高度进行校园三维建筑建模，对重点建筑物进行属性赋值，包括建筑物用途、楼层和所属系别等信息。

（2）对校园内部道路、树木、绿地、水面及校园大门入口等分别设置不同三维风格符号。要求符号较为真实，可根据三维符号识别对应地物。

（3）对校园内部建筑物等设置不同的标签专题图，指示显示对应的建筑物、地物名称。

（4）最终成果保存为三维场景输出。

**3. 实验操作流程**

本次任务基本按照如下步骤及流程进行，学生实际操作中可能会对以下流程进行重复多次，以完成本次任务。

（1）拉伸建模。

大地、道路、绿地和建筑都是一样的矢量拉伸方法，这里以建筑为例具体说明。

在矢量化的时候，为了建筑物有层次感，可以使用多个面数据来组合楼，然后给面数据集添加一个底部高程字段，用于存储底部高程，添加一个拉伸高度字段，用于存储拉伸高度。把面数据集添加到场景，在风格设置中，将图层的高程模式设置为相对地面，将底部高程设置为底部高程字段，将拉伸高度设置为拉伸高度，如图 10-19 所示。

| 底部高程 | 拉伸高度 |
|---|---|
| 10 | 60 |
| 10 | 60 |
| 10 | 10 |
| 10 | 63 |
| 70 | 4 |
| 70 | 4 |
| 70 | 4 |
| 10 | 10 |
| 60 | 10 |
| 60 | 10 |

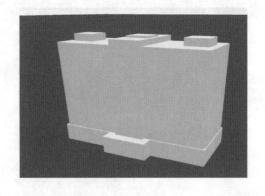

图 10-19　底部高程和拉伸高度设置

(2) 模型贴图。

我们采用将图片路径存储为字段的方式来进行统一贴图，这时就需要新建 6 个字段，即侧面贴图、顶面贴图、侧面横向次数、侧面纵向次数、顶面横向次数和顶面纵向次数。其中侧面贴图和顶面贴图中存储贴图图片和数据源之间的相对路径，如图 10-20 所示。设置好字段后在风格设置中的拉伸设置中的贴图设置中设置好相应的字段。建议将所有的图片统一放在一个文件夹里面。

| 侧面贴图 | 顶面贴图 | 侧面横向次数 | 侧面纵向次数 | 顶面横向次数 | 顶面纵向次数 |
|---|---|---|---|---|---|
| Texture\building1.jpg | Texture\ground11.png | 5 | 8 | | |
| Texture\building3.jpg | Texture\ground11.png | 20 | 8 | | |
| Texture\ground6.jpg | Texture\ground11.png | 10 | 1 | | |
| Texture\0000000001.jpg | Texture\ground11.png | 6 | 8 | | |
| Texture\building4.jpg | Texture\building4.jpg | | | | |
| Texture\building4.jpg | Texture\building4.jpg | | | | |
| Texture\building4.jpg | Texture\building4.jpg | | | | |
| Texture\ground5.jpg | | 20 | 1 | | |
| Texture\lounamel.png | Texture\ground11.png | 2 | 1 | | |
| Texture\lounamel.png | Texture\ground11.png | 2 | 1 | | |

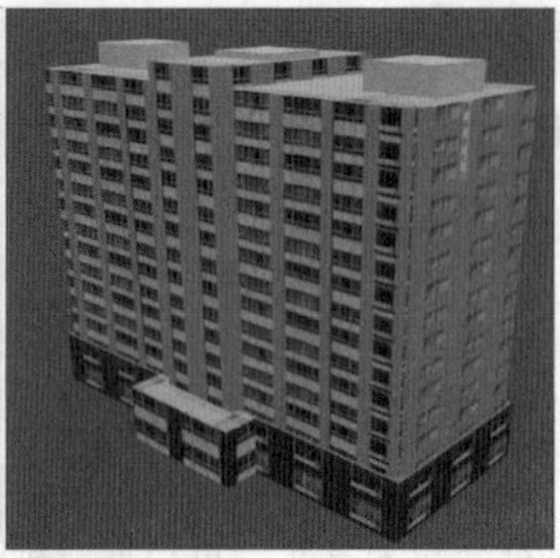

图 10-20　侧面贴图和顶面贴图

(3) 模型细节。

镂空的阳台主要包含两个部分：栏杆和阳台地面。两个面数据，一个作为地面，一个作为栏杆，如图 10-21 所示。然后按照上述同样的方式设置好对应楼层外面阳台的底部高程字段值和拉伸高程字段值。然后加入场景中，设置好对应图层风格中的高程设置，最后进行贴图。值得注意的是，制作模型其中一个很重要的点就是贴图了，贴图是模型的外衣，直接影响到模型的美观度。

建筑标签的方法同上面方法一致，在建筑物边上添加一个小的对象面，拉伸后侧面贴上找的或者自己设计的标签图片即可，如图 10-22 所示。

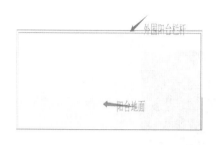

图 10-21　镂空阳台的组成部分

图 10-22　建筑标签

（4）亭子。

对于制作亭子的三维模型，新建一个三维模型数据集，可在场景中新建长方体及圆锥体等多种模型。在模型绘制过程中可基于模型的对象属性对模型的长宽高位置等进行编辑。成果及编辑内容如图 10-23 所示。

图 10-23　制作亭子的成果及编辑内容

模型绘制完成之后，点击鼠标右键，对每个模型的材质进行编辑，为亭子设置不同材质，结果如图10-24所示。

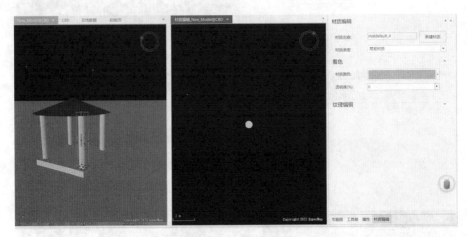

图10-24　亭子模型的材质设置

（5）水面效果。

SuperMap iDesktop能够真实地反映出三维水面的效果。新建水面数据集，编辑完成后，将水面数据集添加到场景，需要注意的是，必须在风格设置中将高程模式设置为相对地面，然后给图层设置三维水面风格即可。三维水面效果可以通过依次点击资源、填充符号库和新建三维水面符号制作。可以根据自己场景实际要求设置合适的波纹大小、水波速度，设置出池塘、小河和河流等不同表现形式的水面效果，并且自带倒影效果，如图10-25所示。

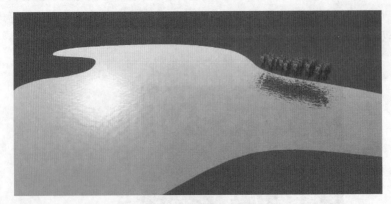

图10-25　水面效果

（6）花草树木。

花草树木用点数据集表示，编辑好数据集后，为数据集添加类型字段，标识花草树木的类型，根据该字段制作单值专题图，为每一类花草树木设置不同步风格。其中专题图属性中的颜色方案可以控制树的颜色，如图10-26所示。

（7）其他场景物品。

场景中还应包含垃圾桶、路灯和人等。具体实现方法同上述花草树木的绘制是一样的。

图 10-26　花草树木的颜色方案

（8）粒子效果。

场景中有时候需要用到喷泉、樱花、雨和雪等。超图可直接编辑这些粒子对象，这些粒子对象存储于 CAD 数据集中，编辑后对象后可在粒子属性里面设置相应的参数，如图 10-27 所示。

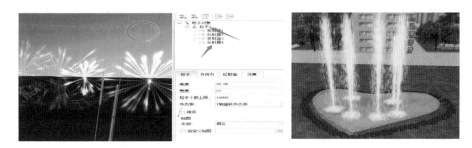

图 10-27　粒子属性中的参数设置

## 思政故事

### 地理信息安全不容忽视　GIS 平台自主可控优势凸显

来源：中国日报

俄乌冲突升级，局势错综复杂。冲突中，俄罗斯通过各种手段获取军事目标的地理坐标，利用高精度武器致使乌克兰军事基础设施、防空设备、军用机场和航空队失去战斗能力，展现了地理信息在现代军事上的重要作用。

地理信息是国家重要的基础性、战略性资源，直接关系到国家主权、安全和利益，承载着资源、环境、人口等经济建设和社会发展；地理信息也是现代军事斗争的重要组成部分，保障着军事活动和国防安全，在信息化战争中，军队的机动、展开和武器装备的使用，都离不开高质量的地理信息服务保障。看似遥不可及的地理信息实际上与我们的生活息息相关，出行看导航、跑步计轨迹、旅游拍照打卡……随着地理信息与互联网、车联网、物联网和大数据云计算的深度融合,手机定位、网络导航等地理信息服务功能给人们生活带来了便利。当前,我国地理信息产业已经进入高质量发展转型阶段,维护地理信息安全问题不容忽视。

地理信息产业是集测量技术、空间技术、大数据挖掘技术等高新前沿技术于一身的技术密集型产业。如果没有关键核心技术的自主创新,没有科技的自立自强,维护国家地理信息安全也会成为一句空话。GIS 基础软件由于研发专业性强、难度高,一直是地理信息产业的技术制高点,打造国产化的 GIS 平台,做到真正的自主可控,正是维护国家地理信息安全的关键所在!

关键核心技术从哪里来?实践反复告诉我们,关键核心技术是要不来、买不来、讨不来的,自主创新是必由之路!1977 年,中国科学院院士陈述彭率先提出开展我国地理信息系统研究的建议。80 年代中期以后,众多院校和科研院所在 GIS 研究方面做了大量工作,推动了 GIS 技术和产品的迅速发展。1987 年,北京大学遥感所成功研发出中国第一套基于栅格数据处理的 GIS 基础软件 PURSIS,中国地质大学(武汉)吴信才教授带领科研团队研发成功中国第一套基于矢量数据处理的 GIS 基础软件 MapCAD。随后,MapGIS、SuperMap、CityStar、GeoStar、APSIS、WinGIS 等国产 GIS 平台纷纷涌现。2001 年 863 计划启动"面向网络海量空间信息大型 GIS"科研项目,择优企业进行支持,也造就了之后二十年包括 MapGIS 在内的国产 GIS 软件的飞速发展。到今天,国产 GIS 平台软件紧跟 IT 技术发展趋势,在云 GIS、三维 GIS、大数据、BIM、虚拟现实/增强现实、室内 GIS、人工智能等技术上已经开始了实践和应用,众多传统行业也随着地理信息技术的进步焕发新力量,国产 GIS 品牌影响力与日俱增。

在地理信息系统自主创新的历史进程中,中地数码、超图是一个典型代表。推出基于统一的跨平台内核,实现了全国产化体系架构和 X86 系统架构的"双轮驱动",构建了全国产业化 GIS 平台和全空间智能 GIS 平台两大自主可控产品,为国家地理信息安全再添保障。

在"数字中国"和"新基建"建设的浪潮中,国家信息化发展步入新的阶段,维护地理信息安全,容不得半点马虎。发展自主可控的地理信息系统,将为国家信息化发展构筑起坚实可靠的时空信息底座,支撑数字经济建设,服务生态文明建设和经济社会发展。

# 参 考 文 献

[1] 汤国安，杨昕．ArcGIS 地理信息系统空间分析实验教程[M]．2 版．北京：科学出版社，2012．

[2] 郑春燕，邱国锋，张正栋，等．地理信息系统原理、应用与工程[M]．2 版．武汉：武汉大学出版社，2011．

[3] 宋小冬，钮心毅．地理信息系统实习教程[M]．3 版．北京：科学出版社，2013．

[4] 吴静，李海涛，何必．ArcGIS 9.3 Desktop 地理信息系统应用教程[M]．北京：清华大学出版社，2011．

[5] 吴秀芹，张洪岩，李瑞改，等．ArcGIS 9 地理信息系统应用与实践（上下册）[M]．北京：清华大学出版社，2007．

[6] 段拥军，杨位飞．地理信息系统实训教程[M]．北京：北京理工大学出版社，2013．

[7] 陆守一．地理信息系统实用教程[M]．北京：中国林业出版社，2000．

[8] 罗年学，陈雪丰，虞晖，等．地理信息系统应用实践教程[M]．武汉：武汉大学出版社，2010．

[9] 张正栋，胡华科，钟广锐，等．SuperMap GIS 应用与开发教程[M]．武汉：武汉大学出版社，2006．

[10] 陈述彭，鲁学军，周成虎．地理信息系统导论[M]．北京：科学出版社，1999．

[11] 龚健雅．当代 GIS 的若干理论与技术[M]．武汉：武汉测绘科技大学出版社，1999．

[12] 胡鹏，黄杏元，华一新．地理信息系统教程[M]．武汉：武汉大学出版社，2002．

[13] 黄杏元．地理信息系统概论[M]．北京：高等教育出版社，2001．

[14] 李德仁，龚健雅，边馥苓．地理信息系统导论[M]．北京：测绘出版社，1993．

[15] 刘南，刘仁义．地理信息系统[M]．北京：高等教育出版社，2002．

[16] 刘耀林．地理信息系统[M]．北京：中国农业出版社，2004．

[17] 邬伦，刘瑜，张晶，等．地理信息系统——原理、方法和应用[M]．北京：科学出版社，2001．

[18] 吴立新，史文中．地理信息系统原理与算法[M]．北京：科学出版社，2003．

[19] 吴信才．地理信息系统原理与方法[M]．北京：电子工业出版社，2002．

[20] 朱光，赵西安，靖常峰．地理信息系统原理与应用[M]．北京：科学出版社，2010．

[21] 刘亚静，姚纪明，任永强，等．GIS 软件应用实验教程：SuperMap iDesktop 10i[M]．武汉：武汉大学出版社，2021．

[22] 张书亮，戴强，辛宇，等．GIS 综合实验教程[M]．北京：科学出版社，2020．

[23] 李建辉．地理信息系统技术应用[M]．武汉：武汉大学出版社，2020．